畜禽与水产品
副产物的综合加工利用

刘丽莉　主编

U0389773

化学工业出版社

·北京·

本书对畜禽生产过程中产生的畜禽皮、血、脂肪、骨、肠衣、毛发、角、蹄、羽毛等副产物，禽蛋副产物，水产品副产物的化学成分及生产方法进行了介绍，并结合生命科学、食品科学等学科中的最新技术与我国畜禽副产物资源利用的现状，对各种副产物资源的开发和应用前景进行了分析总结。本书将为农畜产品研究开发人员、相关企业工作者提供重要参考。

图书在版编目(CIP)数据

畜禽与水产品副产物的综合加工利用/刘丽莉主编.
—北京：化学工业出版社，2017.7
ISBN 978-7-122-29811-9

Ⅰ.①畜… Ⅱ.①刘… Ⅲ.①畜禽-副产品-综合利用②水产副产品-综合利用 Ⅳ.①TS251.9②TS254.9

中国版本图书馆 CIP 数据核字（2017）第 108195 号

责任编辑：魏　巍　赵玉清　　　　　　　文字编辑：焦欣渝
责任校对：宋　夏　　　　　　　　　　　装帧设计：关　飞

出版发行：化学工业出版社（北京市东城区青年湖南街 13 号　邮政编码 100011）
印　　装：河北鹏润印刷有限公司
710mm×1000mm　1/16　印张 13½　字数 252 千字　2019 年 1 月北京第 1 版第 1 次印刷

购书咨询：010-64518888　　　售后服务：010-64518899
网　　址：http://www.cip.com.cn
凡购买本书，如有缺损质量问题，本社销售中心负责调换。

定　　价：88.00 元

《《《 前言 》》》

　　我国是一个畜牧业和水产业大国，畜禽和水产品的生产总量居世界前列。随着畜禽与水产品养殖及其加工的迅猛发展，副产物随之大量增加。这些副产物的深加工必须与畜禽和水产业的发展保持一致，才能提高畜禽和水产品的经济效益，减少资源浪费，促进产业持续、快速、健康、稳定地发展。因此，加强畜禽副产物的开发利用具有十分重要的意义。

　　我国已经在畜禽和水产品副产物的利用方面做了大量的研究，并取得了一定的成就，但与国外同类技术相比仍然存在一定的差距，尤其是在高附加值产品的精深加工技术方面，我国企业的生产水平明显低于国外水平。因此，深入研究与开发畜禽和水产品副产物的深加工产品，已成为当前我国科研工作者面对的重要课题。

　　本书是笔者在多年从事畜禽产品加工及其副产物综合利用的相关教学和研究基础上，基于目前我国在畜禽和水产品副产物综合加工利用产业方面的技术和发展需求，参考了国内外最新的研究成果和文献资料编写的，是一本应用性较强的书籍。

　　全书主要介绍了畜禽皮、血液、油脂、骨及其他畜禽副产物、禽蛋副产物、水产品副产物等的综合利用。由于编者水平所限，书中难免存在不妥之处，恳请广大读者批评指正。

编者

2017 年 3 月

≪≪≪ **目 录** ≫≫≫

绪　论

　　我国是一个畜牧业大国，畜禽生产总量居世界前列。随着畜禽养殖的迅猛发展，副产物随之大量增加，这些副产物的深加工必须跟上畜禽养殖业的发展步伐，才能提高畜禽养殖的经济效益，减少资源浪费，促进产业持续、快速、健康、稳定地发展。因此，加强畜禽副产物的开发利用具有十分重要的意义。

一、畜禽副产物综合利用现状

（一）我国畜禽副产物利用现状

　　畜禽副产物开发利用主要包括对猪、牛、羊、鸡、鸭、鹅等畜禽的血液、骨、内脏、皮毛、蹄等的进一步综合加工利用，特别是利用畜禽副产物进行生化制药，是与现代生物科技紧密结合的一项产业，具有科技含量高、附加值高等特点，已成为畜禽副产物开发的主要方向。畜禽副产物的深度开发利用产品种类较多，在此简要介绍畜禽的皮、血、骨、皮毛、禽蛋以及水产品副产物的加工利用。

　　畜产品是改善人类营养和生活水平的重要原料，畜产品加工是促进畜产品转化增值、保证质量安全、减少环境污染的重要环节。我国畜产品加工业经过 60 余年的发展，取得了巨大的成就，对促进畜产品生产、发展农村经济、繁荣稳定城乡市场、满足人民生活需要、保证经济建设与改革的顺利进行，发挥着重要作用。然而由于我国畜产品加工业起步晚，发展时间短，产业存在不少问题，主要表现如下：

　　（1）深加工不足　　目前，我国畜产品深加工不足，产品结构不合理。

　　（2）产品质量不高　　传统蛋制品产品质量差或质量不稳定。如有些企业在制作皮蛋时仍使用氧化铅等非法添加物质，导致皮蛋的铅含量过高；包泥的产品卫生差；咸鸭蛋加色素染色等。

（3）工程化技术不足　我国畜产品加工领域通过自我研发与引进、消化、吸收，在产品加工方面虽然取得了一系列技术成果，引领了行业科技发展，但这些技术成果以单项居多，不仅集成程度低，而且未能很好地实现工程化。

（4）质量安全隐患多　通过对我国畜产品产业链安全风险进行调研分析，发现质量安全存在诸多隐患。

（5）科技投入少　我国畜产品科技起步于20世纪90年代，已取得了很大的发展，但仍存在科研投入不足、技术成果相对较少、科技成果转化率低等问题。

中国畜产品加工正在步入社会化、规模化、标准化的新发展阶段。肉类工业集中度呈上升态势，低温肉制品和冷却肉产业在大城市发展非常快，大型龙头企业在主产区的行业整合有巨大的发展空间。乳制品工业与奶牛产业同步发展，北方乳源基地是乳制品工业的集中发展地区，有较大发展潜力。近些年，畜产品加工业的高速发展与安全事件的频繁发生，形成了强烈而鲜明的反差。国外、国内对于食品安全管理，正逐渐从"危机应对"走向"风险预防"，管理水平会有一个大的提升。

改革开放以来，在政策扶持、科技进步、企业主导、市场需求等因素的共同影响下，我国畜产品加工业取得了举世瞩目的成就。畜产品加工原料供给数量和质量基本得到保证，畜产品加工的规模化、集约化、标准化及深加工程度不断提高，加工制品质量逐步改善，结构渐趋合理，产业经济地位日益重要。同时，我国畜产品加工业可持续发展面临巨大挑战。产业和产品结构有待改善，整体生产效率亟待提高，原料供给日益紧缺，产品质量问题突出，安全威胁加大，发展造成的环境污染问题严重。如何促进我国畜产品加工业可持续发展，保证畜产品安全，既满足当代人对畜产食品的需求，又不危害后代人并满足他们的需求，是需要认真研究的战略问题。为了解决这一问题，我国畜禽副产物的综合利用应从多个方面加强建设。

（二）发达国家畜禽副产物利用现状

1. 科技引领

（1）基于科学　发达国家畜产品科学研究主要集中在大学。每所大学都有自己的研究特色，以教授为核心的研究小组或团队，都有自己明确的研究方向，这些特色与研究方向都是紧密结合本国的产业优势而选定的。如美国大学侧重于牛肉的研究，英国大学侧重于牛乳的基础研究，瑞典、丹麦、荷兰等国大学则以猪肉为主要研究对象，澳大利亚大学的研究方向集中在羊肉、牛肉方面。另外，有的研究小组围绕畜产品品质的形成机理开展工作，有的则以畜产品安全为主。

（2）成于技术　发达国家积累的雄厚的现代畜产品科学基础，极大地带动了其畜产品加工技术特别是高新技术的领先发展，其原因是：发达国家大学的社会角色除前面论述的进行畜产品科学研究外，也非常重视应用技术研究、开发和推广。

2. 企业主导

（1）主导思路　发达国家畜产品加工技术与装备，以"企业主导型"发展机制为特征，实践结果证明具有可持续性，主要代表是美国、日本、德国等国家。所谓"企业主导型"研究发展机制是指具有自主经营、自负盈亏和自我治理能力的畜产品加工企业，在应用研究、技术开发、技术改造、技术引进、成果转让以及研发经费配置使用和负担中均居于主导地位。

（2）成功模式　发达国家企业依托本国畜产品产业和相关产业的基础以及企业外部环境，均以"企业主导型"研发机制支撑产业可持续性发展，突出优势，形成特色，创造了令世界同行公认的成功模式。主要有以下几种模式：

① 加工智能化模式　丹麦的养猪技术和屠宰加工业都处于世界领先地位。通过启动猪肉工业大型屠宰场自动化项目，丹麦形成了生猪屠宰加工智能化模式。这种模式的特征是以企业主导新技术研发与成果转化。

② 加工技术工程化与集成模式　德国等发达国家在西式肉制品精深加工、保鲜技术和设备方面的总体水平处于领先地位，形成了具有鲜明特色和优势的加工技术工程化与集成模式。

③ 加工标准化模式　目前，肉类质量分级体系以美国、日本、澳大利亚为主要代表。各个体系所采用的评价方法基本相同，只是在等级划分和评价指标上略有差异。美国的牛肉分级标准使用不同的等级标志，取得了明显的效果，牛肉分级率由初期的 0.5％ 发展到目前的 95％。

④ 传统制品现代化改造模式　从 20 世纪 60 年代开始，西班牙、意大利等先后对干腌火腿的传统工艺和品质进行了较为系统的研究，在此基础上完成了传统工艺的现代化改造，基本实现了机械化、自动化生产，大大提高了生产规模和效率；在基本保留了干腌火腿传统风味特色的同时，使其更加适应现代肉品卫生、低盐、美味、方便的消费理念。

⑤ 包装技术、材料、装备一体化环保模式　瑞典政府基于本国木材丰富的国情，特别发展了纸包装产业。其首创的超高温瞬时灭菌（UHT）无菌包装技术是一项划时代的变革。

⑥ "资源化利用"模式　美国每年从动物副产品综合利用中获得巨大利益，开展了畜禽副产物加工利用安全、产品、技术和装备等方面的系统研究，领域涉及整个产业链，形成了近百亿美元的"动物蛋白及油脂产品加工业"。

3. 政府保障

针对畜产品安全过去的严峻形势和未来的巨大挑战，发达国家一向重视畜产品安全控制，如美国对肉类行业的管理力度仅次于核工业。发达国家畜产品安全控制的趋势基本上是制定、改革和完善相关法律法规体系，加强监管，推进标准化以及不断采用先进控制技术。

（1）依托先进控制技术　目前，许多发达国家为了充分发挥风险评估的作用，分别以独立的风险评估机构或专门的风险评估委员会方式承担食品安全风险评估。

（2）强化战略预警与应急　对突发公共事件或行业危机（如畜产品质量安全或供应价格波动等），一些发达国家政府建立了较为完善的预警与应急机制，比如美国、日本等国的预警与应急机制对于我国有着重要的借鉴意义，可以使我国目前的被动防控转变为主动防控，而不是发现问题后才开始解决问题。

二、畜禽副产物综合利用的类型

畜禽副产物的深度开发利用产品类型较多，现主要从以下几个方面介绍：

（一）生化制药

世界上利用动物性副产物进行生化制药所得的药物已达400余种，还有大部分未能充分利用或有待开发。我国自主研发的生化药物已超过百种，如甲状腺素、冠心舒、脾注射液等。

能够进行生化制药的脏器主要有胃膜、肝、胰、胆汁、心脏、甲状腺、小肠、咽喉、软骨、脑垂体、脾等，所生产的产品主要有胃酶、胰酶、胆红素、冠心舒、甲状腺素、肝素钠、软骨素、氨基酸制剂、肝浸膏片等。其中肝素钠为抗凝血药，具有抑制血液凝结的作用，用于防治血栓的形成，可降低血脂和促进免疫，可用于美容化妆品，以防止皮肤皲裂，改善局部血液循环等。其他产品在医学临床上应用极为广泛。另外，其他动物性食品的副产物，如蜂胶、鱼油、鱼精蛋白等在医药食品工业中也得到了广泛的应用。

（二）饲料

饲料生产是动物性副产物综合利用中最实惠、见效最快的方法，也是最有发展前途的途径之一。血液除了可以生产各种食品添加剂和工业原料外，还可以加工成血粉和发酵血粉，骨头也可以加工成骨粉和骨肉粉，作为畜禽饲料添加剂，其他屠宰的废弃肉、脏器渣等副产物均可以加工成复合动物蛋白质饲料。各种动物性副产物或废弃物营养丰富，营养成分种类繁多，并且易于消化吸收，可制出各种畜禽全价饲料。如骨中含有丰富的蛋白质、磷酸钙、碳酸钙、磷酸镁、碳酸钠，含量最多的两种元素是磷和钙。经检测，干燥骨中磷和钙含量分别为9.7%和19.02%，其蛋白质中的氨基酸种类达16种之多。所以骨粉是良好的禽畜饲料添加剂。

有些产品的生产工艺及设备比较简单，如畜皮生产明胶，将畜皮用石灰水处理，去毛、脂肪和软化后，通过煮胶、浓缩、干燥过程即可得到，但目前生产此类产品的企业较少，开展此类产品加工前景十分广阔；又如骨粉只需经过煮骨、干燥、粉碎的工艺过程即可得到成品，所用设备投资少，费用低，工艺简单，效益好。

（三）工业原料

作为工业原料的畜禽副产物主要有皮、毛、骨、血、肠等。动物皮中胶原蛋白的含量可达90％以上，是世界上资源量最大的可再生生物资源，因此可利用动物皮生产胶原蛋白。胶原蛋白在医药上应用非常广泛，可用于制备阿胶、白明胶注射液、吸收明胶海绵和精氨酸等多种氨基酸及药物基质等。另外，动物皮主要供给制革业，作为制革工业的原材料，最终制作成高附加值的各类皮具等皮制品。例如一头猪可以生产出皮革0.93m²，其价值比原料可增加几倍。

畜禽血液营养丰富，全血一般含有20％左右的蛋白质，干燥血粉的蛋白质含量达80％以上，是全乳粉的3倍。从氨基酸组成来看，畜禽血液氨基酸组成平衡，血液蛋白质是一种优质蛋白质，其必需氨基酸总量高于全乳和全蛋，尤其是赖氨酸含量很高，接近9％。从蛋白质互补的角度来看，由于谷物蛋白质中赖氨酸含量低，蛋氨酸和胱氨酸含量高，异亮氨酸含量适当，血液的高赖氨酸含量使其成为一种很好的谷物蛋白的互补物，这对改善食物中总体蛋白质含量有重要意义。此外，还含有钙、磷、铁、锰、锌等矿物质，硫胺素、核黄素、泛酸、叶酸、烟酸等维生素。国外对血液的加工利用较早，主要用于食品、饲料、制药等工业。

畜禽血具有一定的抗癌作用，因此西方国家对畜禽血的加工利用有了新的发展。如比利时、荷兰等国将畜禽血掺入到红肠制品中；日本已利用畜禽血液加工生产血香肠、血饼干、血罐头等休闲保健食品；法国则利用动物血液制成新的食品微量元素添加剂。近年来我国加大了资金的投入和科研的力度，相继开发出了一些血液产品，如畜禽饲料、血红素、营养补剂、超氧化物歧化酶等高附加值产品。

骨在动物体中约占体重的20％～30％，是一种营养价值非常高的肉类加工副产物。它含有丰富的营养成分，主要为蛋白质、脂肪、矿物质等。以最常见的猪骨与猪肉各100g的营养成分作对比：猪骨中含蛋白质32.4％，而猪肉为16.7％；猪骨含铁8.62mg，猪肉为2.4mg。营养比较法还证实，骨头中除脂肪低于奶粉外，其蛋白质、磷、钙、铁、锌等营养成分均高于奶粉、猪肉、牛肉、鸡蛋，其中有的甚至高出数倍、数十倍。通过测试还发现，从畜禽和鱼类骨头中摄取的铁、钙、磷，要比从植物性食物中摄取的质量更佳。

美国、日本等发达国家对骨的开发利用十分活跃。其利用剔除肉以后的猪、牛、鸡、鸭等畜禽动物的骨头，制成了新型的美味食品——骨糊肉和骨味系列食品。骨味系列食品包括骨松、骨味素、骨味汁、骨味肉等。用骨糊肉可制成烧饼、饺子、香肠、肉丸等各种风味独特、营养丰富的食品。这些食品不仅价格低廉、工艺简单，而且味道鲜美、营养丰富。国内在这方面的起步较晚，但也有一些产品面市。

畜禽内脏包括心、肝、胰、脾、胆、胃、肠等。它们既可以直接烹调食用，也可以加工成各种营养丰富的特色食品。同时，它们更是医药工业中生化制药的重要原料。肝脏可用于提取多种药物，如肝浸膏、水解肝素、肝宁注射液等。胰脏含有淀粉酶、脂肪酶、核酸酶等多种消化酶，可以从中提取高效能消化药物胰酶、胰蛋白酶、糜蛋白酶、糜胰蛋白酶、弹性蛋白酶、激肽释放酶、胰岛素、胰组织多肽、胰脏镇痉多肽等，用于治疗多种疾病。心脏可用于制备许多生化制品，如细胞色素、乳酸脱氢酶、柠檬酸合成酶、延胡索酸酶、谷草转氨酶、苹果酸脱氢酶、琥珀酸硫激酶、磷酸肌酸激酶等。猪胃黏膜中含有多种消化酶和生物活性物质，利用它可以生产胃蛋白酶、胃膜素等。从猪脾脏中可以提取猪脾核糖、脾腺粉等。猪、羊小肠可做成肠衣，剩下的肠黏膜可生产抗凝血、抗血栓、预防心血管疾病的药物，如肝素钠、肝素钙、肝素磷酸酯等，猪的十二指肠可用来生产治疗冠心病的药物冠心舒、类肝素等。猪、牛、羊胆汁在医药上有很大的价值，可用来制造粗胆汁酸、脱氧胆酸片、胆酸钠、降血压糖衣片、人造牛黄、胆黄素等几十种药物。

家禽羽毛结实耐用，弹性强，保暖性能好，可用来制作羽绒被、羽绒服和枕芯的填充料，是我国一项传统的出口商品，也是一种优良的工业原料。而羽绒的下脚料或残次品含 18 种氨基酸，除赖氨酸较低外，其他营养均高于鱼粉，因此可加工成羽毛粉用于饲养畜禽。马、牛、驴等大型牲畜身上的绒毛，是高档的毛纺织品原料，可以制成呢绒、地毯、服装等毛绒产品，具有细软、耐用、美观大方等优点，且价值高、用途广。猪鬃是猪颈部和背部长而硬的鬃毛，其他部位长度在 5cm 以上的硬毛也称猪鬃。由于猪鬃硬度适中，具有弹性强、耐热、耐磨等特点，因此很适合制作各种民用、军用及工业用刷。另外，猪鬃还是提取胱氨酸、谷氨酸的好原料。

利用不能食用的动物性食品的废弃物生产工业用油，是对废弃物无害化处理的一种良好的途径，并能提高其经济价值和效益。这些工业用油是生产肥皂和机械润滑油的主要原料之一，而这种油生产的产品比植物油生产的质量好得多。

三、畜禽副产物综合利用的效益

我国是一个畜禽生产大国，畜禽副产物的利用问题尤为重要。如何合理开发利用这些宝贵资源，应该引起各方面的高度重视。因为畜禽副产物的综合利用将影响畜牧业、食品工业等相关产业的健康发展。为此，国家应该在政策等方面给予支持，科研院所应该加强科技攻关，同时开展与企业的合作，力争尽快发展高附加值的产品。笔者相信，随着社会经济和科学技术的发展，畜禽副产物资源一定会得到更好的综合利用。下面从经济效益、社会效益、环境效益三方面进行论述。

（一）经济效益

（1）拥有自主知识产权的生产技术投入使用，可大大提高企业的竞争力，减少对外依存度，节省大量外汇和降低原料进口风险。

以畜禽屠宰副产物为原料，通过加工技术提升与设备提升，实现废物利用的同时生产出优级高标准产品。如猪免疫球蛋白粉达到国内优级标准，可以替代国外进口的同类产品；超氧化物歧化酶（SOD）产品达到出口日本和欧美标准；亚铁血色原拟在创建国家标准的基础上，建立国际行业标准；功能蛋白肽将达到国家食品、药品级添加剂标准，完全可以替代部分功能蛋白或者药用小肽。动物鲜骨一直是具有多种功能成分的原料，活性成分的提取制备工艺提升以后，骨胶原蛋白产品达到出口日本标准；医药级（生化级）羟基磷灰石产品将可替代美国 Sigma 公司产的进口同类产品。骨粉开发的骨蛋白酶水解技术将替代目前的酸解、碱解技术，大幅度减少化学溶剂的使用，具有极强的市场竞争力。按照经济、清洁加工的思路，开发骨头多产品的联产技术，项目成功实施，将进一步增强产品的市场竞争优势。

（2）新技术的使用，可以大大地提高企业的经济效益和实力。高新技术的有效利用，规模经济的迅速形成，不仅能带来良好的经济效益，而且还能大大带动其他相关产业，促进当地经济的发展，形成良好的经济效益。

（二）社会效益

我国居民的生活水平正在逐年提高，这种变化将对食品消费总量和结构产生重要影响，即：虽然代表食品消费的恩格尔系数将下降，但仍位于居民消费支出比重之首，食品消费总量仍将不断增加，商品性消费日益取代自给型消费，工业化食品比重逐步增长，为食品工业发展提供巨大的市场空间。发展以资源利用为特征的肉类食品加工业，符合社会发展需求变化，具有广阔前景。同时新技术投入应用后将需要大量的技术人员和劳动力，对于大学生、农村剩余劳动力的就业和收入水平具有巨大的拉动作用。

（三）环境效益

随着科技的进步，人们物质文化生活水平不断提高，畜禽副产物应用领域还在不断拓展，不仅市场需求量大而且每年呈大幅度上升趋势。同时畜禽副产物加工新技术的应用既避免了污染，真正实现了无渣无害化生产，合理延长了产业链，实现了零排放，保护了环境，又争取了最大经济效益。

同时国家十分重视发展循环经济，提倡节能减排为食品工业发展营造了良好的宏观环境。食品工业主要利用可再生资源为原料，其生产消费过程产生的废弃物可以再利用，具有循环经济的特征。在国家大力倡导发展循环经济的背景下，食品工业的发展将更加受到政府和社会的重视，所面临的宏观环境将越来越好。

畜禽副产物加工新技术贯彻循环经济理念，大大提高宰后副产物附加值，对猪宰后的副产物变废为宝、综合利用具有示范推广意义，解决了废弃物的排放和污染问题；同时也延长了生猪生产的产业链，可大大带动养殖、屠宰产业发展，有效推动当地经济的发展和行业科技水平的提升。

第一章

畜禽皮的综合利用

第一节 畜禽皮综合利用的意义及现状

一、畜禽皮综合利用的意义

畜禽皮是一种蛋白质含量很高的肉制品原料，也是畜禽屠宰加工过程中的主要副产物之一。合理有效地开发利用畜禽资源，不仅可以减少资源浪费以及对环境的污染，而且能够带来一定的经济效益，具有极为重要的意义。

畜禽皮中含有大量的胶原蛋白，在烹调过程中可转化成明胶。明胶具有网状空间结构，它能结合许多水，增强细胞生理代谢。其中，猪皮所含蛋白质的主要成分是胶原蛋白，约占85%，其次为弹性蛋白。生物研究发现：胶原蛋白与结合水的能力有关，人体内如果缺少这种属于生物大分子胶类物质的胶原蛋白，会使体内细胞储存水的机制发生障碍。细胞结合水量明显减少，人体就会发生"脱水"现象，轻则使皮肤干燥、脱屑，失去弹性，皱纹横生，重则威胁生命。猪皮味甘、性凉，有滋阴补虚、清热利咽的功能。科学家们发现，经常食用猪皮或猪蹄有延缓衰老和抗癌的作用。因为猪皮中含有大量的胶原蛋白，能减慢机体细胞老化。尤其对阴虚内热，出现咽喉疼痛、低热等症的患者效果更佳。

在肉制品加工中，畜禽皮的利用通常有两种：一是将其做成乳化泥添加到高温香肠或中温火腿肠中，从而达到提高产品蛋白质含量、改善产品结构的作用；二是将大块皮与肉糜混合，做成如肘花、水晶肉类产品。但是二者均存在一些问题，前者对香肠感官特性的提升显著，但不能突出熟皮口感脆爽的特点；后者加工产品外形美观，口感好，但产品常需要低温冷藏，不便于大规模推广。因此，应加大在猪皮、鸡皮应用于火腿肠的最优工艺方面的研究，以开发脆度和口感更好的香肠产品，并且可为提高畜禽皮的利用价值提供一种有益的探索。

二、国内外畜禽皮综合利用的现状

最初，畜禽皮主要供给制革业，作为制革工业的原材料，最终被制作成高附加值的各类皮具等皮制品。近几年，我国毛皮工业无论是生产量还是在档次上的迅速提升，已经引起国际范围的关注，行业形势的发展是喜人的，但面临的问题也是客观存在的，特别是毛皮作为典型的外向型企业，国际上的各种"壁垒"制约着我国毛皮业的发展，因此，必须面对现实，冲破"壁垒"，使我国毛皮业持续发展。

我国皮革业源于史前时代，但其发展速度却落后于欧洲国家，直到20世纪中期才走上了正常的发展道路。我国原料皮资源大，进出口贸易量大，经过几十年的蓬勃发展之后，已成为世界上重要的皮革生产大国。目前我国皮革工业由制革、皮鞋、皮件、毛皮四个主体行业和皮革化工、皮革机械、皮革五金、鞋用材料等配套行业组成，是轻工业系统中仅次于纺织业的第二大行业。我国皮革加工工业以小型的集体企业为主，大规模企业少，生产集中度比较低，因此具有进入市场早、市场调节比重大、适应能力强的优势，同时也具有小生产、小农经济观念影响较深、生产分散、管理粗放、品牌差、质量差、出口产品价格差、技术落后等劣势。

我国皮革生产，进口主要是原料皮，其中以牛皮居多，还有绵羊皮、山羊皮等，出口则主要是成品和半成品。成品出口显然是好事，可以取得较大的利润，但半成品出口却值得引起足够的重视，尤其是在皮革加工过程中，半成品不仅加重了我国的污染，而且将本应可以创造更大价值的产品低价出口，造成了无谓的损失。大量优质皮革产品低价出口、部分原料皮资源的浪费及半成品皮革制品出口等，这些现象说明要想在激烈的市场竞争中生存下去，我国皮革工业必须在制品的样式和质量上多下功夫，加大科研投资，加快技术的发展，应进一步提高设计水平，增加产品的艺术含量，大力研究开发生产优质皮革产品需要的皮化材料，皮化产品向低污染、多品种、多性能、系列化方向发展。同时根据国内外市场的需要，加强对皮革机械设备的研究与开发，以适应市场变化的需要，引导具备条件的骨干企业进行重点技术改造，引进、消化、吸收国外先进技术和设备。技术要创新，必须紧跟市场需求的变化和新技术发展的步伐，引进人才、技术、先进设备，提高产品开发能力，加快产品升级换代，只有技术不断创新，才能培育出名扬世界的名牌产品。

国外皮革工业发展速度很快。到20世纪初，欧洲已成为世界皮革加工中心，整个欧洲皮革工业在意大利、西班牙等国的率领下，以质量优、产品设计新潮等优势，居世界领先地位。欧洲各国尤其是意大利、西班牙等国仍然是世界皮革强国，他们拥有雄厚的资金、先进的皮革生产技术和皮革生产机械，有大量具有丰富经验的皮革加工人才。

意大利主要生产牛皮革、马皮革、猪皮革、羚羊皮革、山羊皮革等，生产出的皮革大量出口罗马尼亚、法国、美国、英国、韩国等国家。皮革工业已成为意大利的支柱产业，它的繁荣与发展带动着意大利其他国民工业的发展，促进了国家经济的发展。

西班牙是仅次于意大利的欧洲皮革工业大国，生产模式基本与意大利相同，也是中、小型家庭式工厂。西班牙皮革工厂地理分布比较分散，厂与厂之间各不相同，各有特色，西班牙皮革品种中牛皮革占 53.3%，绵羊皮革占 24.44%，毛革两用革占 16.11%。虽然这几年受欧洲经济衰退的影响，西班牙皮革工业厂家数量和工人数量均有下降，不过这对该国皮革工业的发展并没有造成大的影响，相反，成品革出口量还持续上升。

法国也是欧洲重要的皮革工业基地之一，主要以牛半成品和小牛皮革生产为主。巴黎是领导世界时装潮流的先导，是世界各国时装设计师们时常光顾、了解最新时尚款式的地方。因此，法国皮革工业以生产皮鞋、皮革制品、小件皮革饰品为主。

第二节　畜禽皮的保藏与预处理

一、畜禽皮的腐败及其原因

刚从动物体剥下的生皮，称作鲜皮。鲜皮主要是由蛋白质组成的，蛋白质是营养物质，同时鲜皮还含有 65%～75% 的水分，蛋白质和水分为细菌繁殖提供了条件。

在动物皮上，经常存在着 20 多种细菌，其中有的能分解蛋白质，有的不能分解蛋白质。在 30～37℃、pH 7.0 左右和富含养料的鲜皮中，能分解蛋白质的腐败细菌繁殖很快。大多数细菌在 15min 内就要繁殖一次，而且繁殖是按几何级数进行的。鲜皮如不及时采取防腐措施，存在于鲜皮上的许多细菌就会迅速繁殖，使生皮蛋白质水解而受损。

此外，鲜皮本身还存在自溶作用，也会破坏生皮。如果鲜皮直接投产，就可以不进行防腐。但是，原料皮分布在全国各地，且在原料皮产地可能没有制革厂，故大多数鲜皮并不能直接投产，必须保存一段时间，以利于运输和存放。因此，原料皮必须防腐。

二、畜禽皮的初加工

随着养殖业的迅速发展，家畜屠宰后的鲜皮越来越多，大部分没有直接送去加工处理。为了防止皮腐败变质和降低利用价值，生皮须进行初加工。

（一）畜禽皮初加工方法

畜禽皮的初加工主要分为两道工序。

1. 清理洗涤

家畜剥皮后，先用手工除去蹄、耳、唇、尾等易腐败变质部分，再用铲刀除去脂肪和残肉，然后用清水充分洗涤，以防这些东西引起皮张腐烂变质。

2. 防腐处理

由于清理后的皮张含有大量水分及蛋白质，容易导致酶的自溶和腐败，因此应采取防腐措施。防腐掌握的原则：降低温度，除去水分，利用防腐物质制约细菌和酶的作用。在生产中可采取的防腐方法有以下几种：

（1）干燥法（air drying）　是一种通过自然干燥将皮张水分降至14%～18%来抑制微生物的生长、繁殖，保存原料皮的一种最普通的传统方法。

干燥的防腐原理是：鲜皮在干燥过程中，水分被除去，使细菌的生长繁殖活动逐渐减弱直到停止，从而达到防腐的目的。

常见的干燥方式主要有以下几种：

① 搭竿、搭绳法　将皮挂晾于竿或绳上进行自然干燥。此法的优点是简便易行，缺点是皮的平整性差。

② 撑平干燥法　该方法又可分为广撑、净撑和毛撑。用该方法干燥的皮较平整，但其干燥质量受环境条件影响大，毛撑质量一般较差。

③ 地面干燥法　该方法又可分为一般干燥、缩板和皱缩三种方法。这是一种最为流行的干燥法，干燥效果受环境条件影响大，以皱缩板干燥的质量为最差，多有腐烂。

④ 钉板干燥　该方法将皮钉在木板上进行自然干燥，其干燥质量一般较好，但方法不当则多有变形。

（2）盐腌法（salting）　是指使用粒状食盐或盐水处理鲜皮以达到防腐目的的一种目前最为普遍、流行的方法。

盐腌法的防腐原理如下：

采用高浓度的食盐，一方面可以使鲜皮脱水并被食盐饱和，在皮内造成高渗透压的条件，使得生皮纤维内的水分向外渗透而脱水，同时盐与皮蛋白质的活性基也发生变化。当皮中的水转变为饱和食盐水后，皮就算腌制好了。生皮脱水后就造成了一种不利于细菌生长、繁殖的条件，从而抑制了细菌的生长、繁殖。另一方面，微生物在饱和食盐水这种高渗透压溶液中，其菌体内的水分向外渗透，这种情况，无论对微生物本身来说还是对其生存所需的环境来说都是极为不利的。因而，细菌的生长、繁殖得到抑制。所以盐腌法可以用于生皮的防腐保存。

盐腌法又分为撒盐法、浸盐法和盐干法三种方法，其中浸盐法还可分为盐水浸泡法和封闭式大垛堆皮法。

① 撒盐法　鲜皮经去肉、洗净、沥水后，用皮重35％～50％的食盐均匀地撒在皮面肉面，初腌6～10d，再倒垛腌制、保存。此方法简便易行，成本低，短期保存效果好；但占地面积大，均匀性差，生皮易产生红斑、掉毛甚至烂面等缺陷。

② 浸盐法

a.盐水浸泡法　此法适用于猪皮。鲜皮经去肉、洗净、沥水后，称重，在浓度高于25％的食盐水中浸泡16～24h，或在转鼓中用饱和食盐水处理8h左右后，沥水，再撒盐保存，此时撒盐量只需15％即可。此法简便易行，防腐效果优于撒盐法；但劳动强度大，生皮易产生红斑。

b.封闭式大垛堆皮法　此法适用于猪皮。其工艺流程为：

鲜皮→去肉→水洗→沥水→初腌→起堆→腌皮→淋盐水→拆堆

操作要点：

• 初腌：按撒盐法腌制5～7d。

• 起堆：画出堆皮线，在堆线范围内先撒上一层食盐，厚约1cm，再在堆线上平摆上猪皮，肉面向上，猪皮的1/4在堆线内，3/4在线外作为包边用。在堆线内依次铺满皮。

• 腌皮：第一层铺好后，在皮的肉面撒上一层盐（新盐、旧盐不限），再喷洒浓度20％～30％盐水于皮上，铺第二层皮，再撒盐并喷洒盐水，如此循环操作，皮堆铺到一定高度（约0.5m）后，将作包边用的猪皮拉上来包边（此为一层）。接着，再按上述方法操作，堆至4～5层。在皮堆的顶层上，要把四周的皮堆得比中间高5cm左右，以便贮存盐水。

• 淋盐水：在每年天热的时候（一般为5～10月份），每天上午在皮堆顶上及四周淋饱和食盐水，顶上的盐水即留于顶面的凹处，然后慢慢地下浸到底部，由四周流出。由于仓库地面有许多沟道，可以让流出的盐水从沟道流入贮液池，经过滤后，可作化盐水用。这种盐水一般半月废弃一次。

• 拆堆：在投产拆堆半月前停止淋盐水，把包边的皮扯开，半月后逐张依次把皮从顶上扯下，用木棍把多余的盐敲下，收集起来以作化盐水之用。

③盐干法　此法将盐腌过的皮经干燥至水分18％～20％而成干皮。这种干皮叫盐干皮。与淡干皮相比，盐干皮具有以下优点：水分变化时，生皮不会迅速腐烂，由于盐的脱水作用，盐腌后的生皮更易干燥；不会产生硬化、折断和虫蚀等缺陷。但盐干皮吸湿性大，给保存和运输带来一定的困难。盐干法适合于含脂肪量较低的牛、羊皮，而不适合于猪皮。

盐腌法对原料皮有好的防腐效果，但是，该法使用大量食盐，导致氯离子对环境的严重污染，按照清洁化制革的观点，盐腌法应在逐渐淘汰之列。

（3）低温保存法　又可称之为冷藏保存法（cool curing）。一般工厂采用的低温保存方法是降低原料皮仓库内的温度，即建造专门的冷库。通常是在0～15℃的温度下保存盐湿皮，这样细菌生长同样受到抑制，还可以减少腌皮的用盐量，原料皮不冰冻，因而质量不受损害。此法适用于长期保存盐湿皮。

（4）冷冻保存法（freeze curing）　简称冷冻法，是指在低温下使皮内水结冰，从而达到防腐的目的以保存生皮的方法。在我国南方的炎热季节，可用制冷方法保藏鲜皮。由于冷冻法的设备费用较高，一般只作为一种暂时性的保存方法。冷冻分为预冷和冷冻两个阶段。若不进行预冷，就会由于骤冷而导致生皮的外层冷冻而内层未冷冻（在堆垛的情况下尤其如此），在未冷冻的内层，细菌仍有活性。在我国北方的寒冷季节，则常用自然冷冻法来保存生皮，即将鲜皮逐张肉面朝上平铺在室外地上（有时在肉面上还要喷一点水），待完全冷冻后可以小堆垛起来。在冷冻过程中，生皮变得板硬，不便折叠运输。而且，纤维间水分因结冰而体积增大致使部分纤维受到损伤，这种损伤的后果是导致成革松弛。当温度升高到0℃以上时，冷冻皮开始解冻，此时最易腐烂，宜迅速投产或用其他防腐方法处理。

（5）浸酸法（pickle curing）　是对经浸水、去肉、脱毛、软化等处理的裸皮采用酸盐混合液处理以达到防腐目的的一种方法。该法多用于绵羊裸皮的防腐保存。对绵羊裸皮进行浸酸脱水处理，可使皮张重量减轻，便于销售和运输。浸酸操作同铬鞣前浸酸工艺，但酸和盐要充分渗透到皮的内层。浸酸液pH≤2，在如此低的pH条件下，细菌的生长繁殖接近停止。浸酸皮在适当的低温条件下可贮存几个月；当温度超过32℃时，皮中的酸就有可能损伤生皮。需要注意的是，用浸酸法贮存的生皮不能平铺干燥，因为，平铺干燥的生皮会变脆。

（二）畜禽皮的贮藏

鲜皮初加工后，以保存在温度10～20℃、相对湿度60％～70％的库中为好。存放可采用肉面向上、毛面向下层层堆叠的方式。如需长期保存，为防止虫害，可将卫生球碾碎后均匀撒在皮面上，撒布其他防虫剂也可，使皮保存良好无损。

第三节 畜禽皮的组成及理化性质

一、畜禽皮的基本结构

畜禽皮是一种复杂的生物结构组织，在动物生活时起保护机体、调节体温、排泄分泌物和感觉的作用。不同畜皮的组织结构除在外观上有所差异外，基本上相同。畜皮从外观上可分为毛层（毛被）和板层（皮板）两大部分。把板层的纵切面染色后在显微镜下进行观察，可清楚地看到板层分为表皮层、真皮层和皮下组织3层（图1-1）。

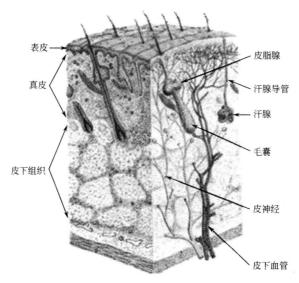

图 1-1　板层的纵切面

（一）表皮层

表皮层位于毛被之下，紧贴在真皮的上面，由表面角质化的复层扁平上皮所构成。表皮的厚度随动物的种类不同而异。一般猪皮的表皮层为总厚度的 $2\%\sim5\%$；绵羊皮和山羊皮为 $2\%\sim3\%$；而牛皮则为 $0.5\%\sim15\%$。

表皮层可以进一步分为两层。靠真皮层的为黏液层，也称生发层；靠毛被的为角质层。角质层性质稳定，对外界各种物理、化学作用有一定的抵抗能力。尽管表皮很薄，但很重要，若表皮受到损伤，细菌就容易侵入真皮，引起掉毛和烂皮。因此在原料皮贮藏期，保护表皮是很重要的。

（二）真皮层

真皮层介于表皮与皮下层之间，由致密结缔组织构成，是畜皮的主要部分，总重量占畜皮重的 90% 以上，是食品加工的主要对象。

真皮层中有纤维成分和非纤维成分。其中的纤维成分包括胶原纤维、弹性纤维和网状纤维；非纤维成分包括纤维间质、毛根鞘、脂腺、游离脂肪细胞、汗腺、肌肉组织、血管、淋巴管、神经组织等。

根据胶原纤维的编织形式可将真皮分为上下两层，即乳头层（粒面层）和网状层，一般以毛根底部的毛球和汗腺所在的水平面为分界线，两层的相对厚度随原料皮的不同而不同。

（三）皮下组织

皮下组织是由生皮表面平行编织的疏松的胶原纤维和一部分弹性纤维及大量脂肪细胞组成的。另外还有血管、淋巴管和神经细胞，脂肪细胞有时形成脂肪堆。皮下组织是动物皮与动物体之间相互联系的疏松组织，剥皮就是沿着这层进行的。

二、畜禽皮的化学组成

畜皮的化学组成成分主要是水分、蛋白质、脂类、无机盐和糖类，其含量随动物的种属、年龄、性别、生活条件的不同而异，其中最主要的成分为蛋白质。

（一）水分

畜皮的水分含量随家畜的种属、性别和年龄不同而异。如公猪皮含水分64.9%；母猪皮含水分 67.5%；小山羊皮含水分 63.45%。另外，每张皮不同部位的含水量也不一样，如背部牛皮含水分 67.7%，颈部牛皮 70%。

（二）蛋白质

畜皮中的蛋白质根据存在部位和主要作用分为角质蛋白、清蛋白、球蛋白、弹性蛋白和胶原蛋白。

1. 角质蛋白

角质蛋白是动物表皮层的基本蛋白质。如动物的表皮、毛皮、趾甲、蹄及角等都由角质蛋白组成，其特点是含胱氨酸较多。

2. 清蛋白和球蛋白

这类蛋白质主要存在于皮组织的血液及浆液中，加热时凝固，溶于弱酸、碱和盐类的溶液中。球蛋白不溶于水；清蛋白溶于水中，在清洗时随水溶出。

3. 弹性蛋白

弹性蛋白是畜皮中黄色弹性纤维的主要成分，皮中含量约1%，不溶于水，也不溶于稀酸及碱性溶液中，可被胰酶分解。

4. 胶原蛋白

胶原蛋白是皮中的主要成分，也是主要蛋白质，含量约占真皮的95%，不溶于水及盐水溶液，也不溶于稀盐酸、稀碱及酒精，加热到70℃以上则变为明胶而溶解。胶原蛋白对人体的健康有着重要的作用，可以增加皮肤、血管壁的弹性，提高血小板的功能，增强人体免疫力，是人类良好的食物资源。

（三）脂类

畜皮的脂类主要积存于脂肪细胞内，大量分布在皮下脂肪层。畜皮中脂类含量因动物的种属和营养状况不同而异。各种皮的脂类含量不同：猪皮10%～30%，大牛皮0.5%～2%，山羊皮3%～10%，绵羊皮30%（均以鲜皮重计算）。

畜皮中的脂类主要有甘油三酯、磷脂、神经鞘脂、蜡、醇、脂蛋白、脂多糖等。而蜡一般由油酸与十六烷醇、十八烷醇、二十烷醇和二十六烷醇化合成的酯组成，也有少数是由胆固醇和胆固醇酯组成的。磷脂是由甘油、脂肪酸、磷酸和含氮的碱性物（如胆碱等）组成的，畜皮中的磷脂有卵磷脂、脑磷脂和神经磷脂等。

（四）糖类

糖类在畜皮中的含量不多，一般只占鲜皮重的0.5%～1%，其中包括葡萄糖、半乳糖等单糖和糖胺聚糖。糖在畜皮中分布是很广的，从表皮到真皮，从细胞到纤维都有。正常真皮内基质主要含非硫酸糖胺聚糖、硫酸糖胺聚糖和中性糖胺聚糖。非硫酸糖胺聚糖主要是透明质酸，硫酸糖胺聚糖主要是含硫酸软骨素。

透明质酸是一种多糖高聚物，其基本单位以 N-乙酰氨基葡萄糖及葡萄糖醛酸构成，其黏性很强，具有保持组织内水分的作用，并与胶原蛋白和弹性纤维结合成凝胶样结构使真皮具有弹性，并可防止病原体的侵入。

硫酸软骨素是由等分子的 N-1-酰基-D-氨基半乳糖、葡萄糖醛酸及硫酸构成的，有 A、B、C 三种异构物。它的分子量约为260000，分子键的长度为4700×10^{-10} m。硫酸软骨素 A 和 C 的性质较相似，均能被透明质酸酶水解；B 则不同，能抗透明质酸酶的水解作用，溶解度也较小。硫酸软骨素是软骨素的硫酸酯，是构成结缔组织的主要成分，具有澄清脂质、提高机体解毒功能、利尿和镇痛等作用，对胶原性疾患十分有效，对由链霉素引起的听觉障碍也有效果。

（五）无机盐

畜皮中的无机盐成分含量甚微，为鲜皮重的 0.35％～0.5％。其中氯化钠含量最多，其次是磷酸盐、碳酸盐及硫酸盐等。各种动物皮中无机盐含量稍有不同。

（六）非蛋白含氮物

鲜皮中含有少量非蛋白含氮物，其中除了糖胺聚糖外，还有核酸、嘌呤碱和游离氨基酸等。

（七）酶

所有动物体内发现的酶，在畜皮内都能找到，它们属于蛋白质类。畜皮从动物体剥下后，这些酶便发挥分解皮蛋白的破坏作用——自溶作用，并导致着畜皮在剥取后变质。

畜皮被分解为胨、多肽，由固体分解为液体，是由组织蛋白酶所造成的。组织蛋白酶至少是含有四种分解蛋白质酶的混合物。它们在中性或弱碱性的皮内时，是没有什么作用的，但若畜皮 pH 降到 4.0～5.0 时，其分解蛋白质的能力最强。因此，剥下后的畜皮要注意保存。

畜皮内有酯酶（分解脂肪）、卵磷脂酶（分解卵磷脂）和固醇酯酶（分解固醇酯），淀粉酶的数量也较多，其他还有氧化酶和各类肽酶。

（八）畜皮的微量成分

畜皮中除上述常规营养成分外，还含有许多对人体有益的微量成分，如铁、锌、硒等。

第四节　皮革的加工与鞣制

一、皮的软化与鞣制

原料皮经过初加工后还要进行进一步的加工，精细加工的第一步是软化和鞣制。初加工皮通过软化和鞣制可形成用于制作服装、工业用品的原料皮坯。

1. 工艺流程

酸、酸性酶   四氯乙烯

↓   ↓

原料皮→浸酸与软化→鞣制→染色→加脂→干燥→脱脂→回潮作软、伸展→梳毛→皮坯

2. 工艺要点

（1）浸酸与软化 浸酸与软化的最主要目的是除去皮中的纤维间质，松散胶原纤维，使皮板轻薄柔软。纤维间质主要由球蛋白、清蛋白、类黏蛋白组成。浸水工段能除去部分可溶性清蛋白和球蛋白，除了酶浸水之外，其他浸水方法对类黏蛋白作用不大。类黏蛋白主要是玻璃糖酸蛋白多糖和硫酸皮肤素蛋白多糖。不同原料皮中，糖蛋白含量不同：卡拉库尔羔皮为 $1.4\%\sim2.8\%$，绵羊皮为 $1\%\sim8\%$。玻璃糖酸不与胶原结合，容易除去；而硫酸皮肤素与胶原结合牢固，且黏性极强，它可以将胶原纤维黏结起来，不利于胶原纤维松散。

浸水、脱脂、软化、浸酸等工艺都可以不同程度地松散胶原纤维，在同一工序进行软化浸酸最为有效。把酸性酶加入到含中性盐的酸性溶液中，中性盐可以破坏胶原肽链间的次级键，酸性酶软化剂对生皮中各种化学成分和生物组织（胶原、毛囊、脂肪细胞、纤维间质）的作用，对铬鞣和铝鞣工艺来说，浸酸可以为鞣剂渗透创造合适的 pH 条件。而软化酶可促进水解较难除去的糖蛋白。

浸酸可以用有机酸如甲酸、乙酸、乙醇酸等，也可以用硫酸（属无机酸）。有机酸对纤维间质的溶出作用强，对胶原的水解作用弱，因而不会引起皮质过度损失造成皮板空松。硫酸酸性强，容易使胶原肽链水解，导致皮板空松、强度下降、延伸性增大。

国产酸性蛋白酶有 3350 和 537，目前用得比较多的进口酸性蛋白酶有 El-broSR、KiokalSY 和 SLY 等。

（2）鞣制 鞣制是制革和制裘的关键工序，是皮肤原与鞣剂发生结合作用使生皮变性为不易腐烂革的过程。其目的就是使皮质柔软，蛋白质固定，坚固耐用，使其适用于制造各种生活用品。制作革皮的鞣制方法比较多，传统的鞣法是甲醛鞣、铬鞣、醛-铬结合鞣。铬-合成鞣剂结合鞣。现在由于对游离甲醛的限制和为解决铬的污染问题，虽然生产中仍以铬鞣为主，但人们已开始关注其他的少铬、无铬、无醛鞣法。如改性有机磷化合物在鞣制过程中的应用技术，替代了传统的甲醛或醛、铬类鞣剂进行的毛皮加工生产。该技术适合环保型毛皮生产，通过工艺参数平衡及调整，具有良好的鞣制作用，鞣制生产的成品皮板色泽浅淡洁白，柔软丰满，并可赋予皮板良好的染色性能。

（3）加脂 加脂的目的是要将脂质引入皮内，使其均匀分布在纤维表面，将纤维隔离开并润滑纤维，防止干燥时纤维黏结和机械作皮软时损坏皮纤维，使皮板柔

软、耐曲折，具有抗水性。剪绒羊皮的加脂通常在染色后进行。现代工艺越来越倾向于多阶段分步加脂，在浸酸、鞣制阶段的皮板细腻、柔软，但是要求所用加脂剂必须耐酸、盐和耐鞣剂，不沾污毛被或毛被上吸附的油脂容易被清除。也可以对软制后的皮进行加脂。

　　加脂剂是一种重要的皮革化工材料，其特征是以亚硫酸化菜油为主成分，与氯化石蜡、丰满鱼油、氯化猪油、菜油、脂肪酸聚氧乙烯酯等3～4种成分配合而成。它不仅影响着皮革的丰满度、柔软性和感官，还使成革粒面细致、毛孔清晰、弹性柔软、平正光滑、手感丰满。皮革含油量在12%～14%，而且对皮革的抗张强度、延展性等物理力学性能产生极大的影响。它的性能及其在皮内的分布情况对皮子干燥以及干燥后的整理加工影响极大。好的加脂剂及其均匀的分布使后续作软（如铲软、摔软等）极容易进行，且作软效果持久。相反，当加脂效果不好或加脂不充分时，局部纤维缠结，机械作软特别是铲软、拉软时，需要克服纤维间的缠结阻力，容易将纤维拉断，引起松面。当然对绵羊皮而言，过分的加脂也会引起松面。

　　（4）干燥　将鞣制好的皮坯进行干燥，中国的原料皮主要采用挂晾法和绷板干燥法干燥。

　　① 挂晾法　此干燥法一般以强制流动的热空气干燥皮革，温度可以调节，干燥时间根据空气温度、空气流动速度等决定。干燥速度不宜太快，否则容易使革坯身骨僵硬，收缩率增大。在干燥过程中，有些化工材料如鞣剂、油脂、乳化剂等要随着水分的蒸发而向外扩散并挥发掉，有的随着水分的蒸发而逐步加以固定。这时如果水分蒸发得太快，就有可能把过多材料带向外层，甚至带出表面来，使外层过多，造成内外不均、表面发脆等现象。在干燥过程中，染色革中染料与革进一步结合，而由于革的毛细管的作用，染料向革的内层渗透，水分向外层挥发，致使面的颜色变浅变淡。在涂饰干燥过程中，干燥速度还会影响涂饰剂向皮革渗透的速度和透深度，降低涂层与皮革的黏附力。因此干燥温度不能过高。铬鞣革干燥温度在50℃以下；植鞣革干燥初期温度控制在25～30℃内，干燥后期，可以提高到40℃，温度高易出现反拷现象，还容易出现鞣剂氧化而使色泽深暗。在适宜的干燥条件下，烘房挂晾干燥后的成革柔软，弹性好且丰满，粒面花纹清晰，延伸性好，但粒面较粗，革身不平整。若是采用间歇式干燥，则干燥强度不均匀；采用连续式干燥，干燥强度比较均匀。

　　② 绷板干燥法　绷板干燥是指将皮的头部、尾部和四肢固定在平板上，然后进行加热的干燥方法。采用绷板干燥时要注意绷皮方法和绷皮力度。绷皮力度太大，虽然能增加面积，但毛的密度下降，也可能造成产品降级。绷板时先固定皮的头部和尾部，然后固定四肢，注意将皮的背脊线绷直绷正，尾部绷成一条线，以保

证好的皮形。鞋里皮可适当绷宽，靠背皮要头尾定位，前后腿对称定型，毛革两用皮要特别注意头部绷平展、无皱褶。一般烘干温度控制在 35～45℃。

（5）脱脂和初步整理　干燥以后的皮坯再进一步进行脱脂和初步整理（如漂洗、溶剂脱脂、伸展、梳毛和粗剪毛等）。除去皮板中脂肪，使皮板平整，毛被洁净，长短符合产品要求，为干整饰的梳、剪、烫、染色直毛做准备。

经过鞣制以后，皮板的结构稳定性提高，可以在较高的温度下进行乳化脱脂和洗毛，对于大油脂皮，有条件的企业可以采用溶剂法脱脂。溶剂法脱脂能够彻底除去皮板及毛被中的天然脂质，使成品轻软，提高产品等级和使用寿命。各企业依据各自设备条件不同可以采用不同的脱脂方法。

最常用的溶剂法脱脂是用四氯乙烯脱脂剂干洗脱脂，该法在皮板干燥后进行。此法脱脂干净彻底，但设备投资大，平均每张皮脱脂成本 0.8～1.0 元。由于脱脂温度高，所以不适合收缩温度低的皮坯脱脂。

（6）回潮、作软、伸展　干燥除去了皮中的水分，纤维定型，当皮板中水分太少时，不容易进行作软。通过回潮静置使皮板的湿度为 12%～14%，毛被为 10%～12%。进行皮板水分调节，之后进行作软、伸展。一般采用机械拉伸，要根据毛的长度调节供料辊与刀辊之间的距离，以达到最好的伸展效果。

（7）梳毛　最后进行初步梳毛、剪毛、烫毛，即修剪无用的硬皮边和四腿，通过梳毛、烫毛，使毛伸直固定，以利于剪毛。最终使皮坯毛被平齐、柔软有光泽。

3. 皮坯质量标准和检测

（1）质量标准　成品皮革验收标准应符合 QB/T 2801—2010《皮革验收、标志、包装、运输和贮存》的要求。

（2）检测方法

① 吸水性　按 GB/T 4689.21—1996《皮革物理和机械试验 静态吸水性的测定》的方法进行测定。

② 透气性　按 QB/T 2799—2006《皮革 透气性测定方法》的方法进行测定。

③ 丰满性试验　挑选 7 张服装革编号（分别为 A、B、C、D、E、F、G），在每张成品服装革上选择有代表性的 6 个点，将革样粒面向上，平展地铺放在压缩性能测定仪的试样台上，轻轻放下压脚进行测试，按载荷挡位依次加载：50，100，150，……，600（单位：g）。载荷施加 10s 后测量，即为压缩变形厚度，且每加载一次，在相同的时间间隔内记录皮革相对平衡状态下的压缩厚度。在加载达到最大以后，载荷逐步地轻轻移去，其移去的方式与增加时相同，只是次序相反，记录相对回弹厚度值。

④ 柔软度试验　剪取 7 块直径为 50mm 的标准皮革试样（编号为 A、B、C、D、E、F、G），测定其中心厚度。然后将粒面向上，平展地铺放在顶伸性能测定

仪上下压板的凸台中间，并定位。旋转手柄使偏心轮带动上压板轻轻压紧皮革试样，然后放下顶伸杆，进行测定。按载荷挡位依次加载：50，100，150，200，250，300（单位：g）。取放砝码和记录顶伸高度的方法同丰满性测定。将试验数据输入计算机，利用 Fortran 程序进行辛普生积分计算处理，分析皮革压缩功、回弹功和顶伸功等参数。对试验结果与制革专家的手感检测结果做比较，分析各参数的可比性。

⑤ 抗张强度　按 QB/T 2710—2005《皮革 物理和机械试验 抗张强度和伸长率的测定》的方法进行测定。

⑥ 延伸性　按 QB/T 1809—1993《皮革伸展定型试验方法》的方法进行测定。

二、鞣制的方法

皮革的鞣制工序是皮革加工的关键工序，是一个将原料皮的蛋白质转变成一种稳定材料的过程。这种材料不腐烂，能适用于各种用途。但鞣制方法和鞣制材料有所不同，而且鞣法和鞣料的选择取决于成品要求的性质、材料的价格、工厂的条件和原料皮的类别。必须强调的是，这些材料应用方法的本身就是影响成品的因素。皮革和毛皮与原料皮的主要区别是：后者干燥后变得很硬，再湿以后将会腐烂；而皮革和毛皮在干燥后是一种可挠曲的材料，再湿以后不腐烂。

在湿皮中含有 70% 的水，部分水以游离水的形式机械地保持在纤维之间。这些水的失去并不影响硬化作用。在干燥后，皮仅含有约 25% 的水，这 25% 的水大部分是化学结合（水合的）到皮的肽基和氨基酸上的。这些水通过干燥而除去时，生皮方会硬化。大多数鞣制的目的是避免这种现象发生，而使皮在干燥后仍保持挠曲性。鞣制的方法主要有植物鞣法、合成鞣剂鞣法、醛鞣法、脱水法等。

（一）植物鞣法

植物鞣剂是植物的叶子、果壳、树皮等的水浸提物。它是由具有酸性基和大量偶极氢键的多元酚的大分子组成的。酸性基团可以和蛋白质的碱性基团结合而取代水合水。大多数的偶极或氢键和肽基相结合，取代了蛋白质的水合水。所以植物鞣剂可以看成是湿蛋白质的脱水，即植物鞣剂分子取代了水分子。植物鞣剂的存在，将阻碍交联键的形成，在干燥时，它们将产生一些机械的阻抗而阻止纤维连接在一起。皮革的柔软性取决于植物鞣剂的种类和质量。例如，用较高质量的植物鞣剂制造底革，由于植物鞣剂的填充作用，使皮革变得更为紧实，而且有可能使固定在纤维上的植物鞣剂之间形成聚集。通常在酸性条件下，蛋白质的碱性基的离子化增加，这种碱性基离子吸收了植物鞣剂分子的酸性基，有利于植物鞣剂的结合。酸性条件增加了植物鞣剂分子的偶极运动和氢键，也增加了植物鞣剂与碱性基等的结合和植物鞣剂的聚集。

（二）合成鞣剂鞣法

不同的合成鞣剂在化学结构上有很大的差异。普通的是通过引入磺酸基而制成水溶性的材料，它们有高度离解作用，对蛋白质碱性基具有强的离子吸引力。随着产生脱水作用，具有强偶极矩和氢键的合成鞣剂有更明显的填充作用，能制得比较丰满的皮革（代替性合成鞣剂）；而带有较大比例磺酸基的合成鞣剂只能制得空薄的、挠曲性小的皮革（辅助性合成鞣剂）。

（三）醛鞣法

甲醛、戊二醛或在油鞣时产生的其他醛类，能与皮蛋白质的碱性基团结合，并与湿皮蛋白质的邻近分子的碱性基团交联。很少的醛就能发生重要的作用。湿态蛋白质结构的改性阻止了干燥时的收缩现象，并在水合位置之间形成交联。

（四）脱水法

有一些方法可使皮在脱水后仍然柔软，但并不是真正的鞣制，当皮再湿以后，这种作用就会消失。用高浓度的盐处理湿皮，将使皮蛋白质脱水，这样，将阻止干燥时因皮纤维靠近在一起以及随后形成交联而引起的收缩。浸酸皮或干燥很好的浸盐皮，干燥后是白色的、可挠曲的，具有鞣制后的外观。当盐洗出后，这种作用就消失了。用溶剂脱水，即将湿皮放在过量的丙酮中洗涤，将产生同样白色的"皮革"。一种白色的、可挠曲的、干的"皮革"可以通过"冰冻干燥"方法而制得。将湿皮冰冻，然后在真空下使冰以气体形式蒸发而不经过液相，这样，皮纤维将是可挠曲的并且不会收缩而黏结在一起，但经再湿又恢复到生皮状态。只有在冰冻前用很少量的福尔马林预处理，然后常压干燥，才可制得多孔性的、可挠曲的白色皮革。

（五）现代快速干鞣

现代快速干鞣通常是在转鼓中依靠强烈的机械作用进行的。鞣剂以高浓度加入（甚至以粉状固体形式加入），转鼓中有很少浴液或没有浴液。由于机械作用和扩散作用（使高浓度的鞣剂从外面进入湿皮），能使鞣剂渗透很快，在发生大量的结合以前就已渗透进皮中了。必须小心地保持正确的条件，重要的是不要混淆了这两种方法，即多液的慢鞣和无液的鼓鞣。

（六）白皮鞣制技术

白皮鞣制技术，就是用改性有机磷化合物替代传统的甲醛或醛、铬类鞣剂进行的毛皮加工。鞣制过程，通过工艺参数平衡及调整，使其具有良好的鞣制作用，鞣制产成品皮板色泽浅淡洁白，柔软丰满，并赋予皮板良好的染色性能，该技术适合环保型毛皮生产。

成革的物理性质取决于所用鞣料的种类、结合量和采用的干燥技术。这些性质可以通过加油而进一步改善。为了使鞣剂能均匀地分布，鞣剂渗透过皮层的厚度是十分重要的。大多数鞣制方法都会引起不同程度的收缩，而鞣剂的迅速结合（收敛性）可能引起皮革表面收缩，形成皱纹、卵石粒纹，并妨碍鞣剂进一步的渗透。在一般情况下，鞣剂结合快，则鞣剂的渗透速度慢；相反，结合慢，则渗透速度快。因此，在许多鞣法中，开始时，鞣剂对纤维的结合速度是慢的，直到鞣剂很好地渗透后才改变条件以利于鞣剂较快地结合，从而避免收敛作用。酸性条件，例如，pH 低、非鞣剂含量低等，有利于植物鞣剂迅速结合。在普通生产实践中，开始在一个鞣性弱的液体中鞣制，以得到初步渗透，然后再增加鞣剂的浓度或用量。这种工艺是由古老的"池鞣法"衍生出来的，它能产生平滑的、非收敛性的粒面鞣制。在鞣制底革时，先用鞣性弱的鞣液、后用鞣性强的鞣液的鞣制系统是更经济的。

第五节　皮明胶的加工应用

明胶是以牛、猪等动物骨和皮中的胶原通过变性而制得的变性蛋白质，其化学组成与胶原基本相同，都含有 18 种氨基酸。众所周知，胶原占人体蛋白质的三分之一，如果胶原蛋白的生物合成发生反常或因其他原因引起变异，即有可能导致医学上的胶原病。与其他蛋白质相比，胶原的代谢率非常缓慢。以往认为，胶原是一种代谢很不活跃的物质，而实际上体内的胶原在不断地进行合成和分解而处于动态平衡。

一、明胶的结构与分类

（一）明胶的结构

明胶是胶原蛋白部分水解后的产物。胶原蛋白是由 3 条多肽链相互缠绕所形成的螺旋体（图 1-2）。当胶原蛋白的分子水解时，三股螺旋互相拆开，其肽链有不同程度的分离和断裂。

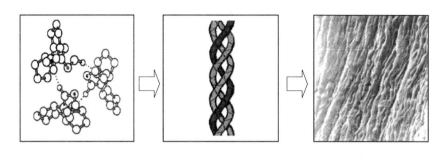

图 1-2 胶原蛋白结构

这种分离和断裂方式有 4 种：①3 条肽链松开后仍有氢键相互联结；②1 条肽链分离，另 2 条肽链松开后仍有氢键联结；③螺旋完全松开，成为 3 条互不联结的、不规则盘旋的 α 肽链；④3 条分离的 α 链部分断裂。胶原蛋白分子的棒状三螺旋结构按上述 4 种方式分离和断裂后就形成了明胶分子的结构。

明胶的氨基酸组成与胶原相似，但因预处理的差异，组成成分也可能不同，不同规格的明胶分子量一般为 15000～250000，是 18 种氨基酸所组成的两性大分子，其中甘氨酸占 1/3，丙氨酸占 1/9，脯氨酸和羟脯氨酸合占 1/3，谷氨酸、精氨酸、天冬氨酸及丝氨酸共占 1/5，组氨酸、蛋氨酸及酪氨酸少量存在。明胶中还含有少量微量元素，不同的行业都要求有严格的技术指标来控制明胶中微量元素的含量。

(二) 明胶的分类

在我国及国际市场上，明胶的品种按用途不同可分为食用明胶、照相明胶、药用明胶和工业明胶 4 类，其中所占比重最大的是食用和医药用明胶。按处理方法不同可以分为酸法胶、碱法胶、酶法胶；按品质不同可以分为高档明胶、低档明胶、骨胶。

食用明胶可用于肉冻、食品添加剂、罐头、糖果、火腿肠、汽水悬浮剂、雪糕等食品行业。药用明胶主要用作生产软硬胶囊、片剂糖衣的原材料。工业明胶主要用于胶合板、印刷、塑料、电子、国防、砂布砂纸、火柴、木器家具、冶金镀液、化妆发胶等工业和部门。

根据制造方法的不同，明胶又分为 A 型明胶、B 型明胶、普通型明胶。A 型明胶（等电点 6～8）是用酸水解猪皮得到的，可塑性和弹性较好；B 型明胶（等电点 4.7～5.3）是碱水解骨头及动物皮肤得到的，硬度较好；普通型明胶是通过生产工艺上的不同而制得的一种既有 A 型明胶特性又有 B 型明胶特性的明胶，这种明胶用 A 型、B 型明胶所采用的同样方法来检验和分级，有时也可以通过将 A 型与 B 型明胶适当混合来获得普通型的明胶。A 型和 B 型明胶的性质见表 1-1。

表 1-1　国外某企业 A 型、B 型明胶产品的主要技术指标

项目	A 型明胶	B 型明胶
pH	3.8~5.5	5.0~7.5
等电点	7.0~9.0	4.7~5.4
胶冻强度/Bloom g	75~300	75~275
黏度/mPa·s	2.0~7.5	2.0~7.5
灰分/%	0.3~2.0	0.5~2.0

在某些工业中使用时，明胶品种不同是无关紧要的，但在有些方面应用时，必须准确地采用所必需的型号，以避免制品的失败或变异。常常会发生用某种型号明胶可以得到良好的结果，而换一种型号却得不到良好结果的情况。

在食品和医药用明胶中，我国目前基本上还没有生产与供应 A 型明胶。在国际市场上，明胶产品除具有一定的理化质量指标外，作为商品，基本上是以冻力来分级和计价的。自冻力 100g 起始，每升高 25g 为一级，最高级的冻力为 300g，各级产品间均有适当的价差。

某种黏度高的明胶，其冻力可能低于另一种黏度低的明胶的冻力。由于明胶在某些应用上主要是利用其冻力，而且也要根据冻力大小来确定使用量，所以冻力指标直接与用户的生产成本有关，这是商品胶以冻力分级计价的主要原因。

明胶的冻力是指在规定检测环境的条件下，使用专业的动物明胶冻力检测仪，将一定比例的胶液（含明胶 6.67% 或 12.5% 的胶液），在专用冻力测试瓶中溶解并冷凝一定时间后使形成圆柱，冻力检测仪器探头压入胶冻表面 4mm 时所施加的力。由于冻力仪的探头配置不同，测量会有误差。

单冻力：是指水分 12%、明胶含量 6.67% 的情况下，在 10℃ 环境下的凝冻强度。

双冻力：是指水分 12%、明胶含量 12.5% 的情况下，在 10℃ 环境下的凝冻强度。

除了冻力以外，与应用技术关系密切的物化特性还有明胶的保护胶体的特性、聚凝作用、浑浊现象，以及明胶的染菌与防腐等。这些在应用技术上是十分重要的，在应用明胶生产制品时，往往由于对这些物化特性的忽视而导致使用失当甚至造成废品。

二、明胶的性质与用途

明胶成品为无色或淡黄色、透明或半透明而坚硬的非晶体物质，不溶于冷水，

但可以缓慢吸水膨胀软化，可吸收相当于重量5～10倍的水。能溶于甘油、醋酸、水杨酸和苯二甲酸等有机酸，不溶于乙醇和乙醚。呈细棒或纤维结构，是由重复的肽键—CO—NH—缠绕成的网状组织。具有 α-氨基酸和蛋白质的一般物理与化学性质。温水是其最普遍的溶剂，皮明胶可溶于热水，形成热可逆性凝胶。它具有极其优良的物理性质（如胶冻力、亲和力、高度分散性、低黏度特性、分散稳定性、持水性、被覆性、韧性及可逆性），因此被广泛应用于医药、保健、食品加工、化妆品、化工、感光材料等众多领域，有"工业味精"的美称，在国内外市场上供不应求。

（一）明胶的理化性质

明胶的理化性质与胶原蛋白的来源、制备方法、提取和浓缩条件、受热历程、pH值以及杂质或添加剂的化学性质等有关，其理化性质主要有如下几方面：

1. 凝胶化

当组成胶团的各种蛋白质链借助于侧链互相缔合时，将形成一个不溶性的固体点阵，这就是凝胶。明胶溶液可形成具有一定硬度、不能流动的凝胶。当明胶凝胶受到环境刺激时会随之响应，即当溶液的组成、pH值、离子强度发生变化和温度、光强度、电场等刺激信号发生变化时，或受到特异的化学物质刺激时，凝胶就会发生突变，呈现出相转变行为。这种响应提示了凝胶的智能性的存在。根据明胶凝胶化所具有的智能性，可以利用明胶制作仿生智能材料。例如郭晓明等采用明胶成膜和溶胶-凝胶成膜相结合的技术，制得了性能良好的生物传感器。虽然这种材料目前在国内报道很少，但是智能天然高分子材料的研究已经成为仿生材料领域中的重要发展方向之一。

2. 胶体和乳化性质

明胶是一种有效的保护胶体，可以阻止晶体或离子的聚集，用以稳定非均相悬浮液，在水包油的分散体药剂中作为乳化剂。

3. 两性电解质

明胶分子与其他蛋白质一样，在不同pH溶液中，可形成正离子、负离子或两性离子。加入与明胶分子所带电荷相反的聚合物能使明胶从溶液中析出。利用这种共聚凝作用，可以制备微胶囊或微球。明胶在制备药物缓释材料和药物载体材料中具有可喜的应用前景。

（二）明胶的用途

在食品工业中，皮明胶是一种重要的食品添加剂，如作为食品的胶冻剂、稳定剂、增稠剂、发泡剂、乳化剂、分散剂、澄清剂等。

1. 糖果添加剂

据报道，全世界的明胶有60%以上用于食品糖果工业。在糖果生产中，明胶用于生产奶糖、蛋白糖、棉花糖、果汁软糖、橡皮糖等软糖。皮明胶具有吸水和支撑骨架的作用，明胶微粒溶于水后，能相互吸引、交织，形成层层叠叠的网状结构，并随温度下降而凝聚，使糖和水完全充塞在凝胶空隙内，使柔软的糖果能保持稳定形态，即使承受较大的荷载也不变形。明胶在糖果中的添加量一般为5%～10%。在糖果生产中，使用明胶较淀粉、琼脂更富有弹性、韧性和透明性，特别是生产弹性充足、形态饱满的软糖、奶糖时，更需要凝胶强度大的优质明胶。

2. 肉制品改良剂

明胶作为胶冻剂添加到肉制品中，用于香野猪肉、肉冻、火腿罐头、口条、火腿馅饼、肉类罐头及镇江肴肉等制品的生产，提高了产品的产量和质量。此外，明胶还可对一些肉制品起乳化剂的作用，如乳化肉酱和奶油汤的脂肪，并保持产品原有的特色。在罐头食品中，明胶还可作为增稠剂，常添加粉状明胶，也可加入由一份明胶、两份水配成的浓胶冻。如原汁猪肉罐头加入11.7%的明胶，可增加肉味，增稠汤汁。火腿罐头中添加2%的明胶，可使形成透明度良好的光滑表面，火腿罐头装罐后，在其表面撒明胶粉，可避免粘盖。

3. 发料澄清剂

明胶可作为澄清剂用于啤酒、果酒、露酒、果汁、黄酒、巴旦木果仁乳饮料等产品的生产。其作用机理是明胶能与单宁（鞣质）生成絮状沉淀，静置后，呈絮状的胶体微粒可与浑浊物吸附、凝聚、成块而共沉，再经过滤去除。对于不同的饮料，可根据需要将明胶和不同的物质一起使用，达到不同的效果。如在桑椹汁的生产工艺中，明胶需要和单宁、硅胶共同起澄清剂的作用。对于巴旦木果仁乳饮料，明胶可与海藻酸钠一起作为复合增稠剂，制成一种风味独特且口感优良的乳饮料。针对不同的饮料，明胶的添加量也不相同。在果汁饮料中，明胶用量为2%～3%。在啤酒澄清中所用的是含明胶0.15%的水溶液。在葡萄酒澄清中，明胶用量为0.11～0.13g/L。

4. 乳制品添加剂

明胶广泛应用于各种乳制品，如酸奶、酸性稀奶、软质干酪、增香乳、低脂奶油等。明胶用于乳制品中主要有三大功能：一是抗乳清析出作用，明胶通过氢键的形成阻止乳清析出，避免酪蛋白产生收缩作用，因而阻止了固相从液相中分离；二是乳化稳定作用，酪蛋白本身就是天然的乳化剂和稳定剂，但酪蛋白在酸性环境中会失去乳化能力和稳定能力，而明胶可为酪蛋白提供稳定条件，起保护胶体的作用；三是乳泡沫的稳定剂，所有乳泡沫均可看作空气-脂肪-水的乳化体系，明胶作为亲水胶体可与水结合形成明胶薄层覆盖脂肪球，并包裹空气泡，减少外界条件对空气泡中空气压力的影响，达到稳定泡沫的作用，从而建立起稳定的乳化状态。在单独使用明胶无法达到所需的产品组织状态和工艺条件的情况下，可将明胶与其他亲水胶体（如琼脂、淀粉）结合使用，使其在乳产品中具有更广泛的应用。

5. 食品涂层材料

近年来，日本等国较多地将明胶用于食品涂层。在食品表面涂覆明胶具有以下优点。①当两种不同的食品组合在一起时，涂覆明胶能抑制褐变反应。如氨基酸和糖类混合在一起会发生美拉德反应，使产品着色、溶解性变差，并发生异臭。②防止食品吸潮及僵硬。在粉末状、颗粒状糖类的表面涂覆食用明胶，能防止糖类吸潮，避免结块现象。③可使食品表面有光泽，提高食品质量。如生产葡萄白脱时，若预先在葡萄上涂覆食用明胶，则葡萄中的色素不会污染白脱，提高了葡萄白脱的质量。④可防止食品腐败氧化。浓度为 $10\%\sim15\%$ 的明胶形成的涂层适用于火腿、腌肉、香肠和干酪等，可防止食品腐败，延长食品保存期。

6. 其他方面的应用

在食品生产中，明胶还可用于制作蛋糕和各种糖衣。由于明胶的稳定性，糖衣即使在热天当液相增加时也不会渗入糕饼中，而且还能控制糖晶体的大小。明胶还可用于制作彩珠冰淇淋的彩珠、无糖罐头等。在食品包装方面，明胶可合成明胶膜。明胶膜又称可食包装膜、生物可降解膜。现已证明，明胶膜具有良好的抗拉强度、热封性，以及较高的阻气、阻油、阻湿性能。

三、明胶的营养价值

1. 明胶的营养成分

明胶的化学组成包含有 18 种氨基酸（表 1-2）。

其中，缬氨酸、亮氨酸、异亮氨酸、赖氨酸、苏氨酸、苯丙氨酸、蛋氨酸等 7 种氨基酸为必需氨基酸，但不含另一种必需氨基酸色氨酸。所谓"必需氨基酸"是指那些在人体内不能合成而只能由食物提供的氨基酸。对于成人来说，必需氨基酸即上述 8 种氨基酸；而对于婴儿来说，组氨酸也是必需氨基酸。由于明胶中不含色氨酸，所以不能像蛋和奶那样被称为"优质蛋白质"。也正因为如此，过去不少人认为在食品中添加明胶不一定有什么营养价值。其实，这是一种片面的见解。明胶虽然缺少色氨酸，但完全可以通过食物的营养互补来达到最佳的组合，其所含的众多的氨基酸可以成为合成蛋白质的氨基酸源。生物化学实验指出，食物中如果缺乏

表 1-2　胶原、明胶的氨基酸组成

氨基酸	猪皮明胶	牛皮明胶	牛骨明胶	明胶	胶原
	（1000 个残基中的残基数）			（100g 中的氨基酸量）	
丙氨酸	111.7	112.0	116.0	9.5	9.3
甘氨酸	330	333	335	27.2	26.9
缬氨酸[①]	25.9	20.1	21.9	3.4	3.3
亮氨酸[①]	24	23.1	24.3	5.6	3.4
异亮氨酸[①]	9.5	12.0	10.8		1.8
脯氨酸	131.9	129	124.2	15.1	14.8
苯丙氨酸[①]	13.6	12.3	14	2.5	2.55
酪氨酸	2.6	1.5	1.2	1.0	1.0
丝氨酸	34.7	36.5	32.8	3.37	3.18
苏氨酸[①]	17.9	16.9	18.3	2.28	2.2
蛋氨酸[①]	3.6	5.5	3.9	0.8	0.9
精氨酸	49.0	46.2	48	8.59	8.55
组氨酸[②]	4	4.5	4.2	0.74	0.73
赖氨酸[①]	26.6	27.8	27.6	4.47	4.60
天冬氨酸	45.8	46.0	46.7	6.3	6.7
谷氨酸	72.1	70.7	72.6	11.3	11.2
羟基脯氨酸	90.7	97.6	93.3	14.0	14.5
羟基赖氨酸	6.4	5.5	4.3	1.1	1.2

① 必需氨基酸。

② 婴儿必需氨基酸。

某些非必需氨基酸时，必须摄入更多的必需氨基酸，以便利用这些必需氨基酸的氮来合成非必需氨基酸，这是很不经济的。因此不能轻视明胶中的非必需氨基酸。实验证明，将营养价值低于蛋、奶的明胶蛋白质巧妙地补充到生物价较高的食品混合物中去，就可以使此食品混合物的营养价值得到改善。

2. 明胶的生物价

食用明胶中主要成分为由 18 种氨基酸组成的蛋白质，蛋白质营养价值的最常用的表示方法是生物价。生物价是食物蛋白质被吸收储留在体内真正被利用的氮与在体内被吸收的氮的数量之比，可用下式表示：

$$生物价 = \frac{储留的氮量}{吸收的氮量} \times 100$$

其中：

储留的氮量＝食物含氮量－（粪中含氮量－肠道代谢废物氮）

－（尿中含氮量－尿中原含氮）

储留的氮量＝食物含氮量－（粪中含氮量－肠道代谢废物氮）

生物价表征了蛋白质被吸收后在体内被利用的程度。明胶和某些食物的生物价见表 1-3。

表 1-3　明胶和某些食物的生物价

食物	正在成长的白鼠	成年人
鸡蛋	87	94、97
牛奶	90	62、79、100
牛肉	76	67、82、84、75
鱼	75	94
白面	52	42、40、45、67、70
大豆粉	72	65、71、81
明胶	20	—

蛋白质的生物价可因条件的不同而不同。例如，鸡蛋蛋白质在食物中比例占总热能的 8% 时，其生物价为 91；而占 12% 时则为 84；如增加至占 16% 时即为 62，这是应当注意的。

四、猪皮明胶的生产方法

猪皮可分为表皮层、真皮层及皮下结缔组织。其中真皮层含有大量胶原蛋白，占固形物含量的 90%～95%，是制造明胶的主要来源。猪皮中的胶原蛋白不易被水解消化，消费者大都不愿意食用它。但如果将其利用转变为明胶，将可大大提高其水解性，可广泛地应用于科学研究和工业生产领域。

1. 工艺流程

猪皮→浸泡→蒸煮→过滤浓缩→干燥→粉碎→包装

2. 操作要点

（1）原料处理　选取鲜猪皮放入水池内清洗干净，除毛，刮去脂肪层，切成 8cm×10cm 左右的长方块。

（2）浸泡　将处理好的猪皮长方块，投入石灰水浸泡 30h 左右，直至皮块膨胀、柔软、发白。然后捞出，放清水池内用清水洗净。再浸入稀酸溶液中（可用盐酸、磷酸等配制），pH 为 3.5～4.5，时间 10～48h。然后取出用水洗净，放入耐酸容器进行蒸煮。

（3）蒸煮　蒸煮分四次进行：60～65℃，65～70℃，70～75℃，90℃。每次蒸煮 4～6h，每次蒸煮后得到的胶汁都用铜网过滤。头 2 次滤出胶汁可作食用明胶，第 3 次滤出胶汁可作工业明胶，第 4 次滤出胶汁供作皮胶。

（4）过滤浓缩　经过滤的胶汁立即倒入浓缩锅内，在 60～70℃的温度下浓缩，待浓缩至 80％左右，再倒入平底玻璃容器或铝制容器进行冷却成型，后再切成 10cm×20cm 的胶片。

（5）干燥、粉碎　将胶片风干，然后用粉碎机粉碎成直径 1～3cm 的颗粒。

（6）包装　粉碎后的颗粒，用无毒塑料袋包装，即为成品。其中，对于包装材料的要求是牢固耐用。

五、牛皮明胶的生产方法

牛皮胶，又名黄明胶，味甘、性平，有补血止血、滋阴润肺的功能，常用于血证、阴虚证、虚劳喘咳、阴虚燥咳。牛皮胶入药始于汉代或更早。陶弘景《本草经集注》称此胶为"煮牛皮作之"。说明《本草经集注》所说阿胶，即牛皮胶，今名黄明胶。宋元两代所用阿胶既有牛皮胶又有驴皮胶，还混有少部分杂皮熬制的次品胶。李时珍将牛皮胶从阿胶中分出，以黄明胶之名另述。据此，后世遂将驴皮胶称为阿胶，牛皮胶称为黄明胶，猪皮胶称为新阿胶。黄明胶与阿胶功效相似，临床常互为代用。阿胶滋阴补血效果较好，黄明胶兼能消肿。在食品工业中主要用于制造各种圣诞水果、工艺品水果等。

1. 工艺流程
原料处理→预浸灰→切碎、水洗→浸灰水洗→中和水洗→熬胶→过滤浓缩→干燥粉碎→包装

2. 工艺要点
（1）原料处理　将鲜牛皮放入水池内清洗，除毛，刮去脂肪层。

（2）预浸灰　将原料在划槽中用 5％的石灰乳液处理 24h。通过预浸灰可使皮初步得到膨胀，且经膨胀后皮变得硬挺，切皮时容易切断。此外，还可除去皮上的血污、黏液、脏物以及皂化部分油脂等。

（3）切碎、水洗　将预浸过的原料从石灰水中捞起，在切皮机上切碎。对切碎的要求是切成不大于 5cm×8cm 的小块，较厚的牛皮可切成不大于 2cm×8cm 的小条。总之原料切碎时应尽可能切得小一点，但以在浸灰、水洗时皮块不大量流失为

限度，且同批料应尽可能切得大小一致，使作用均匀。然后用清水冲洗。切碎的目的是为了加快反应速度，缩短浸灰、熬胶时间。

（4）浸灰水洗　可在划槽或转鼓中进行。石灰、料液比为（2.5～4）：1，温度为15～18℃左右，浸泡时间约为30～40d。若改用30g/L左右的氢氧化钠代替浸灰，则浸灰时间可缩短为2d，然后用清水冲洗。浸灰的目的为在预浸灰的基础上进一步更充分地使胶原纤维膨胀，松弛侧链与侧链以及主链与主链之间的结合，使胶原纤维由于膨胀而高度分散，这样在加温熬胶时水分子容易进入胶原分子空隙，使胶原容易水解而出胶。且经浸灰后由于胶原的浓缩温度降低，这样有利于在较低温度下熬胶。同时由于灰液的作用，可进一步除去对制胶有害的蛋白质如黏蛋白、类黏蛋白以及色素、脂肪等。总之，充分浸灰是制造高级明胶所不可缺少的重要环节。

（5）中和水洗　多采用HCl，酸的耗用量为3%～4%，需在12～24h内完成。中和加酸时必须注意，应避免一次加入过量的酸，否则由于溶液中局部酸过浓，会导致皮产生酸膨胀，胶原纤维变得透明溶胀，将纤维间的毛细孔堵塞，阻碍酸液进入皮内，使中和皮内剩余的碱发生困难。中和之后弃去废酸水并充分进行水洗，以洗去中和时产生的盐类及余酸。中和、水洗后皮的pH应为中性，即使少量的酸或碱存在也会使胶原过度水解，发生链的环化作用，使黏度和凝固点下降。

（6）熬胶　在熬胶锅内放入热水，将清洗过的原料倒入锅内，注意不要焦煳。熬胶分四次进行：70～75℃，75～85℃，85～90℃，100℃。每次蒸煮6～8h。温度是影响成胶的主要因素。温度低，出胶速度慢；但温度高，会加快水解，降低胶的质量。故熬胶时应根据原料情况尽可能采取较低温度，尤其在熬制高级明胶时，温度不宜超过70℃。每道熬胶时间应控制在3～8h。熬煮时间宜短不宜长，以防止胶原过度水解而使胶的质量下降。出胶浓度以淡为好，但放出胶液如浓度太低，将会给浓缩造成困难，因此要求每道胶液出时应达到一定浓度。

（7）过滤浓缩　熬得的胶液中含有一些皮渣小颗粒、畜毛、脂肪等杂质，可用澄清或过滤法加以清除。通常采用板框压滤机过滤，在过滤前可在胶液中加入纸浆、过滤棉、硅藻土等作为助滤剂，以吸收悬浮物质，然后把胶液置于压滤机上过滤。浓缩宜采用真空减压浓缩，浓缩浓度越小胶的质量越好，浓缩浓度越大胶的质量越差。浓缩后立即将胶液盛入金属盆或模型中冷却，至完全凝胶化，生成胶冻为止。

（8）干燥粉碎　将胶冻切成适当大小的薄片或碎块，采用隧道式烘房烘干。在烘房的一端装有空气过滤器、鼓风机和加热器，将进入烘房的空气预热到20～40℃，其相对湿度应在75%以下。干燥时空气与胶片以逆流的方式进行。干燥完毕后，在锤击式粉碎机上进行粉碎。粉碎时胶片的水分含量不可超过 15%，否则将给粉碎带来困难。对于粉碎细度尚无统一要求。

（9）包装　将粉碎好的胶粒包装。对于包装材料的要求是牢固耐用，尤应注意防潮。

六、其他皮明胶的生产方法

近年来，我国肉鸡加工业发展很快，但肉鸡加工中的废弃物尚未得到充分利用。目前，国内外肉鸡生产中废弃的鸡皮通常经过干燥、粉碎等粗加工生产动物饲料，但是这种饲料适口性差，消化利用率也较低；还有少部分鸡皮被用来生产低档肉糜制品。因此，急需开发鸡皮新用途和深度加工产品，以提高资源利用率和企业的经济效益。由于对疯牛病的担忧，人们对牛皮、牛骨明胶的使用存在疑虑，所以使用鸡皮制备明胶的研究有利于新的明胶资源的开发与利用。

1. 鸡皮明胶制备工艺流程

冷冻鸡皮→挑选→切割→浸酸→中和→水洗→提胶→过滤→去除油脂
　　　　　　　　　　　　　　　　　　　　　　　　　　　　　　　↓
成品←包装←粉碎←干燥←胶液浓缩

2. 工艺要点

（1）预处理　称取冷冻新鲜鸡皮，除去表面杂物，切成 1cm×1cm 小块。

（2）浸酸　加入稀 HCl，在 15～18℃浸泡 2d，每隔 6～8h 更换 1 次 HCl 溶液。浸酸后的鸡皮颜色变白，体积膨胀且有较高的弹性。

（3）中和、水洗　浸酸处理后，去除鸡皮中的废酸，加入 0.2mol/L NaOH 溶液中和至 pH 4.7～5.0，冲洗鸡皮，使其 pH 至 5.5～6.5。此时鸡皮呈半透明状，可以清楚地看到鸡皮切面的结构。

（4）提胶　在洗净的鸡皮中加入与鸡皮等体积的蒸馏水，于水浴锅中提胶。第一道提胶温度为 55～60℃，时间 2.5～3h。当胶液的相对密度为 1.025 时过滤，分离胶液。在滤渣中再加入等体积蒸馏水，进行第二道提胶。第二道提胶温度为 60～65℃，时间 3～3.5h。

（5）去除油脂　将各道胶液混合，于 55℃的水浴锅中静置数小时，将上层油脂除去。

（6）胶液浓缩、干燥　将胶液置于旋转蒸发器中浓缩至原体积的 1/4，再及时用真空冷冻机干燥至水分含量低于 16%。

（7）粉碎、包装　将干燥好的胶片用粉碎机粉碎成直径 1～3cm 的颗粒，用防潮塑料袋进行包装，即得成品。

第六节　畜禽皮在食品中的应用

动物副产物的营养价值也是食品行业关注的一个新热点，而家畜皮中的营养价值主要体现在蛋白质含量较高。以猪皮为例，据营养学家们分析，每100g猪皮中含蛋白质26.4%，为猪肉的2.5倍，而脂肪却只有2.27g，为猪肉的一半。特别是肉皮中的蛋白质主要成分是胶原蛋白，胶原蛋白是皮肤细胞生长的主要原料，具有增加皮肤储水功能、滋润皮肤、保持皮肤组织细胞内外水分平衡的作用。国外畜皮广泛地用于食品加工业，例如菲律宾利用水牛皮制作咸饼干，马来西亚和印度尼西亚有用干牛皮烹制的菜肴，泰国西北部用水牛皮加工成食品等。

一、猪皮食品

（一）火腿肠

1. 火腿肠产品的制作工艺流程

猪皮处理
↓
原料肉解冻→原料修整→绞制→搅拌、腌制→二次滚揉→充填结扎
↓
入库←装箱←烘干←杀菌

2. 制作方法

（1）原料制备　选用来自非疫区且符合卫生要求的猪皮（符合接收标准），要求无杂物、无猪毛。将猪皮在沸水中煮制，时间50min，煮制时添加2%的葱、2%的生姜以去除腥味。煮制结束后将猪皮用冷水漂洗至常温，并用6mm孔板绞制一次备用，要求猪皮颗粒明显。

（2）搅拌、腌制　将食盐、亚硝酸钠、生姜粉、葡萄糖、三聚磷酸钠、焦磷酸钠、异抗坏血酸钠溶解于冰水中，与绞制好的鸡皮、猪肉、猪皮在搅拌机内搅拌均匀，搅拌时间20min，然后将搅拌好的料馅于0~4℃腌制于库房中，腌制12h。

（3）二次滚揉　将腌制料馅、冰水及除淀粉外的辅料入滚揉机滚揉，运转20min，间歇10min，总滚揉时间1h。滚揉模式选快速，真空度≥80%。再添加淀粉连续滚揉0.5h，出锅温度≤10℃。

（4）充填结扎　用结扎机对火腿肠半成品进行充填结扎，结扎前打印生产日期及生产班次。结扎时要求两端无残留料馅，松紧合适。

（5）杀菌　产品采用卧式杀菌锅按照常规火腿肠产品杀菌公式进行杀菌，然后冷却。

（6）存放　火腿肠产品贮存于阴凉、通风、干燥处，保存期90d。

（二）猪皮冻

1. 原料

猪皮、香叶、生姜、葱、八角茴香、小茴香、花椒粒、桂皮、料酒、生抽。

2. 工艺流程

猪皮清洗→煮皮→刮油→熟洗→复煮→切丝→煮丝→冷却凝固→切型→包装→成品

3. 制作方法

（1）猪皮清洗　清洗猪皮时，往水里加入一点食盐可以去除猪皮表面的杂质；洗干净的猪皮，要用拔毛钳将残留的猪毛拔干净。

（2）煮皮　将洗好的猪皮放入锅里，一定要用凉水下锅，大火煮15min，使肉皮煮透，有利于刮除肥膘。

（3）刮油　煮好的猪皮，要将肉皮上残留的肥膘与残毛刮净，防止肥膘的油脂逐渐溶于汤中形成小颗粒，影响皮冻的透明度。

（4）熟洗　熟洗猪皮是将刮去油脂的猪皮放入加有食用碱和醋的热水中，反复搓洗几次，以去除刮油脂过程中残留的油渣。用热水清洗可以更好地去除猪皮的油腻；加食用碱的目的是可以洗去肉皮上残留的油脂；加醋一方面可以除去肉皮上的异味，另一方面醋的酸味中和碱性，可避免营养物质流失。

（5）复煮　将猪皮放入加有生姜片、大葱段和料酒的热水锅中，开盖大火煮3～4min。注意：①烧水时水不要烧开，而是在水似开非开也就是水响时放入猪皮；②不要盖锅盖，盖盖儿后易使汤色浑浊；③加入葱、姜、料酒可以除去肉皮的异味和腥味，透出肉皮的香气。

（6）切丝　将煮好的猪皮切成细丝。切丝的目的是为了增大肉皮的表面积，有利于吸收热量，使肉皮中的胶原蛋白充分溶于汤中。丝切得越细越好。

（7）煮丝　切好的猪皮丝放入锅中，加入猪皮5倍重量的清水，小火熬煮约2h。煮丝时应注意如下几方面。①煮猪皮丝时要注意火候的掌握，始终保持微小火熬煮，保持水开但不沸腾的状态，也就是自始至终有3/4的水面处于开，有1/4的水面处于不开的状态。若火过大，汤会变得不清亮，易浑汤。②熬煮时，要不断地用小勺撇去汤汁表面的浮沫，以保持汤汁的清亮。③整个过程不需要加任何调味料，如果需调味，可以在2h后关火，放入少许食盐即可。不放其他辅料，这样汤色清亮，不浑浊，做好的皮冻晶莹剔透。

畜禽与水产品副产物的综合加工利用

(8) 冷却凝固　将熬煮好的猪皮丝连同汤汁一起倒入干净的容器中，冷却后放入冷藏室，使其凝固（不要放入冷冻室，因为温度低于0℃会使皮汁冻结，化冻后水分会流失，从而无法成型，失去皮冻的特色风味）。

(9) 切型　将凝固后的皮冻倒扣在案板上，用刀将皮冻切成大小适合的小块状。切皮冻时，要采用颤刀法：左手压住皮冻，右手握刀，不要像切菜似的一刀切下去，否则很容易使皮冻破碎，而要将刀刃抵住皮冻的表面，抖动着将刀切下去，这样切出来的皮冻形状完整，不松散。

(10) 包装　包装分切好的皮冻，放入托盘用保鲜膜包好，置于0～4℃条件下贮藏销售。

(11) 成品食用　食用时将醋、蒜泥、酱油、芝麻香油、芫荽调成味汁，浇在切好的皮冻上，调匀即可。

二、牛皮休闲食品

即食泡牛皮是福建省特有的传统地方食品，其产品主要选用上等肉质的鲜牛皮，用独特的腌制秘方制成。产品色泽金黄诱人，略带香辣的酸味，嚼起来脆韧爽口，食后回味绵长，深受广大群众好评，是当地送礼、待客的首选休闲食品。

《中华本草》记载，牛皮具有"利水消肿，解毒"功效。一般鲜牛皮中含粗蛋白质32.92%、水分61.73%、粗脂肪0.84%、灰分0.21%。其中粗蛋白质以胶原蛋白为主，胶原蛋白质量分数为16.2%，约占牛皮总蛋白的80%。胶原蛋白分子中的含氮量比其他蛋白质的含氮量高，而且富含多种人体必需的氨基酸，如甘氨酸、丙氨酸、脯氨酸和蛋氨酸等。胶原蛋白广泛地存在于人体的皮肤、骨骼、肌肉、软骨、关节、头发组织中，起着支撑、修复、保护的三重抗衰老美容功能。

1. 原料

新鲜牛皮、酱油、食醋、食盐、白糖、生姜、蒜、山梨酸钾、辣椒、香辛料（小茴香、八角、香叶、丁香、桂皮等）。

2. 工艺流程

卤料
↓
牛皮预处理→煮制→切片→冷却→装罐→浸泡→沥干→真空包装→低温杀菌→成品

3. 制作方法

(1) 牛皮预处理　选用成年牛新鲜牛皮，刮毛后剔除皮下脂肪和肉，切成大约3cm×8cm长方形，之后放入加热容器中。

（2）煮制　放入蒸煮锅（约100℃）加适量生姜、料酒以脱生去味。牛皮应煮至透明，内外颜色一致。

（3）切片、冷却　趁热切片，厚度2～3mm。切后马上放入冷开水中过一下，以防止牛皮粘在一起。

（4）低温杀菌　将真空包装好的牛皮在110～125℃灭菌20～30min，即为成品。

4.产品特点

用此法生产出来的牛皮休闲食品，味美爽口，余香味长，此外，制作中所添加的各种天然香料具有调香、防腐及抗氧化等功效。女士们在吃零食的同时就能补充胶原蛋白，常食可延缓妇女更年期，起到保健养颜的功效。

三、羊皮膨化食品

现代医学研究发现，羊皮中富含蛋白质、水分、脂肪、清蛋白和黏蛋白，以及锌、铁、铜、锰、铬、磷、硅等无机质，并且羊皮对补虚、祛痰、消肿有一定的作用。

现行的食物膨化方法多采用沙炒、盐炒、油炸和气流膨化，而这些方法都存在明显不足。沙炒膨化和盐炒膨化的卫生条件差，产品中可能含有碎沙和盐，且需要的加工温度过高；油炸膨化的方法温度过高，易产生有致癌作用的高分子聚合物，且不符合少脂肪含量的时尚要求；气流膨化多采用锥形半自动膨化机，这种膨化的方法温度高、气流压力大，产品的溶化性、适口性差。微波膨化的技术方案是十分可行的。

1.工艺流程

原料选择→刮皮→剪毛→拔毛→整形→清洗→分切→腌渍调味、除腥去膻

成品←包装←微波膨化←微波干燥、灭菌

2.加工方法

（1）原料选择　选择带毛、新鲜、无疫病的羊皮原料。

（2）刮皮　将羊皮摊平放置于刮皮机内，刮除皮层上的脂肪、肉屑、凝血及杂质。

（3）剪毛　将羊皮摊平，置于剪毛机内剪毛。

（4）拔毛　将羊皮摊平置于拔毛机内拔毛，进一步检查并拔除残存的毛。

（5）整形　割除口唇、耳朵、蹄瓣、污皮和带有疤痕的皮。

（6）清洗　将羊皮用清水浸泡后清洗、晾干。

（7）分切　用切割机把羊皮切成10mm×60mm左右的条状或20mm×20mm

左右的块状。

(8) 腌渍调味、除腥去膻　腌渍料配方为食盐 3%、味精 0.12%、调料 0.15%、甜味剂 1.5%、米酒 0.03%。将羊皮与食盐、味精、调料、甜味剂、米酒混合搅拌均匀，在 0℃腌渍 10h。调料比例为：胡椒 3%、花椒 19%、八角茴香 3%、桂皮 3%、丁香 3%、豆蔻 1%、砂仁 1%、紫苏 8%、生姜 12%、腐乳 12%、韭菜花 17%、小茴香 2%、良姜 4%、陈皮 5%、香叶 3%、白芷 4%。

(9) 微波干燥、灭菌　将已腌渍入味的羊皮放置于 70℃的微波干燥机或微波干燥箱内进行干燥、灭菌，微波干燥 3～50min，直至羊皮水分含量降到 15%，置于密闭容器内均湿。

(10) 微波膨化　将干燥的羊皮置于频率为 2400MHz 的微波炉内，进行常压微波膨化 3min。

(11) 包装　将膨化好的羊皮置于真空包装袋（以保持食品的脆性），并放入干燥剂（袋装），即制得羊皮风味特色食品。

3. 特点

此法提供了一种羊皮食品的制造方法，采用常压微波膨化或真空微波膨化，操作简单，食品安全卫生。

四、驴皮阿胶

阿胶又名驴皮胶、阿胶珠，为马科动物驴的皮经煎熬、浓缩制成的固体胶。主产于山东、江苏等地。阿胶呈整齐的长方形块状，表面及其断面均为棕黑色或乌黑色，平滑有光泽，对光视之显琥珀色，半透明，质坚脆，易碎。气微，味微甜。阿胶遇热、遇潮均易软化，在干燥寒冷处又易碎裂。贮藏时可用油纸包好，埋入谷糠中密闭贮存，使外界湿空气被谷糠吸收；也可装入双层塑料袋内封口，置阴凉干燥处保存。夏季最好贮存于密封的生石灰缸中。

阿胶多由胶原组成，其水解可得明胶、蛋白质及多种氨基酸。阿胶的蛋白质含量为 60%～80%，含有 18 种氨基酸（包括 8 种人体必需氨基酸），以甘氨酸、脯氨酸、丙氨酸、赖氨酸、精氨酸、谷氨酸等为最多，此外，还含有 28 种微量元素，其中以铁、钙、锰、锌、磷、铜、锂、锶等含量较多。药理实验表明，阿胶有提高红细胞数量和血红蛋白含量的作用，可促进造血功能，有扩张微血管、扩充血容量、降低全血黏度、降低血管壁通透性和增加血清钙含量的作用。阿胶为补血止血、滋阴润燥之良药，临床上常应用于血虚萎黄、眩晕心悸、肌痿无力、心烦失眠、虚风内动、肺燥咳嗽、吐血、便血崩漏、妊娠胎漏等方面，具有显著疗效。阿胶还具有生血作用，可用于失血性贫血、缺铁性贫血、再生障碍性贫血及年老体弱、儿童、妇女的滋补。长期服用阿胶，还可丰富皮肤营养，使肌肤光洁滑润并具弹性。

制作方法如下：

（1）将驴皮浸入清水内 5～7d 使软化后，取出，刮去驴毛，切成小块。

（2）用清水洗净，放入沸水中煮约一刻钟，至皮卷起时，取出，放入另一有盖锅中加水至浸没驴皮，煎熬约三天三夜。

（3）待液汁稠厚时取出，加水再煮，如此反复 5～6 次，直至大部分胶质都已溶出。

（4）将所得液汁用细铜丝筛过滤，滤液中加入少量白矾粉搅拌，静置数小时，待杂质沉淀后，收取上层溶液加热浓缩。

（5）在出胶前 2h 加入矫臭剂及矫味剂（500kg 驴皮加黄酒 3.75kg 及砂糖 7.5kg），出胶前半小时加入豆油（500kg 驴皮加 7.5kg），以降低胶的黏性，至用铲挑取粘成一团不再落入锅中时即可出胶。

（6）出胶后放入衬有铅皮的木盘中，铅皮上预先涂搽豆油以免粘连，待胶凝固，取出，切成小块，块长 10cm，宽 4～4.5cm，厚 1.6cm 或 0.8cm。

（7）放置于网架上晾，每隔 2～3d 翻动一次，以免两面凹凸不平。7～8d 后整齐地排入木箱中，密闭闷箱并压平，待外皮回软再取出摊晾，干后再闷，再晾干（也可用鼓风干燥法干燥）。

（8）在包装前用湿布拭去外面黏状物，即为成品。

第七节　畜禽皮的其他应用

一、在生物材料中的应用

（一）利用猪皮制备胶原蛋白

胶原蛋白是猪皮中的主要蛋白质，胶原蛋白也是人体内含量最多的蛋白质，它主要构成人体的血管、神经、骨骼、皮肤等组织器官，对于人体健康具有十分重要的生理作用。由于胶原蛋白能够有效地增加皮肤组织细胞的储水功能，因此人体经常补充胶原蛋白可增加皮肤弹性，保持皮肤柔软、细腻，也能使人体内的血管和神经保持韧性和弹性，使头发光亮，对人体抗衰老及美容具有特殊的功效。

用酶解法提取鲜猪皮中的胶原蛋白是目前比较理想的手段。酶水解反应速度快，时间短，无环境污染。提取的水解胶原蛋白纯度高，水溶性好，理化性质稳定。

1. 工艺流程

猪皮处理→加热→脱脂→高压蒸煮→酶解→酶灭活→分离去渣→浓缩→干燥→成品

2. 工艺要点

① 将新鲜猪皮清洗去污物后，放入锅内，加适量水，100℃保持5min。

② 取出煮熟的猪皮，稍凉后用刀刮去脂肪，拔掉猪毛，然后将熟猪皮放入高压釜内，加入2倍量水，在0.15MPa下保持15min。

③ 将高压处理后的熟猪皮和汤移入反应罐内，然后加入酶，调控pH，控制反应温度和时间，酶解反应结束后，升温将酶灭活。

④ 分离反应后剩余的皮渣，即得清液。

⑤ 清液经浓缩后，喷雾干燥制成粉剂。

3. 猪皮胶原蛋白质量标准与检验方法

（1）质量标准　执行QB 2732—2005《水解胶原蛋白》。

① 感官要求

a. 形状　呈无缝管状，无破孔，无粘连。

b. 色泽　呈半透明米黄色。

c. 气味　具有弱烟熏味或胶原的特有气味。

② 理化指标　胶原蛋白的理化指标见表1-4。

表1-4　胶原蛋白的理化指标

项　目	指　标	项　目	指　标
灰分/%	≤3.5	砷(As)/(mg/kg)	≤0.5
山梨酸/(g/kg)	≤0.5	羧甲基纤维素钠/(g/kg)	按正常生产需要
铅(Pb)/(mg/kg)	≤2.0		

③ 细菌指标　胶原蛋白的细菌指标见表1-5。

表1-5　胶原蛋白的细菌指标

项　目	指　标
大肠菌群/(个/100g)	≤30
致病菌(沙门氏菌、志贺氏菌)	不得检出
霉菌总数/(个/g)	≤50

（2）检验方法

① 灰分测定　按GB/T 5009.4—2016《食品安全国家标准 食品中灰分的测

定》方法操作。

② 铅测定　按 GB/T 5009.12—2017《食品安全国家标准 食品中铅的测定》方法操作。

③ 砷测定　按 GB/T 5009.11—2014《食品安全国家标准 食品中总砷及无机砷的测定》方法操作。

④ 山梨酸测定　按 GB/T 5009.29—2016《食品中山梨酸、苯甲酸的测定》方法操作。

⑤ 大肠菌群测定　按 GB/T 4789.3—2016《食品安全国家标准 食品微生物学检验 大肠菌群计数》方法操作。

⑥ 沙门氏菌测定　按 GB/T 4789.4—2016《食品安全国家标准 食品微生物学检验 沙门氏菌检验》方法操作。

⑦ 志贺氏菌测定　按 GB/T 4789.5—2012《食品安全国家标准 食品微生物学检验 志贺氏菌检验》方法操作。

⑧ 霉菌总数测定　按 GB/T 4789.13—2012《食品安全国家标准 食品微生物学检验 产气荚膜梭菌检验》方法操作。

(二) 利用猪皮制备寡肽

对于 10 个氨基酸以下的胶原蛋白寡肽，因发现有降血压等活性而受到重视。制备胶原蛋白寡肽，用酸性水解或碱性水解都不好，得到的是混合氨基酸和从两个氨基酸到几十个氨基酸的小肽和多肽，且碱性水解得到的混合氨基酸不是 L-氨基酸，而是 D,L-外消旋氨基酸。最好的方法是酶解。有文献报道在 pH 渐变条件下的双酶协同水解猪皮制备胶原蛋白寡肽的方法值得推荐。其特点是利用碱性蛋白酶水解蛋白质时，介质的 pH 会降低，加入酸性蛋白酶则阻止介质 pH 的下降，既维持了碱性蛋白酶所需的 pH，使碱性蛋白酶能继续发挥酶解作用；同时酸性蛋白酶也起酶解作用，双酶协同酶解，有利于制取寡肽；而且避免了碱性蛋白酶单酶水解需加碱维持其所需的 pH 所带来的后处理的麻烦，即需透析除盐。方法如下：

(1) 将新鲜猪皮刮脂、洗净、绞碎，以 60g/L 的浓度加水转移入发酵罐；

(2) 启动搅拌，升温到 90～95℃，保持 5min，降温至 60℃；

(3) 按每克蛋白质加入 25μL 枯草杆菌碱性蛋白酶 (alcalase 2.4L) 和 4% 的黑曲霉酸性蛋白酶 (3000IU/g)，水解 12h，水解液在 95℃下灭活 5min；

(4) 用 2% 活性炭脱色，以 4000r/min 的速度离心，上清液冷冻干燥，即得产物。

其中，分子量小于 1000 的胶原蛋白寡肽含 42.5%，其余主要是分子量 2000～5000 的胶原蛋白，还有少量分子量 5000 以上的胶原蛋白。

二、制革副产品在饲料上的应用

我国的制革工业在新中国建立以后发展很快，特别是近十几年来，随着城乡商品经济的发展可谓达到了皮革工业的"黄金时代"，全国皮革用量高达 500000t。为国家经济建设积累了资金，并在出口创汇中发挥出越来越大的作用。

制革工业所加工的原料皮是一种主要含蛋白质的原料，如鲜猪皮含蛋白质 20％，其余为脂类、盐类、糖类等。在鲜皮所含 20％的蛋白质中约有胶原 30％，角蛋白、毛、表皮 4％，清蛋白和球蛋白 3％。制革就是把胶原变为成品革。由于原料皮的大小、厚薄差异很大，即使是同一张皮，其各部位的厚度也不一样，为了去掉无制革价值的部分并利于加工制成具有一定厚度而且平整的成品革，在加工过程中必须采用剖层、刮削、铲、磨等机械操作和脱脂、鞣制等化学处理，势必要产生大量含胶原的皮屑、废皮块、革边、革粉等。由此可见，开展综合利用是很有必要的。按生产猪皮鞋面革计算，每张猪皮进厂平均重为 9kg，在制革过程中大约有 30％～40％的原料要从皮上陆续淘汰下来而成为废料。在皮革生产的总成本中，原料皮占 60％～80％，可见，将皮革生产过程中所产生的各种废料加以回收和利用，不仅能大大降低生产成本，还能为其他部门提供一些有价值的副产品，并有助于减少污染物质，改善工厂自身及周围的环境状况。

将制革的副产物应用于饲料工业中，主要需解决的问题：一是要脱除铬鞣皮屑中的铬；二是要将皮质中的大分子多肽链水解成以氨基酸为主的短肽蛋白质。在一定温度和压力下，经过碱解皮屑中 Cr-胶连接键被破坏，生成氢氧化铬沉淀，氢氧化铬随反应滤渣被分离。水解后的短肽蛋白质溶液经浓缩、干燥成为蛋白粉。用这一方法生产的水解蛋白粉的粗蛋白质含量达 75％～85％（GB 6432—94《饲料中粗蛋白质测定方法》），高于进口鱼粉的粗蛋白质含量。铬含量小于 0.16mg/kg，远低于 GB 13078—2017《饲料卫生标准》的要求。

1. 工艺流程

制皮废料→去杂质→碱解→酸解→洗涤→干燥→粉碎→成品

2. 工艺要点

（1）去杂质　收集在制革过程中的下脚料，去除杂质备用。

（2）碱解　将由 1.42 份（质量份，下同）Na_2SO_4、1 份 NaOH 和 10 份清水配成的溶液，加入到备用下脚料中，以浸没为度，搅匀。静置 2d，每 4h 搅拌 1 次，捞出，沥干。用 0.15g/mL Na_2SO_4 溶液浸泡 8h，每 2h 搅拌 1 次，捞出，沥干。

（3）酸解　加入由 0.5 份 Na_2SO_4、10 份浓 HCl 和 10 份清水配制的溶液中，浸泡 24h，每 4h 搅拌 1 次，捞出，沥干。

（4）洗涤　用清水搅拌洗涤多次，至洗液呈中性为止。

三、利用猪皮脱脂废液提取混合脂肪酸

猪皮中含脂肪 22.7%，而猪皮在被用于制取明胶或用于制革工业中时，这部分脂肪都要被除去，造成了资源的极大浪费。

从猪皮脱脂废液中提取混合脂肪酸就提供了一条很好的解决之道。该法制得的产品为白色固体，熔点较低，可溶于水，具有有机酸的性质，是制造肥皂、化妆品的原料。

1. 工艺流程

猪皮处理→脱脂→澄清→酸化处理→皂化→再酸化→洗涤→分离→干燥→成品

2. 操作要点

（1）澄清　将过滤的猪皮脱脂废液澄清，虹吸出上层清液，盛于酸化罐中。

（2）酸化处理　加入总液量 0.7% 的浓 H_2SO_4，调 pH 为 3.0～4.0，用水浴加热至 40～60℃，保温搅拌 4h，停止加热，冷却、静置，完全分层后放出下层水相。

（3）皂化　将上层油脂移入皂化罐中，加入总液量 1.0%～1.2% 的 0.3g/mL NaOH，隔层加热至沸，调 pH 为 12.0，保温搅拌 1h，停止加热，静置分层。

（4）再酸化　放出下层水相，将上层皂基移入酸化罐中，搅拌下加入浓度 49% 的 H_2SO_4，调 pH 为 3.0～4.0，静置 4h，放出下层水相。

（5）洗涤、分离、干燥　用 50℃ 清水洗涤油脂 3 次，分离后低温干燥得成品。

第二章

畜禽血液的综合利用

畜禽在屠宰过程中，通过刺杀放血可获得大量的血液。20世纪70年代以前，我国畜禽的血液除少量用作食品的加工外，基本上全部作为废弃物排放掉，既严重污染了环境，又造成了严重的经济损失。畜禽血不仅是一种具有高附加值的食品副产物，还是一种潜在的药物资源。科学地开发利用血红蛋白，可为人类提供更多的优质蛋白质资源，同时对开发功能性食品具有重要的意义。20世纪80年代以来，畜禽血液的综合利用逐渐被人们所重视，对其深入开展了综合利用的科学研究，并逐步应用到食品工业、制药工业中，使我国畜禽血液综合利用水平有了突破性进展。

第一节　畜禽血液综合利用的意义及现状

畜禽血液是屠宰畜禽时所能收集到的血液，一般指猪血、牛血、羊血、鸡血、鹅血等。如果将其作为废弃物排放，既污染环境，又会造成一定的经济损失。畜禽血液的开发利用，要以具有一定规模的屠宰场在特定的条件下收集到具有一定量的符合卫生要求的血液为基础，将其应用到食品、制药等工业实践中。

一、畜禽血液综合利用的意义

畜禽血液是畜禽屠宰加工过程中的主要副产物之一，我国拥有最为丰富的畜禽血液资源。但由于种种条件的限制，我国畜禽血液利用很少，造成了宝贵资源的浪费。

畜禽血液含量依动物种类而异。牛血约为活体重的 8%，猪血约为活体重的 5%。屠宰动物后所能收集到的血液约占总量的 60%～70%，其余的滞留于肝、肾、皮肤和体内。通常屠宰一头毛猪，约可收集 2.5～3.0kg 血液。以生猪毛重 90kg，瘦肉率 55% 计，收集到的血量相当于瘦肉产量的 6%。牛和羊分别可以产出 12kg 和 1.5kg 血液。全世界每年可利用的畜禽血液总量是相当可观的，1994 年，全世界大约宰杀了 30 亿头牛、猪和羊，血的产量约达 1400 万吨。中国从 1993 年以来肉类生产量一直处于世界第一的位置，其中生猪产量接近世界总量的 1/2。1995 年，中国猪牛羊出栏总数达到 6.7 亿头，畜血总量达 180 万吨。畜禽血液营养丰富，蛋白质含量高达 20% 且氨基酸组成平衡，是优质蛋白质的来源。因此，开发利用血红蛋白有极为重要的意义。血液中的蛋白质含量很高，和肉相近，所以血又被称为"液体肉"。

在世界人口不断膨胀，人类生存质量标准提高，营养素尤其是蛋白质的缺乏日益严重的情况下，人类必须对地球所能提供的有限资源加以充分利用，畜禽血液是人类解决这一缺乏问题的有效途径之一。近 10 年来，随着现代分析技术和分离加工技术的发展，曾经制约畜禽血液利用的不利因素逐渐被打破。国内外对畜禽血液利用的研究成为热点，特别是畜禽血液制品应用上的开发，即针对人类食用而开发的保健营养食品和食品添加剂以及医药工业上的应用。

随着社会工业化的发展，环境污染问题已越来越引起人们的重视。10 年前我国肉类工业的畜禽血液绝大部分作为废弃物排放，只有极少部分作为血豆腐供人们食用。血液因其具有丰富的营养成分，作为废弃物排放后造成细菌丛生，如排入江河，会很快污染水源和渔业资源，从而对大气、水源、环境造成严重的污染，最终将引起农作物减产、人类的高铁血红蛋白血症、癌症、呼吸道疾病。因此，如果畜禽血液资源能够得到有效的利用，在很大程度上可以减轻环境污染。

二、国内外对畜禽血综合利用的研究现状

（一）国外对畜禽血的利用情况

发达国家自 20 世纪 60 年代开始将畜禽血用于食品、饲料和生物制剂。但要求屠宰时刺杀放血必须采用真空刀作业，逐头单独容器暂存，综合动检合格方可应用。1970 年以来，欧洲开始将畜禽血液加工用于食品；20 世纪 80 年代末，部分欧洲厂商将畜禽血液制品用于饲料；2001 年 1 月 1 日，欧盟禁止将畜禽血液制品用于饲料；2006 年欧盟重新允许将畜禽血液制品用于饲料，并认为按规范生产的血浆蛋白是无风险的动物蛋白。关于疯牛病风险，血浆蛋白的风险等同于乳制品、明胶和骨质磷酸

盐，只有非反刍动物的血液产品能用于饲料，血浆不能用于反刍动物饲料，畜禽血浆蛋白允许用来饲养猪。目前国际上的畜禽血制品开发技术已比较成熟，广泛地应用于食品、药品、生物制剂、工业等方面，并形成了规模化产业。如美国 APC 公司处理了美国 80% 的畜禽血液，荷兰 SONAC 公司处理了欧洲 80% 的畜禽血液。

近年来，国外对畜禽血的抗癌作用十分关注，尤其在猪血利用方面。法国、德国、丹麦、瑞典等国的食品专家利用猪血分离的血浆蛋白和血球蛋白作为补品和添加剂。前苏联和德国等国家把猪血浆加入香肠之中；英国和丹麦用猪血浆做香肠、布丁和甜点等；保加利亚用猪血做香肠和罐头；在法国，新鲜猪血生产血香肠的量占猪血回收量的 25%；在瑞典，30%～40% 的猪血被做成布丁。国外学者对分离血红素也做了相关研究，常用方法是有机溶剂分离法，也有采用过氧化氢氧化法等方法的。例如 Lindros 用乙醇提取法，Sato 等采用 Carboxymethyl 吸附法。国外学者对猪血红蛋白在医药方面的应用也多有研究，例如制备具有胰岛素作用的物质，制备抗炎类物质，制备人体组织粘接胶等。

（二）国内对畜禽血的利用情况

据中国畜牧信息网 2006 年统计，我国生猪屠宰数达 6.5 亿头，以江海猪血约占猪体重的 5% 左右，一头猪宰后得血按 3kg 计，若全部收集起来，可达 19.5 亿千克之多，这是一个巨大的动物蛋白资源库。然而据称，目前猪血的利用率不到 30%。许多猪血资源白白流失，这不仅是巨大的浪费，同时对环境也造成了一定的污染。如何更好地开发猪血资源，使其丰富的营养得到更充分的利用，同时最大限度地减少对环境的污染，是摆在我们面前的一个课题。因此利用现代高新技术，开发具有高附加值的猪血产品，进一步提高猪血的利用率，对动物血液制品的工业化和生态环境的保护都具有重要意义。

目前，我国对畜禽血的利用主要包括以下几种方式：一是作为非反刍动物和水产养殖的蛋白饲料，可以提高动物免疫力；二是作为生物制剂（如蛋白胨、无蛋白血清、血红蛋白肽、血红素、药品）的原料；三是利用新鲜血清代替鸡蛋清、精肉，添加到肉类食品中，以降低成本和改善感官指标；四是直接食用，如血豆腐、血肠等制品；五是作为工业用原料（如色素、油漆、过滤剂等）。我国现行生猪屠宰工艺如下：待宰、饮水→淋浴→致昏→刺杀→放血→头部检验（颌下淋巴结检验）→煺毛→体表检验→去头、蹄、尾→开膛解体→旋毛虫检验→屠体修整→检验盖章。畜禽在屠宰过程中，要同期进行宰后兽医卫生检验，包括头部检验、皮肤检验、内脏检验、肉尸检验和旋毛虫检验。2011 年，我国畜血产量 383.1 万吨（见表 2-1）。依托规模化养猪产业，四川、江苏、河南等省区对猪血的开发利用较为充分，形成了猪血采集、贮存、加工利用、销售一体化的产业链。

表 2-1　我国畜血产量　　　　　　　　　　　　　　单位：万吨

年份	猪	羊	牛	畜血总产量
2000	155.6	41.9	148.2	345.7
2001	159.8	41.4	141.7	342.9
2002	162.4	42.4	138.2	343.0
2003	167.1	44.0	137.2	348.3
2004	171.8	45.6	134.8	352.2
2005	181.1	44.7	131.9	357.7
2006	183.6	42.6	125.6	351.8
2007	169.5	42.8	127.1	339.4
2008	179.5	45.3	134.6	359.4
2009	185.6	47.6	140.6	373.8
2010	192.4	48.8	144.5	385.7
2011	191.7	48.1	143.3	383.1

注：每头猪、羊、牛对应血液产量 3kg、1.5kg 和 12kg。

我国大部分畜禽屠宰场目前采用人工刺杀放血，极易造成血液污染，且在血液的收集和卫生检疫方面没有具体的要求，为血液的后续利用埋下了卫生安全隐患。仅有少数屠宰企业引进国外先进生产线，采用真空刀刺杀心脏放血方式，但因成本较高，目前还没有大规模普及。同样，我国应用于饲料的蛋白粉多进口于美国、加拿大以及拉美国家，其实质为畜禽血浆、血球蛋白粉，而且售价高达每吨 6000～9500 元，并已在很多大型养殖场广泛应用。近几年来，中国每年共计进口血浆蛋白粉 2000 余吨，血球蛋白粉 8000 余吨，价值 1.5 亿元。在生化制药的应用方面，主要开发了犊牛血清、血肽素（血红蛋白肽）、超氧化物歧化酶（SOD）、免疫球蛋白等。目前国内对畜禽血制品进行综合开发，采用喷雾干燥等先进技术进行蛋白粉饲料生产的企业仅有 10 余家。其中较大的有武汉恩彼公司、天津恩彼公司、上海杰隆公司三家；而其他的小型企业尚未采用先进的技术进行生产，产品质量无法得到保障。

（三）畜禽血利用产业状况

畜禽血液营养丰富，极易被病菌污染，高温消毒灭菌不到位会影响血液制品的质量，甚至留下安全隐患。目前我国的畜禽屠宰生产大都在卫生条件较差的环境下人工刺杀动脉放血，并将血液沥于大池中，收集至一定量统一存放，只有在后续工序中发现重大疫情（如炭疽病等）才对放血池进行彻底清理消毒；在大池放血、存血过程中，动物排泄器官失禁，大小便和口水难免流入血池；对于在宰后检验中发现的疫病问题，无法追溯到同批血液，缺乏无害化处理措施；在收集血液时添加大量的抗凝剂和防腐剂，对畜禽血的进一步开发利用，以及疫情传播或发生公共卫生事件埋下了隐患，难以保证产品及应用者的安全。另外，不少小型的屠宰场还存在动检工序设置不完善、漏检等现象，血液的疫病污染概率高。运输、贮存、生产等各个环节缺乏具体的操作规范，没有采取严格的质量安全控制措施，存在病原微生物及病毒大量繁殖的风险。我国的《生猪屠宰管理条例》以及《生猪屠宰操作规程》（GB/T 17236—2008）对生畜禽血液部分的收集和贮存均未做出相关规定，对其他畜禽的屠宰还未出台具体的管理办法。除农业部规定，动物源性饲料不能用于反刍动物外，对同源性动物饲料的使用没有明确规定。《饲料用血粉》（SB/T 10212—1994）对饲料用血粉的质量指标做出了规定，但对畜禽血制品原料及产品的卫生指标、产品等级以及适用范围均未做出相应的规定。畜禽血制品的生产缺乏规范要求，对畜禽血的监管无据可依。血液制品缺乏行业标准和市场准入制度，市场混乱。我国现有中型规模畜禽血液加工企业超过 20 家，剩余均为小作坊晒血粉的形式。采用先进技术进行生产的企业数量少、规模小、产品技术含量低，畜禽血利用产业规模尚未形成。现有的血制品加工企业机械化程度低，加工技术水平低，产品技术含量低，卫生状况差，与目前世界同类加工技术的差距较大。

第二节　畜禽血液的贮藏保鲜技术

为了能够高效率地利用畜禽血液，必须做好血液的贮存、收集和运输。

一、畜血的防凝

（一）加抗凝剂法

家畜屠宰后收集新鲜血液，采用加入盐类试剂的方法，可使血液中的红细胞破裂溶血，达到防凝的目的。一般添加柠檬酸盐（柠檬酸钠或柠檬酸三钠），柠檬酸钠加入量一般为鲜血体积的 0.2％左右，提高柠檬酸钠浓度将会有效防止凝固，最常用的方式是每升血液中添加 10mL 0.4g/mL 的柠檬酸钠溶液，边加入边搅拌。此方法效果较好，可在现场进行使用，但成本较高。在食品和医药工业方面，柠檬酸钠的使用法规各不相同，因此，应用时应先查清有关法规。

其他常用的化学抗凝物质有以下几种：

（1）草酸盐　1L 血液加入 1g 草酸钠或草酸钾，以其 30％的水溶液加入血中。

加工食用血产品或制取医用血产品禁止使用草酸盐，因为草酸盐有毒。

（2）乙二胺四乙酸　1L 血液加入 2g。

（3）肝素钠盐、钙盐和钾盐　1L 血液加入 200mL。

（4）氟化钠　1L 血液加入 1.5～3g。

（5）氯化钠　加入血液量的 10%。

这些化学物质使血钙失去作用，以保持血液的液体状态。一般食用血液多用化学抗凝法。

（二）调 pH 法

家畜屠宰后收集的新鲜血液还可以通过调整 pH 使红细胞溶血，达到防凝的效果。如使用氨水或氨气使 pH 达 10，即可防凝。这种方法也可在现场进行，可有效地控制血液的凝固和污染，便于贮藏和运输。

（三）脱纤法

脱纤处理方法是脱去血液中能够促使血液凝固的血纤凝蛋白，再进行血液消毒和浓缩，但在 65℃时仍会凝固。脱纤一般采用连续搅拌法。

机械脱纤法利用木棍或带旋转桨叶的搅拌机，用力搅拌血液，搅拌中把纤维缠在木棍或桨叶上，使血液始终保持液体状态。脱纤时间通常需要 2～4min，医药用和工业用血液多采用此法脱纤。

二、畜血的保藏

血液富含营养，是细菌繁殖最好的培养基。血液在空气中暴露较长的时间后，细菌的数量会很快增殖起来。当血液腐败以后，就会产生一种难闻的恶臭味，这是血蛋白被细菌分解的缘故。所谓血的保藏，也就是要设法防止细菌的繁殖和血蛋白本身的分解。实际生产中，畜血往往不能立即加工，或需要进行运输，或需要在不适宜的温度条件下进行长时间的工艺过程，为此，需要对血液进行保藏。在保藏之前，最好进行消毒和防腐技术处理。

（一）消毒处理

将添加过抗凝剂的血液或血液部分成分（使其含水量在 30% 左右或 30% 以下）在 80～100℃加热条件下保持 8～10min，能有效地消灭细菌和其他微生物，包括存活的细菌及大肠杆菌。此法不破坏血的特性，不发生蛋白质明显变性，可得到较好的消毒效果。

（二）防腐处理

1. 加盐防腐法

家畜刺杀放血时，收集的血液中立即加入总量为 0.5％的乙二胺四乙酸钠盐，可达到集血防腐的目的。也可利用乙二胺四乙酸的其他盐类，如铝盐、镁盐或其他盐类混合物。这种方法处理的血液，可贮藏 10d 左右，能够符合定期集血的条件。有研究表明，血液中添加碱性硫酸盐作防腐剂，可贮藏血液 45d 以上。

2. 凝块保藏法

定期收集经处理的血液，送往血液利用的加工厂后，可在 80～110℃温度下加热，并连续搅拌，使血液达到沸腾，保持沸腾时间 15～20s，可得到深栗色的凝块。蒸发消耗不超过 5％，得到的凝块可桶装，最好用塑料袋包装，密封贮藏，可贮数日。这种预处理技术设备简单，成本低，处理量大。此外，也可进行血液的分离和浓缩，然后冷藏保存。

（三）保藏方法

血液保藏可以采用化学保藏、干燥保藏或冷藏等方法。

1. 化学保藏法

化学保藏就是采用化学药剂来防止或抑制畜血中的细菌繁殖，可不使血液的清蛋白分解。但是这些化学药品大部分对人体有害，因此，化学保藏法不适宜用于医用、饲用、食用血液制品的家畜血液的保藏。

化学药剂保藏血液的具体方法为：在 1000kg 脱纤维蛋白的血液中，加入结晶石炭酸或结晶酚（有时也使用醋酸、硫酸、漂白粉、食盐和松节油）2.5kg，用 20kg 水溶解后慢慢注入血液中，同时搅拌 5～15min，然后放入铁桶或木桶内，加盖密封，在 1～2℃的冷库内可保藏 6 个月左右。

2. 干燥保藏法

干燥保藏就是把畜血干燥成血粉保藏，血液经过干燥制成的血粉，其化学成分及蛋白质都保持不变。

3. 冷藏法

我国北方地区冬季气温相对较低，可以采用冷冻的方法来保藏血液。血液的冻点为 -0.56℃。当血液冷冻时，细菌也停止了活动。冷冻可以防止血液的腐败，在温度不高于 -10℃时，可以保藏 6 个月。冷冻过的血液再融化后制成血粉，其化学性质及蛋白质保持不变。但是必须指出，血液融化后会发生溶血作用。此外，冷冻还会降低蛋白质的溶解性。

用于食用的畜血，可以加入食盐保藏。在脱纤维蛋白的血液中加入10％的细粒食盐，搅拌均匀，置于5～6℃的冷藏室内，可以保藏15d左右。

三、消毒处理技术

畜禽血液的消毒处理是将添加过抗凝剂的血液或血液的部分成分，通过加热有效地消灭细菌和其他微生物，包括存活的细菌及大肠杆菌，不破坏血的特征，不发生蛋白质明显变性。

一般方法：含水量在30％左右或30％以下，在80～110℃加热条件下保持8～10min，能有效地消灭所有细菌，并保持了血液的特征，蛋白质不明显变性，可得到较好的消毒效果。

四、浓缩脱水技术

由于不同的浓缩和干燥处理，均需要一定的设备。目前不可能进行具有商业化价值的处理，而用半渗透膜技术脱去水分，分离某些成分，则更实用有效。半渗透膜作为预浓缩脱水工具，可减少冷藏和运输量。具体的方法可以采用反渗透或超滤方法。但反渗透法比超滤法费用低，而且渗出物流量和持留物的浓缩率高。超滤膜用丙烯腈共聚物制成。反渗透膜是用醋酸纤维素制成的选择性膜，设备由12层圆盘膜组成。采用半渗透膜技术，同其他方法相比较，能大幅度减少污染，同时能较好地保留蛋白质。经浓缩的血液蛋白质平均含量在88％以上，并且还有节能、减少贮存量、有利于运输等优点。

第三节　畜禽血液的理化性质

畜禽血液的成分组成比较复杂，成分极为丰富，有着特殊的生理生化性质，畜禽血液的综合利用方向与方法同血液的生理生化特性、血液在活体中的机能作用有着密切的关系。

一般来说，动物血液的总量为体重的6％～8％，但因动物的种间差异而有所不同，同一种动物其血量的多少又受其年龄、性别、肥瘦、营养状况、活动程度、妊娠、泌乳以及环境条件（如海拔高度）等因素的影响，如雄性动物血量比雌性的稍多。各种家畜的血量见表2-2。

表 2-2　各种家畜的血量（以体重计）　　　　　　　　单位：%

动物种类	含量	动物种类	含量
1 岁犊牛	6～7	马（轻型）	10～11
母牛	6～7	马（重型）	6～7
猪	5～6	狗	8～9
羊	6～7	猫	6～7

　　动物的血液大部分在心血管系统中不断流动，称为循环血；另一小部分存在于肝、肺、皮肤和脾等器官的毛细血管中，称为储存血。当动物精神紧张、剧烈运动、处高原地带缺氧时，可使储存血量减少，大量进入肌肉组织。动物受伤或屠宰时，当一次性失血占血液总量的 25％～30％时，血压显著下降，导致对脑细胞和心肌细胞的血液供应不足，动物逐渐死亡。

一、血液的组成

　　血液是由液体成分的血浆和悬浮于血浆中的血细胞所组成的（表 2-3）。动物屠宰时获得的新鲜血液，如用抗凝剂（柠檬酸盐、草酸盐等）处理和离心沉淀后，就能明显地分为上、下两层。上层为血浆，下层深红色沉淀物为血细胞，包括红细胞、白细胞和血小板（即在红细胞层表面的薄层）。

表 2-3　血液的组成

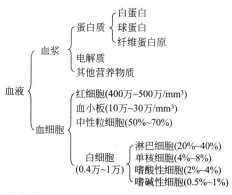

　　畜禽屠宰以后获得的新鲜血液，如果不经抗凝处理，几分钟后便会凝固成为胶冻状的血块，而后血块逐渐变小紧缩，并析出一层淡黄色的液体，称为血清。血清与血浆的主要区别是：血清中不含有纤维蛋白原，因为血浆中的可溶性纤维蛋白原在血液凝固过程中已转变为不溶性的细丝状纤维蛋白而被留在凝固的血块中，所以血清是不含有纤维蛋白原的血浆，很多不参与凝固过程的物质在血浆和血清中的量基本相同。

（一）血浆

血浆为淡黄色的液体，但不同种的畜禽血浆颜色稍有不同。狗、兔的血浆无色或略带黄色，牛、马的血浆颜色较深。血浆之所以呈黄色，主要是因血浆中存在黄色素。哺乳仔猪的血浆中由于含脂肪较多，浑浊而不透明。血浆中大部分为水，占90%～93%，干物质为7%～10%，干物质中数量最多的是蛋白质。

（二）红细胞

红细胞是单个存在的，微黄色稍带绿色阴影，由于红细胞（RC）中含有血红蛋白（Hb），所以多数红细胞聚合起来呈红色。哺乳动物成熟的红细胞同其他细胞不同，是无核、双面略向内凹的圆盘形的细胞，这种双圆盘的结构可以保证全部胞浆，主要是其中的血红蛋白与细胞膜保持最短距离，便于迅速而有效地进行气体交换。红细胞的生存时间很短，旧的红细胞在脾脏中被消灭，新的红细胞不断由骨髓中产生来补充。红细胞的直径因动物种类而不同：马为 $5.4\mu m$，猪为 $6.2\mu m$，牛为 $5.6\mu m$。

红细胞是血细胞中数量最多的一种，其正常数量因动物种类、品种、性别、年龄、饲养管理条件以及环境条件等而有所不同。各种成年家畜血液中红细胞数量见表 2-4。

表 2-4　不同成年家畜血液中红细胞数量　　　　　单位：10^{12} 个/L

动物种类	数量	动物种类	数量
猪	6.0～8.0	绵羊	6.0～12.0
牛	6.0	山羊	15.0～19.0
水牛	6.0	马	6.0～9.0
南阳黄牛	6.9	驴	6.5

红细胞中含有 60% 的水分、40% 的干物质，干物质中 90% 为血红蛋白，其余 10% 为磷脂化合物、胆固醇、葡萄糖、钾盐和钙盐等。

红细胞具有一定的特性。一是红细胞膜具选择通透性，以维持细胞内化学组成和保持红细胞正常生理活动机能。二是渗透脆性，如果血浆或周围溶液的环境渗透压低于红细胞的，则水分子大量进入红细胞，红细胞逐渐胀大，最后导致细胞膜破裂，易将血红蛋白释放出来，这一现象称为红细胞溶解，简称溶血；相反，如果血浆或周围溶液的环境渗透压高于红细胞，水分子将由红细胞内透出，红细胞失水而皱褶，最后也将破裂。9g/L NaCl 溶液是红细胞的等渗溶液，也称等张溶液，或称生理盐水。据研究，刚开始溶血时的 NaCl 溶液的浓度称为红细胞的最小抵抗，完全溶血时 NaCl 溶液的浓度为最大抵抗。三是红细胞具悬浮稳定性，即红细胞在血浆中保持稳定状态，不易下沉。将获得的鲜血加抗凝剂后放入试管内，红细胞将缓慢地下沉，在单位时间内红细胞下沉的速度称为红细胞沉降率或简称血沉。红细胞下降越快表示其稳定性越差，在畜禽血液综合利用时，有时要保持其稳定性，有时要破坏其稳定性。

（三）白细胞

白细胞为无色有核的血细胞，它的体积比红细胞大，数量远比红细胞少。不同动物白细胞与红细胞的比例是：山羊 1∶1300，绵羊 1∶1200，牛 1∶800，猪 1∶400，狗 1∶400。家畜正常白细胞的数量变化很大，因为它是动物机体防疫体系的一部分，可随机体生理状况的改变而发生变动，家畜血液的白细胞总数为 8000～15000 个/mm^3。各种家畜白细胞的数量见表 2-5。

表 2-5　各种家畜白细胞的数量　　　　　　单位：10^9 个/L

动物种类	数量	动物种类	数量
牛	8.2	马	11.7
猪	14.8	驴	8.0
绵羊	8.2	山羊	9.6

（四）血小板

血小板是体积很小的圆盘状、椭圆状或杆状细胞，血小板没有细胞核，但能消耗 O_2，也能产生乳酸和 CO_2，是活的细胞。在正常家畜血液中血小板的数量为：马 35 万/mm^3，猪 40 万/mm^3，绵羊 74 万/mm^3。其数量变化情况随动物生理情况不同而异，动物在剧烈运动后数量剧增，大量失血和组织损伤时其数量也显著增多。

二、血液的理化特性

血液综合利用和加工与血液的理化特性有直接关系，掌握血液的理化特性可以较好地指导血液的综合利用和加工。

（一）颜色

动物血液的颜色与红细胞中血红蛋白的含量有密切的关系。动脉血中含氧量高，呈鲜红色；静脉血中含氧量低，呈暗红色。

（二）气味

血液中因存在有挥发性脂肪酸，故带有腥味，肉食动物血液的腥味尤甚。

（三）相对密度

血液的相对密度取决于所含细胞的数量和血浆蛋白的浓度，各种畜禽全血的相对密度在 1.046～1.052 范围内。

（四）渗透压

血液中因含有多种晶体物和胶体物，所以具有相当大的渗透压。哺乳动物血液渗透压大致一定，用冰点下降度（单位：℃）表示：牛 0.6，马 0.56，猪 0.62，兔 0.57，狗 0.57。

（五）黏滞性

血的黏滞性为蒸馏水的 4～5 倍，这主要取决于红细胞数量和血浆蛋白的浓度。

（六）酸碱度

动物血液的酸碱度一般是在 pH 7.35～7.45 之间变动。静脉血因含有较多的碳酸，其 pH 比动脉血低 0.02～0.03。肌肉剧烈活动时，由于有大量酸性产物如乳酸、碳酸等进入血液，可使静脉血 pH 进一步降低，生命能够耐受的 pH 极限约为 6.9 和 7.8。血液酸碱度之所以能够经常保持相对的恒定，一方面是由于血液中具有多种缓冲物质，另一方面是由于肺的呼吸活动和肾脏的排泄活动排出酸性产物，使血液中的缓冲物质的量经常保持稳定。

三、血液的化学成分

血液的主要化学成分有的来自消化道消化分解的产物，有的来自组织细胞释放的代谢产物。主要包括：水分、气体（O_2、CO_2、N_2）、蛋白质（清蛋白、球蛋白、纤维蛋白原）、葡萄糖、乳酸、丙酮酸、脂类（脂肪、卵磷脂、胆固醇）、非蛋白氮（氨基酸、尿素、尿酸、肌酐、氨）、无机盐（钠、钾、钙、镁、硫、磷、铁、氯、锰、钴、铜、锌、碘）、酶、激素、维生素以及色素等。同时血液中含有 1.2%（体积分数）的物理吸附氮，其总氮含量随动物的肥度不同而发生变化，在 2.62%～9.02% 之间。血液中干物质含量平均在 19.0%。蛋白质水平随年龄变化有所波动，最大含量是在动物 3 个月时，为 6.88%～7.20%，此后逐渐下降，到

12个月时达5.58%。不同家畜血液的化学组成见表2-6，血浆与血细胞的化学成分分别见表2-7和表2-8。

表 2-6　不同家畜血液的化学组成　　　　　单位：g/kg 血液

成分	猪	牛	马	山羊	绵羊
水	790.56	808.90	749.02	803.89	821.67
干物质	209.44	191.10	250.98	196.11	178.33
血红蛋白	142.20	103.10	166.90	112.58	92.90
其他蛋白质	42.61	69.80	69.70	69.72	70.80
糖	0.686	0.7	0.526	0.829	0.733
脂肪	1.095	0.567	0.611	0.525	0.937
脂肪酸	0.058	—		0.395	0.488
胆固醇	0.444	1.935	0.346	1.299	1.339
磷脂酰胆碱	2.309	2.349	2.913	2.460	2.220
钠	2.406	3.636	2.691	3.579	3.638
钾	2.039	0.407	2.758	0.396	0.405
钙	0.068	0.069	0.051	0.06	0.07
镁	0.089	0.035	0.046	0.04	0.03
氯	2.69	3.079	2.785	2.823	3.08
氧化铁	0.696	0.544	0.828	0.577	0.492
总磷	1.007	0.404	0.392	0.307	0.412
无机磷	0.74	0.171	0.171	0.143	0.19

表 2-7　血浆的化学组成　　　　　单位：g/kg 血液

成分	猪	牛	马	羊
水	917.61	913.64	902.05	917.44
干物质	83.39	86.36	97.95	82.56
血红蛋白	67.741	72.5	84.24	67.5
糖	1.112	1.05	1.176	1.06
脂肪	1.965	0.926	1.3	1.352
脂肪酸	0.794	—	—	0.71
胆固醇	0.409	1.238	0.298	0.879
磷脂酰胆碱	1.426	1.678	1.72	1.709
钠	4.251	4.312	4.434	4.303
钾	0.27	0.255	0.263	0.256

成分	猪	牛	马	羊
钙	0.122	0.119	0.111	0.117
镁	0.041	0.045	0.045	0.041
氯	3.63	3.69	3.73	3.711
氧化铁	—	—	—	—
总磷	0.197	0.244	0.24	0.24
无机磷	0.052	0.085	0.071	0.073

表 2-8　血细胞的化学组成　　　　　　　　单位：g/kg 血液

成分	猪	牛	马	羊
水	625.21	591.86	618.15	604.79
干物质	374.38	408.14	386.84	385.23
血红蛋白	306.82	316.74	315.08	303.29
糖	—	—	—	—
脂肪	—	—	—	—
脂肪酸	—	—	—	—
胆固醇	0.489	3.379	0.388	2.360
磷脂酰胆碱	3.456	3.748	3.973	3.379
钠	—	2.322	—	2.135
钾	4.975	0.722	4.935	0.679
钙	—	—	—	—
镁	0.015	0.017	0.021	0.040
氯	1.813	1.48	1.475	1.949
氧化铁	1.599	1.671	1.563	1.575
总磷	0.735	0.699	2.258	1.901
无机磷	0.35	0.279	1.653	1.48

（一）血浆中的蛋白质

血浆蛋白一般分为清蛋白、球蛋白、纤维蛋白原三种，可用盐析法分离，也可用区带电泳法分离。用电泳法分离时，球蛋白可以分为 α_1-球蛋白、α_2-球蛋白、β-球蛋白、γ-球蛋白四种。

1. 纤维蛋白原

纤维蛋白原完全由肝脏合成，占血浆总蛋白量的 $4\% \sim 6\%$，有重要的凝血作用，分子量340000，由6条肽链组成。与其他蛋白质不同，它可以在饱和NaCl溶液中完全沉淀，当纤维蛋白原凝结以后便形成纤维素。纤维素不溶于水、10g/L中性盐溶液、酒精或醚，如将纤维素放入HCl或NaOH溶液则膨胀后溶解，在10g/L的NaF溶液中、0.05～0.1g/mL的NaCl中也溶解，溶解后的纤维素溶液加热到56℃，便又重新凝结，将溶液倒入饱和NaCl或$MgSO_4$溶液中，又形成沉淀。

2. 清蛋白

清蛋白亦称白蛋白，主要由肝脏形成，分子量69000。血浆胶体渗透压的75%来自清蛋白。清蛋白是血液中游离脂肪酸、胆色素、类固醇激素的运载工具。

3. 球蛋白

α-球蛋白和β-球蛋白在肝脏合成，γ-球蛋白由淋巴细胞和浆细胞制造进入血液。血中γ-球蛋白几乎全部都是免疫性抗体，球蛋白类还能同多种脂质结合成脂蛋白，是脂质、脂溶性维生素、甲状腺素在血液中的运载工具。此蛋白可以用酸化法或将血溶解于水的方法使其沉淀。也可以用$MgSO_4$或$(NH_4)_2SO_4$来盐析沉淀。这种蛋白在55℃时便凝结，其中含8.52%的氨基乙酸，并且不易被胃蛋白酶消化。

（二）非蛋白含氮物

血中除蛋白质以外的一切含氮物质总称为非蛋白含氮物，主要有尿素、肌酸酐、马尿酸、氨基酸、氨、嘌呤碱、尿酸等，其中除氨基酸是供应各组织的养分外，其余大部分是代谢废物。

（三）矿物质

血液中的矿物质主要有钠、钾、钙、镁、氯、硫、磷、铁、锰、钴、铜、锌、碘。血液中矿物质以离子状态、分子状态及与有机物化合的不分解状态三种形式存在。血液中的矿物质中75%为氯化物，25%为重碳酸盐及少量磷酸盐。

（四）酶

血浆中有许多酶，如凝血酶原、碱性磷酸酶、蛋白酶、脂肪酶、转氨酶、磷酸化酶、乳酸脱氢酶等。除凝血酶原外，其他酶含量较少，这些酶来自组织细胞和血细胞。近年来在血浆中发现有超氧化物歧化酶（SOD），已得到大量应用。

（五）维生素

每100g血中含有维生素A 0.25～0.5mg，维生素C 0.6～5.4mg，维生素B_2 0.002mg，维生素B_6 0.25mg。

第四节　畜禽血液在食品中的加工利用

一、初级加工产品

(一) 代肉食品的加工

代肉食品 (substituting meat) 是以乳清粉、蛋粉、猪脂肪、畜禽血等为主要原料加工而成的，其氨基酸组成比例合理，营养价值高，是富含蛋白质的理想代肉食品。

1. 工艺流程

　　　　　　蛋乳　　　　血液　　　　乳清
　　　　　　↓　　　　　　↓　　　　　　↓
猪脂肪→加热熔化快速搅拌→混合液→加热→加热并搅拌→匀浆液→喷雾干燥→成品

2. 工艺要点

① 用乳清粉配制溶液或利用浓缩乳清。

② 用蛋粉配制溶液或利用原蛋或蛋乳。

③ 将猪脂肪或骨脂肪加热至 40～50℃并使其熔化。

④ 在快速搅拌下将蛋乳加入脂肪中，直到形成均质物，将混合物加热到不高于 45℃的温度。

⑤ 在脂肪和蛋乳混合液中加入畜禽血液，然后再加热到 45℃后加入乳清。

⑥ 将混合液加热，同时搅拌，直至形成均质稳定物，并达到 67～73℃。

乳清和血液在反应槽内配制，其余整个工艺过程都在安有蒸汽套和搅拌器的普通双壁锅内进行。制成的产品在瓶内冷却，然后送工厂加工。产品含水量为 67%～72%，在生产粉末状蛋白质浓缩物时，将温度为 50～52℃的混合液送入喷雾干燥器，在进口气温 220～240℃和出口气温 70～80℃下干燥。结果可制成颜色较鲜艳的粉末状蛋白质浓缩物。

(二) 血肠的加工

血肠 (blood sausage) 是以猪血为原料，经过添加辅料 (如肥肉、猪皮) 及一定的调味料加工而成的肠制品，其特点为颜色红润、质地鲜嫩、味道鲜美，可煮食、蒸食、烤食，因而深受人们的喜爱。

1. 工艺流程

猪血的采集与凝固
↓
血凝块绞碎
↓
肥肉、猪皮的清洗与绞碎→拌料→灌肠→漂洗→烘烤→包装
↑
配料

2. 工艺要点

(1) 猪血的采集与凝固　先在干净的铝盆内放一定量的清水（每头猪按 200g 水计算），加入少量食盐，然后在宰猪时将猪血放入铝盆内，并轻轻搅拌，使食盐与猪血混匀，静置 15min，浇 1L 开水，以加速猪血的凝固。注意猪血必须采自健康猪。

(2) 肥肉、猪皮的清洗与绞碎　肥肉一般选用背脊部位肉为好，其脂肪熔点高，充实。配料后制成香肠经得起烘烤，不易走油，产品外观好，质量高。将肥肉上的血斑、污物等清洗干净，清洗后沥干水，在低温环境中静置 3～4h，使肥肉硬化，有利于肥肉切片、切粒。肥肉粒为 6mm^3 见方大小，切粒的目的是便于灌肠，并且增加香肠内容物的黏结性和断面的致密性。仔细除去猪皮上的污泥、粪便、残毛，然后用清水洗干净。绞碎之前，先将猪皮切成宽 2～3cm、长 5～6cm 的条状，再置于绞肉机中绞碎。

(3) 拌料　首先将定量的碎猪皮和肥肉粒混匀，再加入定量的熟淀粉，然后，将猪血块及各种配料加入，搅拌均匀。拌好的血馅不宜久置，否则，猪血馅会很快变成褐色，影响成品色泽。在拌料之前，应将凝固的猪血加以搅拌捣碎，以便拌料均匀。

(4) 灌肠　将猪血馅灌入肠衣内后，用锅丝或绳索将猪血香肠每 20～25cm 长扎成一节。扎结时应先把猪血馅两端挤捏，使内容物收紧，并用针将肠衣扎些孔，以排除空气与多余水分。同时，还应对香肠进行适当整理，使猪血香肠大小、紧实度均匀一致，外形平整美观。

(5) 漂洗　漂洗池可设置两个：一个池盛干净的热水，水温 60～70℃；另一个池盛清洁的冷水。先将香肠在热水中漂洗，在池中来回摆动几次即可，然后再在凉水池中摆动几次。漂洗池内的水要经常更换，保持清洁。漂洗完后立即进行烘烤。漂洗的目的就是将香肠外衣上的残留物冲洗干净。

(6) 烘烤　烘烤过程是香肠的发色、干制过程，为香肠生产中的关键工艺。将漂洗整理的猪血香肠摊摆在烘房内的竹竿上，肠身不能相互靠得太近，竹竿之间也不宜过紧，以免烘烤不均匀，烘房内挂 2～3 层为宜。烘烤开始时，烘房温度应迅速升至 60℃，如果升温时间太长，会引起香肠酸败发臭变质。在干制第一阶段（前 15h），要特别注意烘烤温度，以保持在 85～90℃为宜；第二阶段，调换悬挂和烘烤部位，使其各部分能均匀受热烘烤，温度为 80～85℃，直至香肠干制均匀；

最后温度缓慢降至45℃左右，香肠即可运出烘房。冷却至室温就可以进行包装。

（7）包装

① 剪把　将扎结用的绳索和香肠尖头剪去。

② 包装　经质量检查合格后的香肠即可进行包装，目前常用的包装袋为塑料复合薄膜包装袋。

（三）血豆腐的加工

目前国内猪血的利用率很低，主要以血粉饲料的形式加以利用，直接供人食用的产品很少，仅为少量的血肠、散制的血豆腐等，且仍以手工作坊式加工，工业化生产和规模化销售猪血食品尚属空白。针对以上情况和厂家要求，天津市食品研究所研制成功盒装猪血豆腐，并已生产销售，产品很受欢迎，取得了可观的经济效益和社会效益。

1. 工艺流程

采血→过滤和脱气→配料装盒→封盒→杀菌→冷却→检验→血豆腐

2. 工艺要点

（1）采血　经过检疫合格的猪方可上屠宰生产线，用空心刀将全血收集在标有编号的容器内，该容器中事先加入一定数量的抗凝剂，定量混合后放入4～10℃冷库备用，记明容器中血液与猪的对应编号。待肉检完毕，确认无病害污染后方可加工。如其中某只猪肉检不合格，含有该猪血液的容器中的全部血液废弃，并按要求做无害化消毒处理。另外，容器不可过大，以便于血液及时降温保存。

（2）过滤和脱气　降温后的血液经过20目筛过滤，除去少量凝块，与一定浓度的食盐水溶液混合，放入脱气罐进行真空脱气。脱气温度40℃，真空度0.08～0.09MPa，时间约5min。

（3）配料装盒　向脱气后的血料加入凝血因子活化剂，搅拌均匀并很快装入模具内，使之在15min内自然凝固。

（4）封盒　血料在盒中凝固，把盒边缘沾有的血料擦干净，即可用热封机封盒。检查封好后灭菌。

（5）杀菌　采用水杀菌，时间为15～30min，反应温度为121℃。

（6）检验　产品冷却后，经检验无破损、无漏气、无变形，方可入库。

二、食用蛋白的加工

畜禽血液中含有大量蛋白质，含有多种氨基酸及营养成分，目前只有部分被加工成"血豆腐"食用或制作成血粉作为饲料，大部分被废弃，造成环境污染。随着科技的发展，以及人们认识的提高，一些企业已对猪血产品的开发利用高度重视，如制备食用蛋白，添加到食品中可提高食品的营养价值。

(一) 胰酶水解猪血粉制取食用蛋白

1. 工艺流程

血粉→浸泡→绞碎→过筛→胰酶水解→过滤→脱色→浓缩→干燥→成品

2. 工艺要点

(1) 浸泡　称取适量的血粉放在搪瓷缸中，加自来水（以淹没全部血粉为好）浸泡过夜，使血粉呈松软状。

(2) 绞碎、过筛　将浸泡松软的血粉用绞肉机绞碎，可反复绞 3~4 遍。然后用 50 目筛子在水中过筛，滤去残渣，收集泥状物。

(3) 胰酶水解　将上述过筛的泥状物移入水解锅中，加入原血粉量 3 倍的自来水，搅拌均匀后，用 0.3g/mL NaOH 溶液调节 pH 至 8.0~8.5。

取适量氯仿（每 100kg 血粉加 1000mL），加 3 倍水混合均匀，加到血粉泥状物中。

取一定量新鲜猪胰脏（每 100kg 血粉加 20kg 左右），提前 2h 绞碎，用熟石灰粉（氢氧化钙）调节 pH 至 8.0，激活 2h 后，加入泥状物中，边搅拌、边加热，控制 pH 在 8.0~8.5，等温度达到 40℃时，保温水解 18h 左右。水解后期可定时测定氨基酸的生成量，以判断水解程度。

(4) 过滤　水解完毕后，用 1∶1 的 HCl 调节 pH 至 6.0~6.5，终止酶促反应，然后煮沸水解液 30min 左右，用细布过滤，收集滤液。

(5) 脱色　上述滤液中，按每 10kg 血粉加入 2kg 糖用活性炭，加热到 80℃，搅拌脱色 40~60min，然后过滤，回收活性炭，收集脱色液。

(6) 浓缩　把呈淡黄色的脱色液放在锅中，加热至稠胶状，然后把锅放入水浴锅中，加热蒸去水至干。

(7) 干燥　把湿产品放在盆中封好，放入石灰缸中，低温干燥 2~3d。也可用真空干燥，干燥温度应保持在 50℃以上，干燥后的产品即可出售。

(二) 胰酶水解血液制取食用蛋白

1. 工艺流程

新鲜猪血→预处理→胰酶水解→中和→脱色→离心→浓缩→干燥→成品

2. 工艺要点

(1) 原料预处理　将新鲜猪血放入锅中煮沸 30min 左右，使形成血块，然后用绞肉机绞成泥。血泥一定要新鲜无变质。

（2）胰酶水解　把血泥移入水解锅中，按血泥量加入 1.6 倍的 $Ca(OH)_2$ 溶液，充分搅拌均匀。饱和 $Ca(OH)_2$ 的 pH 在 12.0 以上，使 pH 保持在 7.5～8.0 为好。然后加入血泥量 0.5～0.6 倍的清水，此时 pH 为 7.5 左右。

取适量的氯仿（100kg 血泥加入 250～300mL 氯仿），加 3 倍量水，搅拌成乳浊状后加到血泥混合液中。

在投料前 2h，将新鲜的猪胰脏搅成胰糜，加熟石灰粉 $[Ca(OH)_2]$ 调节 pH 至 8.0，活化 2h 后，加到水解锅中，用饱和 $Ca(OH)_2$ 溶液调节 pH 至 7.0～7.5（100kg 血泥中加 10kg 左右胰脏）。然后用 NaOH（0.3g/mL）溶液调节 pH。水解过程中要时刻注意 pH 变化，反复用碱液调整，同时边加温边调节 pH，温度保持在 40℃，反应 18h，pH 一般在反应前 3～4h 很容易下降，到 pH 为 7.8～8.0 以后较稳定。pH 要稳定在 8.0 左右，直至水解完毕。

（3）中和　水解完毕后，用 3∶10 的磷酸调节 pH 至 6.5～7.0，终止酶促反应。将水解液移入搪瓷桶中，加热煮沸 20min，过滤，此时滤液 pH 在 7.0 左右。

（4）脱色、离心　在煮沸的中和液中，加入糖用活性炭（按 10kg 血泥加 6g 活性炭），然后加热到 80℃，搅拌保温 40～50min，过滤回收活性炭。再用磷酸调节过滤液 pH 至 6.5 左右，用离心机分出清液备用。

（5）浓缩、干燥　把清液移入锅中，小火加热浓缩至黏稠状，然后在低温下进行真空干燥，或在石灰缸中干燥，即得产品。

三、血红蛋白的加工

血红蛋白存在于动物血液的红细胞中。血红蛋白的含量是以每 100mL 血液中所含的质量（g）来表示的，各种成年畜禽的血液中，血红蛋白的含量为 7～15g，正常情况下，每 1g 血红蛋白能与 36mL 的 O_2 结合。一般来说，血液中的红细胞数量多，血红蛋白的含量也就高，但血浆中的血红蛋白含量受年龄、性别、季节、环境变化及饲料等因素影响。如海拔 2500m 以上的高原地带动物的血红蛋白比平原动物高，饲料条件好的血红蛋白含量也高。

畜禽血液综合利用时，易产生一种特殊的"腥味"，主要由红细胞的碎片所产生，有些消费者难以接受。另外，血红蛋白加入产品后易呈暗棕色，影响产品的感官色泽。因此，血红蛋白加工中的脱色工序是技术关键。

（一）物理脱色法

由于珠蛋白每条肽链以非极性基结合一个血红素，当血红蛋白在水中加热时，珠蛋白变性，并释出血红素，进而氧化血红素形成氧化型血红素，呈暗棕色。1974年 Smirnitskaya 等利用凝固的乳蛋白来隐藏血红素。1975年 Zayas 采用经超声波处理的脂肪化法，方法比较先进，主要是基于分散的脂肪颗粒具有光散射作用，但该方法不能完全将加工后的产品色泽隐去，限制了其在血红蛋白脱色中的应用。

（二）蛋白酶分解法

利用蛋白分解酶将珠蛋白与血红素分开。在该过程中，释放出的血红素因具有疏水性而聚合成微粒，珠蛋白分解成肽态和氨基态，可用超滤或离心法将珠蛋白同血红素分开。蛋白酶分解法有多种，常用的酶有 Alcase 和 Proteinase AP114。该分解法不能完全消除色泽，而应辅以活性炭或硅藻土来吸附，以除去色泽和不良气味。另外，也有采用使 pH 达 2.5 的含血红素的蛋白酶的溶解液离心，分离出血红素，再用 H_2O_2 来氧化残留在珠蛋白中的血红素。所以采用蛋白酶分解法辅以除臭吸附工艺是可行的。但分离最终产物的工艺复杂，使产品价格提高。

（三）氧化破坏血红素法

在畜禽正常体内，血红蛋白可被氧化破坏，形成无色物质。如采用 H_2O_2 作为氧化剂氧化脱色或采用臭氧氧化脱色。虽然这两种方法可十分有效地破坏血红素，但红细胞中的内源性过氧化氢酶的活力将抑制 H_2O_2 的氧化作用，必须使该酶失活。常用的方法是在加入 H_2O_2 之前，将溶血红细胞加热到 70℃。过氧化氢酶也可在常温下，用弱酸或弱碱水溶液使其灭活。H_2O_2 的使用浓度，常为血液量的 0.3%～1%，反应温度是 50～70℃，其氧化过程可在常温下进行，避免了 H_2O_2 对珠蛋白功能、特性和营养价值的影响。

（四）吸附脱色法

该法是在酸化的血红蛋白溶液中加入吸附剂，吸附血红素，并将其同珠蛋白分开。常用的有活性炭、羧甲基纤维素（CMC）、硅质酸、二氧化锰，作为吸附剂，活性炭效果最好。再用等电点沉淀法将珠蛋白从纯化的溶液中分离出来。目前工业化生产主要利用羧甲基纤维素（CMC）稀释液加入溶血的红细胞溶液中，使结合生成 CMC 血红素复合物，经离心沉淀分离。根据蛋白质中的 2 价铁的浓度，可反映出提取出的蛋白质的纯度。CMC 法提取的珠蛋白含 2 价铁量少于丙酮法。

（五）综合脱色法

综合脱色法是一种有效利用畜禽血液的较科学的方法。该方法首先用加热和亚硫酸氢钠对血液处理，使血细胞发生溶血，血细胞破碎，释出血红蛋白。同时该过程还可以破坏血液中的过氧化氢酶，以免影响后续的氧化剂氧化脱色处理。加入酸性丙酮，使珠蛋白和血红素之间配位键断裂。通过抽滤，滤去血红素，得到灰白色的全血蛋白颗粒，达到初步脱色的效果。血红素滤液通过酸性丙酮蒸馏回收处理，得到高纯度的血红素。已脱去血红素的蛋白质颗粒，由于已破坏了过氧化氢酶，用少量的过氧化氢处理，即可达到脱色的目的，得到淡黄色的血粉颗粒。经 40℃ 干燥粉碎后，即为高蛋白食用血粉。此产品蛋白质含量高达 70.17％，血红素纯度含量达 73.75％，其中含铁量 9.44％。该方法与其他方法相比，工艺简单，成本低，便于使用。

四、血液腌肉色素的加工

当前，国内外在香肠、火腿等肉制品生产中，为了使产品具有理想的玫瑰红色，增强防腐性，延长保存期，并赋予产品独特的后熟风味，均采用硝酸盐或亚硝酸盐作为发色剂。但硝酸盐或亚硝酸盐的使用量超过一定的标准时，残留的亚硝基能同肉中蛋白质的分解产物仲胺类物质结合，生成亚硝胺。1954 年有人发现亚硝胺能够使实验动物细胞发生癌变。因此，近 20 年来，世界各国一直在积极寻求安全、可靠、经济实用、能够代替亚硝酸盐类发色、防腐和产生风味的物质，血液腌肉色素即是这类物质之一。

（一）血液腌肉色素的制备机理

血液中的血红蛋白与亚硝酸盐或一氧化氮反应可生成腌肉色素（CCMP，cooked cured-meat pigment）。腌肉色素的凝胶体是血红蛋白，它可由血红蛋白与亚硝酸盐或一氧化氮反应制得。血红蛋白是由血红素和珠蛋白结合而成的，珠蛋白的分子量为 68000，由两条 α 链和两条 β 链构成球状结构，每一条链以非极性基结合一个血红素。血红素是以卟啉环为基本结构的化合物，是由 4 个吡咯环组成的具有高度共轭的体系，在卟啉环中心络合有一个 2 价铁离子。每个血红素同珠蛋白肽链通过 4 个键结合。其中两个是血红素上的丙酸基与珠蛋白结合；另两个通过血红素中铁与珠蛋白中组氨酸咪唑环形成配位键，这在 α 链中可能是与第 58 位及第 87 位的组氨酸结合，而在 β 链中，可能与第 63 位及第 92 位的组氨酸结合。α 链中的第 58 位及 β 链中的第 63 位组氨酸残基同血红素铁易呈配位键结合，在 O_2、CO_2、NO 存在时，该配位键断裂使血红素中铁能可逆地同 O_2、CO_2、NO 结合，尤其能够比较牢固地同 NO 结合，生成亚硝基肌红蛋白和亚硝基血红蛋白。

血红素中的铁含量高达 9%，这种铁被称作血红素铁，这是与卟啉环结合的铁。血红素是以卟啉铁的形式直接被肠黏膜上皮细胞所吸收的，然后在黏膜细胞内分离出铁并与脱铁蛋白结合形成铁蛋白。所以血红素铁的吸收与非血红素铁相比，具有吸收率高、吸收无障碍、摄食后无副作用等特点，因此血红素铁是极为宝贵的膳食铁，具有极高的营养价值。

有研究者用环状糊精和变性淀粉等包埋色素，经测定包埋后的色素中有灰分、水分、蛋白质、腌肉色素、Fe、Na 等成分，其中 Fe 的成分含量高达 0.04%。色素中除蛋白质外还有游离氨基酸、蛋白胨、肽等营养物质。经氨基酸分析仪分析，除 Cys、Ile、Trp 含量很低外，其余氨基酸含量都很丰富。对色素进行微生物学检验后发现，色素中没有致病菌，细菌总数为 2000 个/g，符合国家有关食品卫生标准。

无论是腌肉色素本身，还是包埋后的色素，其铁含量均较高。腌肉色素中的铁，即是血红素中的铁，为 2 价铁离子，它在人体的消化吸收过程可不受植酸和磷酸的影响，其吸收率较普通含铁食品高 3 倍以上。加入 0.5% 的腌肉色素，铁含量比对照样高 77%。

腌肉色素在食品中的利用主要有两方面：一是作为亚硝酸盐的替代物用于腌肉制品，不仅可大大降低亚硝酸盐的使用量，防止人们因大量食用腌肉制品而中毒，还可增加食品的营养成分；二是作为补铁食品的功能因子，可将其制成保健食品，用于治疗缺铁性贫血引起的各种疾病。此外，由于腌肉色素的结构是卟啉化合物，所以它还可以用于生物制药领域，它可以改造成以临床治疗为目的的一系列衍生物，如原卟啉二钠、血卟啉等。

（二）腌肉色素的制取

腌肉色素的制取需要以血红素为原料，其辅料为 NaOH、抗坏血酸、亚硝酸钠等。

1. 工艺流程

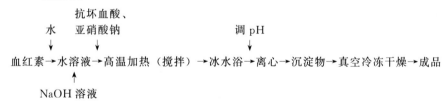

2. 工艺要点

① 将血红素配成水溶液，加入 9 倍血红素溶液体积的 NaOH 溶液。

② 加入抗坏血酸和亚硝酸钠。亚硝酸钠添加量的确定是根据亚硝酸钠同血液中的血红蛋白反应原理以及血液中血红蛋白的含量及分子结构特点确定的。以猪血为原料制取腌肉色素，每 100mL 血液平均含有 12g 血红蛋白。血红蛋白是结合蛋白质，其蛋白质部分是珠蛋白，其辅基是血红素。每个血红蛋白分子结构中由一个

珠蛋白分子和四个血红素分子组成。血红蛋白的分子量为64450，其中每个血红素分子量为652，因此，每100mL血液中血红素的含量大约为485.35mg，每100mL血液中所需亚硝酸钠的量为1.028g。由于在预处理过程中已经将血液离心分离，浓缩为原来体积的一半左右，理论上应加血量2%左右的亚硝酸钠。

③ 高温加热数分钟即可，并在加热过程中进行间歇搅拌。

④ 加热后的料液要进行冰浴，达到室温即可。

⑤ 用酸调节pH使溶液达到酸性。

⑥ 采用3000r/min离心20min，弃上清液，取沉淀物。

⑦ 将沉淀物进行真空冷冻干燥，即成腌肉色素成品。

3. 腌肉色素的稳定性

对腌肉色素稳定性的研究结果表明：光照、氧化剂对腌肉色素有不良的影响，腌肉色素应尽量避光、真空保藏；Fe^{3+}和Ca^{2+}对色素的稳定性影响较大，其他离子的影响较小；温度、pH对腌肉色素的影响不大。对腌肉色素溶解性的研究结果表明，pH在7.0左右有较高的溶解率。腌肉色素的最佳应用条件为：腌肉色素的添加量为0.05%，维生素E的添加量为0.05%。

（三）腌肉色素质量标准与检验方法

1. 腌肉色素的质量标准

应符合GB 2760—2014《食品添加剂使用卫生标准》；亚硝酸盐与硝酸盐的含量测定应符合国家标准GB/T 5009.33—2016《食品中亚硝酸盐和硝酸盐的测定》中"分光光度法亚硝酸盐检出限为1mg/kg，硝酸盐检出限为1.4mg/kg"的要求。

2. 检测方法

可通过紫外分光光度法、可见分光光度法对腌肉色素进行紫外光谱扫描。

（四）亚硝酸盐的替代品

美国农业部和食品与药物管理局专门对硝酸盐和亚硝酸盐的问题成立了委员会，委员会经研究指出抗坏血酸及其钠盐、α-生育酚能有效地降低在肉制品中形成的亚硝胺的数量。它们与人工合成色素结合使用，制品的感官和风味与使用亚硝酸盐是一样的，同样能防止脂肪氧化，同样具有抗肉毒活性。

通常认为能使腌肉发色的物质是在加热时形成的腌肉色素，它不但能由肌红蛋白转变而成，也可由血红蛋白制备。这是由血红蛋白和肌红蛋白分子结构的相似性决定的。所以，研究人员逐渐发现由动物血液中的血红素制得的腌肉色素是一种良好的、安全的着色剂。并且，用此腌肉色素可使食品的色泽、营养、口感等性能更好。血红蛋白是脊椎动物红细胞内的呼吸蛋白，是由四条多肽链组成的。每条多肽链同一个血红素相连。因此，用血红蛋白与一氧化氮合成得到的色素，其稳定机理可能与多肽链对血红素的保护作用有关。

国外这方面的研究早在 1966 年就已开始。通过实验，从腌肉色素的制备方法、腌肉色素的化学结构、腌肉色素的抗氧化能力以及将腌肉色素微胶囊化等方面作了一系列的研究，得到了较好的成果，并获得了专利。他们用从牛血中提取的血红素与 NO 气体进行反应，成功地制得了腌肉色素。腌肉色素对光和氧非常敏感，人们对其进行了微胶囊化处理，使其保质期延长到 18 个月或更长时间。1996 年，人们通过电磁共振光谱的测定，认为腌肉色素的化学结构为二亚硝基血红素，是一个抗磁性体系，并研究了腌肉色素的抗氧化性。但对于腌肉色素的化学结构，究竟是含有一个亚硝基还是两个亚硝基至今还不甚明了。

我国在这方面的研究起步较晚，在 20 世纪 80 年代后期对血红素的研究才逐渐多起来。马美湖采用传统的丙酮提取法，有效地降低了丙酮的使用量，使丙酮的使用量由 10 倍于血量降到 4 倍于血量，这就大大降低了制取腌肉色素的成本。有学者研究了用一氧化氮与血红蛋白合成亚硝基亚铁血红素，并讨论了该色素的结构、贮藏特点。另有研究者以新鲜猪血为原料，经化学提取、合成以及酶解等步骤，制成了食品着色剂——亚硝基血红素，并将其产品替代亚硝酸盐，而直接加入食品中着色，发现亚硝基血红素不仅是一种理想的着色剂，而且增强了食品的营养成分。有试验表明腌肉色素在有氧、光照情况下，几小时后就可变为无色。但将其微胶囊化后，在暗处可存放一年，在冰箱中可存放 18 个月，且微胶囊化对腌肉色素的化学性质没有丝毫的影响。他还进一步优化了用一氧化氮和血红蛋白合成腌肉色素的合成条件，并讨论了不同溶剂下腌肉色素的溶解性、色素的微胶囊化及喷雾干燥等技术。马美湖利用猪血中血红蛋白和亚硝酸钠人工合成腌肉色素，将合成的色素作为肉品发色剂添加到香肠中。经实验分析和检测，产品发色效果良好，稳定持久，风味独特，并具有一定的防腐效果，而香肠中的 NO_2^- 残留量仅为 $1.75 \times 10^{-6} mol/L$，可实现肉制品的低硝化。

五、食品添加剂

(一) 血浆粉的加工

血浆为淡黄色透明液体，主要由血清及血纤维蛋白组成，蛋白质含量约为 7%，主要为清蛋白、球蛋白、纤维蛋白原 3 种。还含有微量的铁、锌、铜、钴等金属。除了以上成分外，还含有非蛋白含氮物、酶类等成分。血浆有较高的营养价值，较强的乳化能力，易被人体消化吸收。血浆粉（plasma powder）是由血浆加工而成的粉状产品，含有丰富的蛋白质和微量的铁、锌、铜、钴等金属元素，具有血浆的性质，可用作食品添加剂，从而提高食品的营养成分。

1. 血浆制备技术

畜禽刺杀放血时，及时收集新鲜血液，立即将 2.5% 的柠檬酸三钠溶液与 8 倍的新鲜血液混合，充分搅匀，用分离机分出有形成分，得到淡黄色、透明的液体即为血浆。将所得血浆送入冷库，于 -15℃ 冷冻备用。

（1）工艺流程

备用血浆粉→加盐酸→浓缩→真空干燥→粉碎→成品血浆粉

（2）工艺要点　取备用血浆置于反应罐中，搅拌下加入 6mol/L HCl 至 pH 6.0，用水加热至沸，保温搅拌 30min，出料转浓缩锅中，加热蒸发，浓缩至体积的 1/3，于 80℃ 真空干燥，粉碎，过 80 目筛，包装，得成品。

2. 血浆粉质量标准与检测方法

（1）血浆粉的质量标准　针对血浆粉国内目前还没有具体的行业标准，成品应符合饲料卫生标准，且大肠杆菌、志贺氏菌不得检出。

（2）检测方法　目前国内多采用琼脂单项免疫扩散法，国外采用蛋白质电泳法对血浆粉进行检测。

3. 血浆粉在食品中的应用

经研究，血浆蛋白完全能代替全能蛋白，其真消化率（TD）为 92.1%，生物效价为 87.0%，蛋白质利用率为 80%。目前血浆蛋白多用于食品和饲料加工工业，并日益受到重视。用面粉和血浆液按 5∶1 比例制成的银丝面条（含水在 13% 以内），色、香、味和抗拉性优于普通面条，深受消费者喜爱；用血浆蛋白代替 1/3～1/2 鸡蛋制作的蛋糕、蛋卷等，色、香、味正常，应用效果良好；在午餐肉内用血浆代替 18% 的水，可使午餐肉红色加深，弹性增加，品质提高；在食品中添加血浆蛋白优于添加鸡蛋蛋白，因此具有良好的市场前景。

（二）猪血液制备酵母

以猪血为原料，经加水分解，作为营养源制备酵母，是一种极为有效的利用猪血的途径。由于酵母对血液的同化力弱，因此动物血液一般不能直接作为酵母培养基的配料来使用。

酵母大多除要求碳源、氮源外，还需要多种生长促进因子，如各种维生素、氨基酸及其他无机、有机化合物等。研究发现，动物血液经加水分解后，对酵母的生长具有促进作用，可在酵母培养时有效地作为碳源、氮源的生长促进剂。

如果血液未经加水分解处理而直接添加于培养液中，在加热杀菌处理时，血液成分变性而形成胶状的不溶物悬浮于培养液中。这些胶状的血液不溶物在培养结束后仍残存在培养液内，在收集酵母菌体时，给固液分离带来很大障碍。而血液经加水分解后呈低黏性，并可溶解于培养液中，所以能显著提高固液分离等的操作性。

血液加水分解的方法可采用加入分解蛋白质的酶或酸、碱处理法，收集酵母菌体的方法可采用离心分离、过滤、压滤等。由此制得的酵母菌体可直接用于面包制造、酿造或饲料，也可用作谷胱甘肽、辅酶Q、NAD等生理活性物质的生产原料。

1. 工艺流程

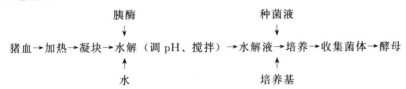

2. 工艺要点

① 猪血水解　猪全血以120℃、30min加热杀菌处理得到变性凝块，取50g，加入胰酶制剂2g以及蒸馏水50mL，调至pH为8.0，在搅拌条件下，以37℃水解20h，可得到血液加水解物——猪血水解液100g。

② 培养种菌液　由葡萄糖1g、蛋白胨0.5g、酵母浸膏0.3g、麦芽浸膏0.3g和蒸馏水100mL制成培养基。接种啤酒酵母IFO2044菌株，振荡培养24h，将此供作种子培养液。

取该种子培养液于5℃、10000r/min离心分离10min，洗涤沉淀而取得菌体，加入蒸馏水即为种菌液。

③ 培养酵母　由葡萄糖10g、KH_2PO_4 1g、$MgSO_4 \cdot 7H_2O$ 0.5g和蒸馏水1L组成基础培养基，添加上述猪血水解液60g，注入容积2L的发酵罐内，于120℃杀菌20min。此培养液再接入已制备好的种菌液20mL，以30℃培养24h。培养液pH控制在5.0～5.2，培养24h后，从培养液中收集酵母菌体，可得酵母菌体3.4g。

（三）血液制备氨基酸粉

由血液制备的氨基酸粉（amino acid powder）为白色结晶，可溶于水、酸及碱溶液，难溶于非极性有机溶剂，具有氨基酸的通性，是重要的食品添加剂。

1. 工艺流程

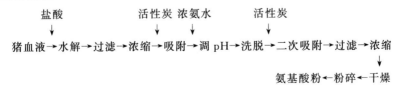

2. 工艺要点

（1）水解、过滤　将猪血粉投入搪瓷罐中，加入 4 倍量 6mol/L 的工业 HCl，浸泡 2h 后，用油浴加热至 110℃，保温搅拌回流水解 24h，水解液稍冷后过滤除渣。

（2）浓缩　滤液用水浴加热，减压浓缩至呈糖浆状后，加蒸馏水恢复至原体积，继续加热，减压浓缩，如此重复 3～4 次。

（3）吸附　浓缩液加蒸馏水稀释至水解液原体积（此时 pH 为 1.5～2.0），加 1% 活性炭（按体积计），煮沸 10min，于 90℃ 水浴保温搅拌 30min，趁热抽滤去除活性炭，并用适量蒸馏水洗涤活性炭两次，合并滤液和洗液。

（4）调 pH、洗脱　用浓氨水调节滤液 pH 为 4.0，静置 24h 以上，滤去沉淀（酪氨酸粗品）。滤液加入 20 倍量的蒸馏水稀释，调节 pH 为 4.0，流入 732 型阳离子树脂交换柱，用去离子水洗涤至无氯离子，以 2mol/L 氨水洗脱，收集 pH 为 4.0～10.0 范围的洗脱液。

（5）二次吸附、过滤　加入 6mol/L 的 HCl 调 pH 为 5.0，用水浴加热至沸。加入总液量 3% 的活性炭，沸腾搅拌 20min，趁热过滤。

（6）浓缩、干燥、粉碎　滤液用水浴加热蒸发，减压浓缩至 1/5 体积，加入等量的蒸馏水，再浓缩至无氨味，于 80℃ 真空干燥，粉碎，过 80 目筛，即得混合氨基酸粉状品。

（四）粉末状调味料的加工

利用畜禽血液加工的粉末状调味料（seasoning powder），具有较高的鲜度和独特的风味，同时具有一定的营养价值，是一种以较低的成本制得的高价值产品。

1. 工艺流程

碱液
↓
畜禽血→水解→过滤→调 pH→过滤→脱色脱臭→真空浓缩→配料
　　　　　　　　　　　　　　　　　　　　　　　　　　　　↓
　　　　　　　　　　　　　　　　　　　　成品←喷雾干燥

2. 工艺要点

（1）水解、过滤　在反应器中加入 10kg 牛血和 9kg 0.1g/mL 的柠檬酸钠水溶液（为防止牛血凝固），加入 6mol/L HCl 5kg，于 110℃ 加热 10min。除去浮在溶液上部的脂肪，将溶液过滤得到水解血液。

（2）调 pH、过滤　在水解血液中加入 6mol/L NaOH 水溶液 5.2kg 左右，使溶液 pH 为 5.8，再过滤得到约 17.93kg 的水解液。

（3）脱色脱臭　使水解液通过颗粒状活性炭柱体（调整水解液通过）。接触活性炭的时间为 15min，进行脱色脱臭处理。

（4）真空浓缩　脱色精制后的水解液在真空浓缩器内，于（60±5）℃下减压浓缩，将析出的食盐过滤除去。

（5）配料、喷雾干燥　脱盐水解液补充水至溶液总量为70kg，添加352g混合糖（葡萄糖和蔗糖以1∶1混合）。在开口反应器中加热至150～170℃，反应1～2h，得到6.2kg总固形物为47%、食盐含量为17.4%的溶液。上述溶液保持40～50℃，添加1.7kg麦芽糊精和3.7kg水。调整总固形物为35%～45%（该含量适合喷雾干燥），在入口温度115℃、出口温度85℃条件下喷雾干燥，即得3.58kg粉末状调味料。

第五节　畜禽血液在生化制药中的加工利用

一、新生牛血清

新生牛血清（newborn calf serum，NBS）是指出生14h之内未吃初乳的犊牛血清，也有人称之为小牛血清、犊牛血清等。由于其未受初乳影响，具有丰富的营养物质，抗体、补体中的有害成分最少，因而在生物学领域中得到了广泛应用，特别是在生物制品的生产制造过程中得到了大量应用。

大多数疫苗生产以细胞培养为基础，细胞培养是众多生物技术产品的基本条件之一。新生牛血清是细胞培养中用量最大的天然培养基，含有丰富的细胞生长必需的营养成分。在培养系统中加入适量血清可以补充细胞生长所需的生长因子、激素、贴附因子等，具有极为重要的功能，不仅可促进细胞生长，而且可帮助细胞贴壁。不同的血清对细胞的作用不同，以小牛血清最好，其次为成年牛和马血清，猪和鸡等的血清次之。

Gibco和HyClone等美国主要血清供应商的牛血清都已进入到中国市场，其血清质量标准有严格要求，从血清来源到产品质量都有明确规定。

我国对牛血清的质量标准最早在2010年版《中华人民共和国药典》中提出。指标包括物理性状、总蛋白、血红蛋白、细菌、真菌、支原体、牛病毒、大肠杆菌噬菌体、细菌内毒素等项目，支持细胞增殖检查。

（一）牛血清的化学组成和性质

1. 蛋白质类

牛血清中的蛋白质包括清蛋白、球蛋白、α-巨球蛋白（抑制胰蛋白酶的作用）、胎球蛋白（促进细胞附着）、转铁蛋白（能结合铁离子，减少其毒性和被细胞利用）、纤维连接蛋白（促进细胞附着生长）等。

2. 多肽类

牛血清中的多肽类主要是一些促进细胞生长和分裂的生长因子。最主要的生长因子是血小板生长因子，还有成纤维细胞生长因子、表皮细胞生长因子、神经细胞生长因子等，虽然在血清中含量很少，但对细胞的生长和分裂也起着重要作用。

3. 激素类

激素对细胞的作用是多方面的，包括以下几种激素：

（1）胰岛素 促进细胞摄取葡萄糖和氨基酸，与促细胞分裂有关。

（2）类胰岛素生长因子 能与细胞表达的胰岛素受体结合，从而有与胰岛素同样的作用。

（3）促生长激素 具有促进细胞增殖的效应。

（4）氢化可的松 血清中含有微量该成分，具有促进细胞贴附和增殖的作用。

4. 其他成分

如氨基酸、葡萄糖、微量元素等，在合成培养基中作用并不明显，与蛋白质相结合的微量元素对细胞生长起促进作用。

（二）牛血清在细胞培养中的主要功能

（1）提供能促使细胞指数生长的激素、基础培养基中没有或含量微小的营养物以及某些低分子营养物质。

（2）提供结合蛋白，识别维生素、脂类、金属离子，并与有毒金属和热原物质结合，起解毒作用。

（3）作为细胞贴壁、铺展生长所需因子的来源。

（4）起酸碱度缓冲液的作用。

（5）提供蛋白酶抑制剂，细胞传代时使剩余胰蛋白酶失活，保护细胞不受损伤。

（三）牛血清的制备工艺

1. 常规膜过滤法

（1）原料 出生14h内的新生小牛血。

（2）主要设备 大容量离心机，超净工作台，洁净层流罩，纯水设备，压力蒸汽灭菌锅，恒温干燥箱，灌装机，蠕动泵，不锈钢混合罐。

（3）工艺流程

选择健康小牛→标记、记录→全封闭心脏无菌采集、静置10h→原血清−20℃冻存（低温分离）→去除杂蛋白及抗体→抽样检测、分类→大规模混合罐混合→现代膜过滤→灌封、抽样→检验→入库、放行

（4）操作要点　原血清经过解冻后，检测合格方能用于生产。通过一系列高滞留柱型过滤器除菌、除支原体后，在大容量混合罐内进行混合。混匀的血清再经100nm终端膜过滤器过滤后，进行无菌分装，成为最终产品。产品先速冻后再冷冻存放，经检测合格后再进行贴标、装箱，最后在－20℃冷冻存放。

2. 陶瓷复合膜过滤法

（1）原料　出生14h内的新生小牛血。

（2）主要设备　大容量离心机，超净工作台，洁净层流罩，纯水设备，压力蒸汽灭菌器，恒温干燥箱，灌装机，蠕动泵，不锈钢混合罐。

（3）工艺流程

新鲜牛血→离心分离→血清→陶瓷复合膜过滤（3次）→无免疫球蛋白新生牛血清

（4）操作要点

① 新生牛血清采集　先对新生牛血清来源的牛群进行健康状况调查，选择无特定病原体的黑白花奶牛生下的健康新生公牛（新生公牛不能吃初乳），通过无菌手术的方法在新生公牛的静脉采血。将采集到的新生公牛血液用大容量冷冻离心机分离血清，将分离得到的牛血清置－20℃冷冻保存备用。

② 新生牛血清过滤　将冷冻保存的新生牛血清解冻后用陶瓷复合膜进行过滤。所用陶瓷复合膜材质为氧化锆、氧化铝和氧化钛，其性能参数为：耐压强度1.0MPa，适用 pH 0～14，适用温度－10～650℃。

第1次过滤新生牛血清，选取膜孔径 $0.2\mu m$、膜管面积 $0.5m^2$ 的陶瓷复合膜过滤装置。膜管置于高温蒸汽压力灭菌锅内，在蒸汽温度120℃、压力0.1MPa条件下灭菌30min。待膜管冷却至常温时过滤新生牛血清，过滤时，调节回流阀门控制回流液量，使膜管进口流体压力与出口流体压力差保持在0.2MPa，流体温度≤40℃。将收集到的滤液立即进行第2次过滤。

第2次过滤新生牛血清，选取膜孔径 $0.1\mu m$、膜管面积 $0.5m^2$ 的陶瓷复合膜过滤装置。膜管置于高温蒸汽压力灭菌锅内，在蒸汽温度120℃、压力0.1MPa条件下灭菌30min。待膜管冷却至常温时过滤新生牛血清，过滤时，调节回流阀门控制回流液量，使膜管进口流体压力与出口流体压力差保持在0.2MPa，流体温度≤40℃。将收集到的滤液立即进行第3次过滤。

第3次过滤新生牛血清，选取膜孔径 $0.05\mu m$、膜管面积 $0.5m^2$ 的陶瓷复合膜过滤装置。控制参数和操作要点同第2次过滤方法。收集得到的滤液为无免疫球蛋白新生牛血清。

（5）工艺特点

① 根据新生牛血清清蛋白和免疫球蛋白两组蛋白质的分子大小存在差异的特点（新生牛血清清蛋白的平均分子量为75000～65000，G型免疫球蛋白平均分子

量为 150000，M 型免疫球蛋白分子量为 1000000，A 型免疫球蛋白分子量为 400000)，采用膜孔孔径 0.01～0.05μm 的陶瓷复合膜过滤新生牛血清，分离效果良好，去除了对细胞生长有害的免疫球蛋白，保留了对细胞生长有益的血清清蛋白、小分子肽、氨基酸、微量元素等小分子物质。

② 使用陶瓷复合膜过滤，无需对每份血清都进行细胞培养检测，能耗低，操作简便，可实现无免疫球蛋白新生牛血清的大批量生产。

③ 所使用的陶瓷复合膜是以无机陶瓷制备而成的非对称膜，具有耐酸、耐碱、耐高温的特点。膜管能承受高温和高压，通过蒸汽高温高压消毒，能够杀死存在于膜管的细菌及芽孢，可避免过滤血清时由膜管造成的污染。同时，陶瓷复合膜管的抗污染能力强，分离过程中无二次溶出物产生，不会造成异物污染。陶瓷复合膜机械强度大，不会发生膜孔溶胀而导致截留性能的变化，膜再生性能好，清洗后膜通量可恢复稳定。

二、免疫球蛋白

免疫球蛋白（immuno globulin，Ig）是人类及高等动物受抗原刺激后体内产生的能与抗原特异性相互作用的一类蛋白质，又称为抗体，普遍存在于哺乳动物的血液、组织液、淋巴液以及外分泌物中。免疫球蛋白的主要来源是初乳、畜血清和蛋黄等。

（一）免疫球蛋白的化学组成和性质

免疫球蛋白是机体免疫系统的一个重要组成部分。免疫球蛋白是最不均一的一类蛋白质，根据理化性质尤其是免疫学性质，可将其分为 5 类，即 IgG、IgA、IgM、IgD 及 IgE，牛体内以 G 型免疫球蛋白为主。从分子结构上看，所有的免疫球蛋白分子都由 4 条肽链组成基本单位。称为 4 链单位。在每个 4 链单位中，有 2 条彼此相同的较长肽链，约由 450 个氨基酸残基组成，称为重链（H 链）。另 2 条肽链较短，由 210～230 个氨基酸残基组成，也彼此相同，称轻链（L 链）。这些肽链间除以二硫键相结合外，还有各种非共价键结合的方式。

G 型免疫球蛋白（IgG）的分子量为 160000，含量为血清的 1.5%～1.8%，约占血清蛋白总量的 17%，占血清中免疫球蛋白总量的 75%～80%。G 型免疫球蛋白是血清中最重要的抗体，在体液免疫中起着"主力免疫"的作用。G 型免疫球蛋白的免疫功能主要通过以下几种途径实现：

1. 中和毒素和病毒

一些引起疾病的细菌，如破伤风杆菌、白喉杆菌、志贺氏痢疾杆菌以及肉毒杆菌等，都能产生外毒素，从而引发疾病。由这些外毒素诱导产生的 G 型免疫球蛋白在体内与之结合，使其丧失毒性（中和毒素作用），起到了保护机体的作用。

2. 凝集作用和沉淀作用

G 型免疫球蛋白分子表现为 2 价，能与两个抗原决定簇结合，而细菌和病毒一般都表现为多价，能与多个抗体结合，因此抗原、抗体相互结合后可形成大的网络结构，出现凝集、制动（鞭毛抗体）和沉淀等现象。

3. 激活补体

血清中游离的 G 型免疫球蛋白不能固定补体，只有在抗体与抗原结合后，并且只在两个以上的 G 型免疫球蛋白与抗原结合后，才能固定补体，激活补体。因此当抗原-抗体复合物处于聚集状态时，G 型免疫球蛋白能够与补体结合，激活其生理功能，溶化细菌。

4. 亲细胞功能

G 型免疫球蛋白可以与巨噬细胞、单核细胞和嗜中性粒细胞结合，提高这些细胞的吞噬能力，这在免疫学上被称为"调理作用"。

（二）免疫球蛋白的应用

免疫球蛋白具有多种生物学活性，如与相应抗原特异性结合、补体激活作用、调理素活性、阻止与中和作用等。异源性免疫球蛋白具有被动免疫作用，通过口服免疫球蛋白可提高机体免疫力，预防和治疗疾病。免疫球蛋白主要在以下几方面应用：

（1）用于营养保健方面。

（2）用于免疫学检测，辅助临床诊断。

（3）单克隆抗体（McAb）用于亲和色谱，分离微量可溶性抗原。

（4）标记的 McAb 用于基础研究，了解细胞分化等。

（5）制备生物导弹，用于肿瘤、移植等的临床治疗。

（三）免疫球蛋白的制备工艺

根据蛋白质的大小、电荷量、溶解度以及免疫学特征等，从血液中提取免疫球蛋白常用的有盐析法（如多聚磷酸钠絮凝法、硫酸铵盐析法）、有机溶剂沉淀法（如冷乙醇分离法）、有机聚合物沉淀法、变性沉淀法等。曾用于大规模工业化生产的方法主要有冷乙醇分离法、盐析法、利凡诺法和柱色谱法等，应用较多的为硫酸铵盐析法和冷乙醇分离法。本书着重介绍有机溶剂沉淀法。

有机溶剂沉淀法广泛用于生产蛋白质制剂，常用的试剂是丙酮和乙醇等，其中以乙醇最为常用。冷乙醇分离法提取免疫球蛋白是由 E. J. Cohn 最早提出的，用于制备 G 型免疫球蛋白。目前，国际上常用的冷乙醇法有两种：一种是美国等国家主要使用的 Cohn-Onclev 法；另一种是西欧国家主要使用的 Kistler 和 Nitschmann 法。冷乙醇分离法是 WHO 规程和中国生物制品规程推荐用的方法，不仅分离物质多，而且可同时分离多种血浆成分，分辨率高，提纯效果好，并有抑菌、清除和灭活病毒的作用，但是需要在低温下操作。下面以冷乙醇分离法为例，介绍牦牛血免疫球蛋白的有机溶剂沉淀法制备工艺。

（1）原料 新鲜牦牛血。

（2）主要设备 pH 计，低速冷冻离心机，恒温水浴锅，紫外分光光度计。

（3）工艺流程

新鲜牦牛血→抗凝→离心→上清液→调 pH→溶液静置冷却→加入−20℃预冷的无水乙醇，沉淀
　　　　　　　　　　　　　　　　　　　　　　　　　　　　　　　　　↓
成品←加入−20℃预冷的无水乙醇，二次沉淀←上清液←加入氯化钠溶液，调 pH

（4）操作要点

① 牦牛血浆的预处理 将新鲜牦牛血液注入盛有抗凝剂柠檬酸钠的容器中，轻轻摇动，使抗凝剂完全溶解并均匀分布。然后将已抗凝的血液于 40℃ 下、4000r/min 冷冻离心机中离心 15min，沉降血细胞，取上清液即为血清，−20℃ 下冷藏备用。

② 冷乙醇沉淀法提取免疫球蛋白 将待分离样品与 3 倍体积的蒸馏水混合，调 pH 至 7.7，冰浴中冷却至 0℃。在强烈搅拌条件下，加入−20℃预冷的无水乙醇，终浓度为 20%，保持在冰浴中，使其产生沉淀。并在 4℃ 下以 4000r/min 离心 10min，沉淀中含有多种类型的免疫球蛋白。将沉淀悬浮于 25 倍体积的预冷的 $0.15 \sim 0.20 mol/L$ 氯化钠溶液中，加 $0.05 mol/L$ 醋酸调 pH 至 5.1，使其形成沉淀。在 4℃ 下以 4000r/min 离心 10min，沉淀中含有 A 型免疫球蛋白和 M 型免疫球蛋白，上清液中含有 G 型免疫球蛋白。将上清液调 pH 至 7.4，加入−20℃预冷的无水乙醇，终浓度为 25%，并保持在冰浴中，使其产生沉淀。在 4℃ 下以 4000r/min 离心 10min，所得的沉淀即是 G 型免疫球蛋白。

三、转铁蛋白

转铁蛋白（transferrin，TRF）是血浆中主要的含铁蛋白质，负责运载由消化道吸收的铁和由红细胞降解释放的铁。转铁蛋白以 $TRF-Fe^{3+}$ 的复合物形式进入骨髓中，供成熟红细胞的生成。20 世纪 90 年代，人们对转铁蛋白的研究已经进入对其生理功能的开发性应用基础研究阶段。由于转铁蛋白在抗菌、杀菌以及在肿瘤和

癌症防治等方面的突出作用，转铁蛋白在医学界和畜牧界已越来越受到人们的重视。近年来在疾病的治疗过程中，为了提高药效，减轻毒副作用，药物的定向转运、定点释放和特异性靶细胞治疗方案已引起人们极大的兴趣，人们正在积极探索药物定向转运的可能性及其应用方案。

（一）转铁蛋白的化学组成和性质

转铁蛋白是 Holmberg 和 Laurell 首次发现的。不同种类的转铁蛋白有不同的物理、化学和免疫特性，但均有 2 个三价铁离子结合位点。在不同研究中，按其含铁数目，分为普通转铁蛋白或铁饱和转铁蛋白、单铁转铁蛋白、脱铁转铁蛋白。按其构型，分为普通型转铁蛋白和异构型转铁蛋白。转铁蛋白是单链糖基化蛋白，糖基约占 6%，由 N 端和 C 端 2 个具有高度同源性的结构域组成，2 个结构 Fe^{3+} 短肽连接。N 端、C 端结构域又由 2 个大小相同的小亚基构成，小亚基间的间隙是 Fe^{3+} 结合位点，能可逆地结合 Fe^{3+}。Fe^{3+} 与来自两个赖氨酸的氧原子、1 个组氨酸的氮原子、1 个天冬氨酸的氧原子和碳酸阴离子中的 2 个氧原子通过配位键形成 1 个八面体的几何形状。除了 Fe^{3+}，很多其他二价和三价金属离子也可结合到这个结合位。转铁蛋白二硫键对其结合金属离子以及受体有一定影响。已经证实转铁蛋白是由 2 个结构相似的分别位于 N 端和 C 端的球形结构域组成的单一肽链，含有 679 个氨基酸残基，共有 38 个半胱氨酸，形成 19 对二硫键，其中，N 结构域有 8 个，C 结构域有 11 个。二硫键对于蛋白质维持其构象起很重要的作用，这不仅可以稳定二级和三级的肽链内部结构，而且可以介导肽链间四级结构的形成。

（二）转铁蛋白的主要功能

转铁蛋白是体液中不可缺少的成分，不仅参与铁的运输与代谢，参与呼吸、细胞增殖和免疫系统的调节，还能调节铁离子平衡和能量平衡，更具有抗菌杀菌的保护功能，因而转铁蛋白具有较全面的蛋白质生理功能。转铁蛋白的主要生理功能是把铁离子从吸收和贮藏的地方运输到红细胞供合成血红蛋白用，或输送到机体的其他需铁部位。铁是生物系统的重要组成部分，在生理条件下以 Fe^{3+} 形式存在。机体中绝大部分的铁都是血清转铁蛋白供给的。

（三）转铁蛋白的制备工艺

1. 原料
牛血浆。

2. 主要设备
电动搅拌器，冰箱，离心机，pH 计，温度计，漏斗。

3. 工艺流程

新鲜血→抗凝→离心→盐析→离心→超滤浓缩→氯化钡滴定透析

↓

血清转铁蛋白成品←冻干←洗脱←亲和膜吸附

4. 操作要点

（1）抗凝、离心、盐析、离心　血液中加入 3.8% 柠檬酸钠抗凝，离心。弃沉淀，将上层清液与 $0.1mol/L$ 的碳酸铵溶液混合，pH 7.2，在搅拌条件下滴加 $0.1mol/L$ 的三氯化铁溶液，在 $4℃$ 下缓慢搅拌 4h，使所有转铁蛋白均被 Fe^{3+} 饱和。加入硫酸铵于铁饱和的血清中，使硫酸铵饱和度为 40%。用氨水调节 pH 为 7.2，静置过夜，离心。

（2）超滤浓缩、氯化钡滴定透析　将硫酸铵沉淀后的上层清液用去离子水 10 倍稀释，超滤浓缩，反复三次。用 $0.1mol/L$ 的氯化钡滴定透析液，至无白色沉淀出现，即为转铁蛋白粗品溶液。

（3）亲和膜吸附　用 5mL $0.02mmol/L$ 的磷酸氢二钠-磷酸二氢钠缓冲溶液（pH7.2）平衡柱，室温下将 3mL 血清转铁蛋白粗品溶液以 0.8mL/min 的速度注入柱中，用 10mL $0.02mmol/L$ 的磷酸氢二钠-磷酸二氢钠缓冲溶液（pH 7.2）再次平衡柱，收集平衡液。

（4）洗脱、冻干　用洗脱液（$0.1mol/L$ 氯化钠、$20mmol/L$ 咪唑、$0.02mmol/L$ pH 7.2 的磷酸氢二钠-磷酸二氢钠缓冲溶液）洗脱，收集洗液，冻干即得血清转铁蛋白。

四、凝血酶

凝血酶（thrombin）是在血液凝固系统中起重要作用的丝氨酸蛋白水解酶，具有较高的专一性，以酶原的形式广泛存在于牛、羊、猪等动物的血液中，能直接促使血液中的纤维蛋白原转化为纤维蛋白，并促使血小板聚集，达到迅速止血的目的。凝血酶是近几年来国内开发的一种新型速效局部止血药，但其制备工艺复杂，技术要求高，不利于工业化生产。

（一）凝血酶的化学组成和性质

凝血酶是白色无定形粉末，分子量 335800，溶于水，不溶于有机溶剂。干粉于 $2\sim8℃$ 很稳定，水溶液室温下 8h 内失活。遇热、稀酸、碱、金属等活力降低。由人或畜血浆分离制得的凝血酶原，再用凝血致活酶和氯化钙激活而成，是一种蛋白水解酶。血浆中的可溶性纤维蛋白原在凝血酶的激活下，转变成不溶性纤维蛋白网状结构，使血液凝固。纤维蛋白原由 6 条肽链组成，凝血酶的组成是从 4 条肽链的 N 端切断特定的肽键（-Arg-Gly-），游离出 2 个 A 肽（19 肽）和 2 个 B 肽（21 肽），另 2 条 N 端为酪氨酸的肽链没有变化。A 肽和 B 肽切除后，减少了蛋白质分子的负电荷，促进了纤维蛋白分子的直线聚合和侧向聚合，从而形成网状结构的纤维蛋白。

（二）凝血酶的主要功能

凝血酶能使纤维蛋白原转化成纤维蛋白。局部应用后作用于病灶表面的血液，可很快形成稳定的凝血块，用于控制毛细血管和静脉出血，或作为皮肤和组织移植物的黏合、固定剂。凝血酶对血液凝固系统的其他作用还包括诱发血小板聚集及继发释放反应等。凝血酶适用于结扎止血困难的小血管、毛细血管，实质性脏器出血的止血，以及外伤、手术、口腔、耳鼻喉、泌尿、烧伤、骨科等出血的止血。

（三）凝血酶的制备工艺

1. 牛血凝血酶

（1）原料　牛血液。

（2）主要设备　过滤槽，pH 计，干燥器，温度计，天平，纯水设备，离心机，搅拌反应釜，真空冷冻干燥机，搪瓷沉淀罐，超滤仪。

（3）工艺流程

牛血液→分离→血浆→分离→凝血酶原
　　　　　　　　　↓
　　　　　　　　红细胞

（4）操作要点

① 牛血液的收集　向收集的牛血液中加入柠檬酸钠（终浓度为 2.85%），4℃下以 4000r/min 离心 30min 分离红细胞，吸出血浆。

② 柠檬酸钡吸附和洗脱　在上清液中以 8：100（氯化钡体积：原血液体积）比例滴加 1mol/L 氯化钡，持续搅拌 30min。4℃下以 5000r/min 离心 30min，离心所得沉淀悬浮于 1：9 稀释的柠檬酸盐贮备液中（0.9% 氯化钠和 0.2mol/L 柠檬酸钠），用低速搅拌器搅拌，悬浮蛋白质再加入同体积 1mol/L 氯化钡，持续搅拌 10min，并用石蜡封口保持 1h。悬浮液以 5000r/min 离心 30min，弃上清液。柠檬酸钡沉淀悬浮于冷的 0.2mol/L、pH 7.4 的乙二胺四乙酸中（1L 血清中加入 120mL），用搅拌器低速搅拌使形成均匀悬浮液。在 0.2mol/L 乙二胺四乙酸：贮备柠檬酸盐（0.9% 氯化钠和 0.2mol/L 柠檬酸）：无离子水为 1：1：8 的溶液中

透析 40min。然后在贮备柠檬酸盐液：无离子水为 1：9 的溶液中透析 3h（每 30min 更换 1 次透析液）。

③ 硫酸铵分级沉淀　向悬浮液中滴加饱和硫酸铵（调 pH 7.0）至终浓度为 40%，搅拌 15min。悬浮液以 3500r/min 离心 30min 后，弃沉淀。在上清液中逐滴加入饱和硫酸铵至终浓度为 60%，持续搅拌 10min。悬浮液静置 20min 后，以 3500r/min 的速度离心 30min，弃上清液。所得沉淀用最小体积的 0.9% 氯化钠和 0.2mol/L 柠檬酸缓冲液（pH6.0）溶解。

④ 二乙氨基乙基（DEAE）纤维素色谱　用同种缓冲液平衡的二乙氨基乙基纤维素离子交换柱（4cm×45cm）进行透析后，蛋白质液进一步纯化，并用 0.025mol/L 柠檬酸钠-缓冲液（pH 6.0）洗脱离子交换柱，直到杂蛋白质在 280nm 下的光吸收值小于 0.02 时，洗脱液更换为 pH 6.0 的 0.025mol/L 柠檬酸钠-0.1mol/L 氯化钠缓冲液，凝血酶原可通过此缓冲液洗脱。

2. 羊血凝血酶

（1）原料　新鲜羊血。

（2）主要设备　pH 计，干燥器，温度计，电子天平，恒温水浴器，纯水设备，离心机，巴氏离心机，无油真空泵，搅拌反应釜，搪瓷沉淀罐。

（3）工艺流程

新鲜羊血→分离→血浆→分离→凝血酶原→激活→上清液→沉淀→粗品
　　　　　↓　　　　　↓　　　　　　　　↓
　　　　血细胞　　　上清液　　　　　纤维蛋白

（4）操作要点

① 血样的预处理　取新鲜羊血 1000mL，加入羊血体积 1/7 的 0.38% 柠檬酸三钠溶液，搅拌均匀。

② 提取凝血酶原　新鲜羊血在 10℃ 以下低温中放置 10h，这样既利于血浆与血细胞的分离，又能防止羊血因静置时间太长而发生腐败。将羊血以 3000r/min 的速度离心 10min，取上清液血浆备用。加入其体积 10 倍的蒸馏水稀释，再用一定浓度的醋酸溶液调节 pH 为 5.3。待沉淀完毕后，于离心机中离心 10min。收集沉淀物，即得凝血酶原。

③ 激活凝血酶原　将制得的凝血酶原，在一定温度下，加入生理盐水 25mL，搅拌均匀使其溶解。加入凝血酶原质量 1.5% 的氯化钙，充分搅拌 10min，在低温下静置 1.5h，使凝血酶原转化为凝血酶。

④ 沉淀分离凝血酶　将激活的凝血酶溶液离心分离 10min，取上清液加入等量预冷至 4℃ 的丙酮，搅拌均匀，静置过夜。促使凝血酶很容易释放到溶液中去，有利于有效成分的分离提取。然后离心 10min，沉淀物再加冷丙酮研细，在

低温下放置 48h，之后再抽滤。沉淀用乙醚洗涤，再经冷冻干燥，即得凝血酶冻干粗品。

五、超氧化物歧化酶

超氧化物歧化酶（superoxide dismutase，简称 SOD)，是一种广泛存在于自然界动植物以及一些微生物体内的金属酶，是生物抗氧化酶类的重要成员，它能够清除生物氧化过程中产生的超氧阴离子自由基（O_2^-），是生物体有效清除活性氧的重要酶类之一。

（一）SOD 的种类

超氧化物歧化酶是一种含有金属元素的活性蛋白酶，按活性中心所结合的金属离子不同，可将其主要分为三种：Cu·Zn-SOD、Fe-SOD 和 Mn-SOD。表 2-9 为我国已发现的部分 SOD 品种。

表 2-9　部分 SOD 的种类

来源	金属离子	来源	金属离子
猪肝	Cu,Zn	大蒜	Cu,Zn
兔肝	Cu,Zn	刺梨	Cu,Zn
鸡血	Cu,Zn	冬菇	Cu,Zn
牛血	Cu,Zn	小白菜叶	Mn
马血	Cu,Zn	棕色固氮菌	Fe

Cu·Zn-SOD 最早被分离，最早被鉴定活性，其也是研究最充分的 SOD。目前国内研发提取的 SOD 多属于 Cu·Zn-SOD。Cu·Zn-SOD 存在于各种真菌中，包括柔弱葡萄孢、白色念珠菌及曲霉样本。其纯品呈蓝绿色，由 2 个亚基组成，每个亚基中各有 1 个 Cu^{2+} 和 1 个 Zn^{2+}。其中锌原子与酶结构有关，与酶的催化活性无关；而铜原子则参与酶的活性中心，直接关系酶活性。

（二）SOD 的应用

从 SOD 正式命名到现在，几十年间，相关的研究一直是化学生物界热门的研究课题。近年来，SOD 在基础研究和应用研究上均取得了进步，主要表现在医疗临床、食品工业和化妆品中的广泛应用。在 SOD 理论研究方面，还有不少问题有待深入研究。总之，深入研究 SOD，不仅具有重要的理论意义，而且具有广阔的应用前景。

1. SOD 在疾病治疗中的作用

一些研究表明，SOD 活性低下可以看作是某些疾病的特征之一，体内的 SOD 活性越高寿命越长。SOD 是 O_2^- 的"克星"，具有抗炎症、抗病毒、抗辐射、抗衰老等作用。常见的高血压、冠心病、动脉硬化和阿尔兹海默病，也都与 O_2^- 堆积有关，若能补充一些 SOD，定能起到"雪中送炭"的作用。有研究者通过测定肺肿瘤患者血清中的超氧化物歧化酶的活性，作为判断肿瘤恶化或转移的辅助手段，为观察患者病情进展提供了临床依据。另有研究发现，超氧化物歧化酶制剂是阴茎纤维性海绵体炎疼痛期安全、有效和可控的局部治疗药物。

2. SOD 在化妆品中的应用

超氧化物歧化酶作为一种自由基代谢的调节剂，广泛应用于化妆品行业，具有较好的护肤保健、延缓皮肤衰老的功效。目前，超氧化物歧化酶的测定已经成为评价和筛选抗衰老药物及抗衰老化妆品的重要指标之一。此外，超氧化物歧化酶还具有一定的防治瘢痕形成的作用。据悉，在欧美国家和日本等国的高级化妆品中均加入一定量的 SOD。在国内，市场上已有含 SOD 的多种化妆品。

3. SOD 在食品工业的应用

SOD 作为食品添加剂和重要的功能性基料在食品工业中得到了相当广泛的应用，如以猕猴桃为原料生产的猕猴桃汁以及各种保健食品。SOD 除了具有保健功能外，还可以用于食品工业中作为较好的抗氧化剂。此外，SOD 在食品工业中的应用还有很多专利文献报道。专利 SOD 白酒及其制造方法，采用 SOD 和优质的五粮液白酒，配制成了一种健康、具有抗衰老功能的 SOD 养生活力白酒。专利采用多功能 SOD 生物啤酒的生产方法，生产出的啤酒可有效促进啤酒饮用者的身体健康。

（三）提取 SOD 的一般生化方法

一般来讲，超氧化物歧化酶的提取主要是去除原材料中的杂蛋白。目前，常用的蛋白质沉淀方法主要有盐析法、有机溶剂沉淀法、等电点沉淀法、非离子多聚物沉淀法、生成盐复合物法、选择性的变性沉淀法、亲和沉淀法及 SIS 聚合物与亲和沉淀法等。

1. 盐析法

不同的蛋白质盐析时所需的盐的浓度不同，因此调节盐的浓度，可使混合蛋白质溶液中的蛋白质分段析出，达到分离纯化的目的。蛋白质盐析时常用的中性盐有：硫酸铵、硫酸钠、氯化钠、磷酸钠、硫酸镁等。盐析法有许多突出的优点：经济、安全、操作简便、不需特殊设备、应用范围广、不容易引起蛋白质变性。可使用分步盐析法，并辅以透析等步骤从大蒜中获得高活性的 SOD，操作路线简单，回收率高。

2. 有机溶剂沉淀法

有机溶剂沉淀法一直以来是规模化浓缩蛋白质常用的方法，已广泛应用于生产蛋白质制剂。有机溶剂沉淀中常用的有机溶剂有乙醇、丙酮等。这种方法的优点是：有机溶剂密度较低，易于沉淀分离；与盐析法相比，分辨能力高，沉淀不需脱盐处理，应用更广泛。

3. 等电点沉淀法

两性生化物质在溶液 pH 处于等电点时，分子表面电荷为零，分子间静电排斥作用减弱，因此吸引力增大，能相互聚集起来，发生沉淀。不同的蛋白质具有不同的等电点，根据这一特性，可将不同的蛋白质分别沉淀析出，从而达到分离纯化的目的。单独使用等电点法时常常会导致超氧化物歧化酶沉淀不完全，因此实际生产中往往结合盐析法、有机溶剂沉淀法或其他沉淀法一起使用。邱玉华等采用等电点沉淀法，辅以超滤技术建立了猪血超氧化物歧化酶（SOD）生产的简便工艺，纯度和比活等方面均得到了较大的提高。

4. 热变性沉淀法

热变性沉淀法是选择性变性沉淀中的一种，是指在较高温度下，热稳定性差的蛋白质发生变性沉淀，此方法简单安全。一般情况下，在 55℃ 时大多数蛋白质发生变性而沉淀，而超氧化物歧化酶在此温度时活性变化很小，因此可利用温度的差异来进行原材料中杂蛋白的去除。张书文、于春慧采用变温二次热变性，免除了使用氯仿和乙醇等难以回收的有机溶剂，降低了生产成本，提高了产品的收率和质量。

5. 色谱法

色谱法是利用混合物中各组分物理化学性质的差异，使各组分在固定相和流动相中的分布程度不同，从而使各组分以不同的速度移动而达到分离的目的。色谱法可分为吸附色谱、分配色谱、离子交换色谱、凝胶色谱、亲和色谱等。色谱法是获得高纯度 SOD 产品的重要方法，对保持 SOD 的比活力有很大提高，在经过沉淀分级后常采用色谱方法纯化 SOD 提取液，目前国内外对色谱的多步组合纯化研究较活跃。多个色谱柱串联使用可以获得较高的比活力和较高的纯化倍数，但是此方法步骤较多，需要的色谱柱类型较多，成本较高。

第三章

动物油脂的综合利用

第一节 动物油脂的理化性质及生理功能

一、物理性质

1. 色泽

大部分脂肪的主要色泽是由胡萝卜素系的黄色、红色组成的，此外还含有蓝、绿等颜色。脂肪的色泽深，说明脂肪的色素成分（类胡萝卜素、叶绿素、生育酚、棉籽醇等）含量高。脂肪酸制品的色泽因原料种类、新鲜度不同而异，经过精炼的脂肪色泽差异比较小。通常使用的色泽检测方法有罗维朋法、FAC 标准色片测定法、加德纳比色测定法、光谱法等。

2. 相对密度

脂肪的相对密度受构成甘油酯的脂肪酸种类的影响较大。随着脂肪中不饱和酸、低级酸、含氧酸含量的增加，相对密度增大。

3. 折射率

当光线从空气中射入样品时，光线入射角的正弦与折射角的正弦之比就是折射率。脂肪的折射率与构成甘油酯的脂肪酸种类有关，如果长链酸、不饱和酸、含氧酸的含量高，则折射率大。另外，由于加热氧化，折射率会增大，而氢化可使折射率降低。

4. 熔点

样品加热时，变成完全透明的液体的温度叫透明熔点；另外，样品开始变软、流动时的温度叫上升熔点。天然脂肪是混合甘油酯的混合物，因此，天然脂肪无固定的熔点和沸点。脂肪的熔点随着组成中脂肪酸碳链的增长和饱和度的增大而增高。同样，脂肪的沸点也随碳链的增长而增高，而与脂肪酸的饱和度关系不大。猪脂的熔点为 $28\sim48℃$，牛脂的熔点为 $40\sim50℃$，羊脂的熔点为 $44\sim55℃$。

在体温下呈液态的脂质能很好地被人体消化吸收，而熔点超过体温的很多脂质则很难被消化吸收。因此，在 $37℃$ 时仍然是固体的一些动物脂肪，人体很难吸收。

5. 凝固点

脂肪冷却凝固时，由溶解潜热引起温度上升的最高点叫凝固点，凝固点又叫静止温度。高熔点甘油酯含量高的脂肪，凝固点也高。即使是凝固点相同的脂肪，甘油酯组成均匀的脂肪也比甘油酯组成不均匀的脂肪的凝固点更明确，呈现细密的固化状态。仅仅靠比较凝固点，不能判断脂肪硬度。

6. 黏度

黏度是表示液体流动时发生的抵抗程度的数值。由于脂肪及其伴随物为长链化合物，所以黏度较高，这是脂肪的一个特性。通常，脂肪酸碳原子少的脂肪和不饱和度高的脂肪，黏度较低，但没有太大的差别。动物脂肪，尤其是固态的猪脂，饱和度高，黏度较高。

7. 烟点、闪点、燃点

烟点、闪点、燃点都是脂肪与控点接触加热时，热稳定性的测定标志。烟点是指脂肪加热时，肉眼所能见到的样品的热分解物或杂质连续挥发时的最低温度。闪点是指表面物质加热挥发加剧，脂肪表面温度能够燃起火花，但不能维持连续燃烧的温度。燃点是指脂肪已经达到可以连续燃烧的温度。

食用脂肪用于高温煎炸时，这些特性因与加工性和脂肪利用率有关而被重视。烟点、闪点和燃点被看作脂肪精炼工程的指标。

二、化学性质

1. 脂肪的水解

水解是一种化工单元过程，是利用水将物质分解形成新的物质的过程。脂肪水解是在酸、碱、酶或加热作用下，与水反应生成游离脂肪酸和甘油的过程。

脂肪的水解在没有激化因素存在时进行很慢。反应速度受到以下因素的影响。

（1）酶　在动物细胞内有脂肪水解酶，这些酶在脂肪加工中转入脂肪，即使脂肪中含有少量的水，在有脂肪水解酶存在时，脂肪的水解速度也很快。脂肪水解酶作用的最适温度是 $35\sim40℃$，温度升高到 $50℃$ 以上和降低到 $15℃$ 以下则酶活力减弱，但到−17℃的低温时，脂肪水解酶仍有作用。

（2）温度　在温度升高时（特别是在100℃以上），脂肪的水解速度大大增强。

（3）碱的作用　在反应介质中有碱存在，即使很少量时，也会大大地加速脂肪的水解。在脂肪和金属氧化物相作用时，产生相应的脂肪酸的盐，能促进脂肪的乳化。

2. 酸价

酸价是指中和1g试样中游离脂肪酸所需要的氢氧化钾（KOH）的量（mg）。有时也用酸度来表示酸价。酸度是指中和100g脂肪所需1mol/L氢氧化钾溶液的量（mg）。通常用酸价来确定脂肪分解的程度。酸价是脂肪中游离脂肪酸含量的表示方法。在自然界中没有绝对中性的脂肪。从感官上很难区分中性脂肪和含有游离脂肪酸的脂肪，两者色、香、味几乎全部相同。但具有不好气味的低分子挥发性脂肪酸的脂肪颜色较暗，滋味较差。随着酸价的升高而导致发烟点降低，在这种情况下烤制时则易出现油烟。

一般来说酸价越低脂肪品质越好。《食用植物油卫生标准》（GB 2716—2010）对食用植物油的酸价有最高限量要求，及植物原油酸价≤4mgKOH/g，食用植物油酸价≤3mgKOH/g，但对食用动物脂肪没有明确规定限量。植物油中不饱和脂肪酸含量高，只有不饱和脂肪酸才会被氧化，出现酸价，饱和脂肪酸不存在这个问题，因此，动物脂肪酸价较低。

3. 过氧化值

过氧化值是表示油脂和脂肪酸等被氧化程度的一种指标，是1kg样品中的活性氧含量，以过氧化物的物质的量（mmol）表示，用于说明样品是否已被氧化而变质。过氧化值是脂肪中过氧化物含量的指示值，常用来测定脂肪初期酸败、氧化的程度。一般来说，过氧化值越高其酸败就越厉害。一般动物脂肪的过氧化值为5～7mmol/kg，对于高级精制油，放置半年至一年后，其过氧化值会增加到10mmol/kg左右。

4. 碘价

通常用样品所能吸取的碘的质量分数来表示。脂肪酸的双键很不稳定，容易氧化或与碘等结合。碘价的大小在一定范围内反映了油脂的不饱和程度，所以，根据油脂的碘价，可以判定油脂的干性程度。例如，碘价大于130的属于干性油；碘价小于100的属不干性油；碘价在100～130的，脂肪中除含有油酸外还含有亚油酸，这种脂肪属于半干性油。各种油脂的碘价大小和变化范围是一定的，因此，通过测定油脂的碘价，有助于了解它们的组成是否正常、有无掺杂使假等。而在油脂氢化制作起酥油的过程中，还可以根据碘价来计算油脂氢化时所需的氢量并检查油脂的氢化程度。所以碘价的测定在油脂日常检测中具有重要意义。

5. 皂化

脂肪在碱的作用下会发生皂化反应。皂化反应是脂肪水解后的甘油和脂肪酸与碱反应生成其碱金属盐，即肥皂的过程。但皂化反应远比加碱中和反应速度慢，利用这一差别可以进行加碱精炼，以除去脂肪酸，又可制皂。皂化价是指 1g 试样完全皂化所需的氢氧化钾的量（mg）。

皂化值的高低表示油脂中脂肪酸分子量的大小。皂化值越高，说明脂肪酸分子量越小，亲水性较强，易失去油脂的特性；皂化值越低，则脂肪酸分子量越大或含有较多的不皂化物，油脂接近固体，难以注射和吸收。所以注射用油需规定一定的皂化值范围，使油中的脂肪酸在 $C_{16} \sim C_{18}$ 的范围。

6. 氢化

在加温、加压和催化剂存在下，含有不饱和脂肪酸的油脂与氢发生加成反应，从而转化为相应的饱和脂肪酸酯或者减小其不饱和程度，这个反应称为加氢或氢化反应。利用氢化反应，可以使液体的油变成固体的脂。这种脂，商业上叫硬化油或氢化油。例如含有双键的油酸或者油酸酯氢化后变成饱和的硬脂酸酯。

7. 聚合和酯化

脂肪氧化产物能聚合和酯化成较复杂的物质，使脂肪熔点升高，黏度增加。在光及某些微量金属催化剂存在下，酯化作用则会增强，也有称此为氧化酸败的。氧化酸败不是单一进行的，是各种化学变化的综合反应。

三、生理功能

1. 储藏与释放能量

油脂是食品组分中更为浓缩的能源，以同样质量储藏的脂肪产生的能量相当于糖类或蛋白质的 2.25 倍。研究表明，对身体最直接的能量来源是在三羧酸循环中被酯酶从甘油三酯释放出来的游离脂肪酸。人体细胞除红细胞和某些中枢神经系统外，均能直接利用脂肪酸作为能量来源。人体在空腹时，体内所需能量的 50% 来自体脂，禁食情况下能量的 85% 由体脂提供。尽管大脑优先以葡萄糖作为能量来源，但长期进食时则转为利用脂肪代谢转化成四碳酸作为动力支持。现代饮食的发展使人们顾忌摄入过多的脂肪，但摄入脂肪过低将对人体产生不利影响。因此，WHO、美国心脏学会建议每日摄入的油脂热量应不低于总热能的 15%。脂肪的这一功能对于重体力劳动者、非常规情况下的野外作业者及难民、灾民等，在食物供给上应作为优先考虑的营养素。能量是影响婴幼儿和青少年生长发育的首要因素，脂肪的供给量也显得尤为重要。美国纽约州立大学营养规划及运动医学会的生理学家试验表明，高脂肪膳食能提高自行车、游泳、足球、网球、马拉松等运动员的耐力，认为参加耐力活动的人员应提前一天增加脂肪摄入量，使脂肪的热量为总热量的60%左右，以提高耐力。

2. 提供必需脂肪酸

油脂能提供机体不能合成的亚油酸，缺乏它会出现生长过缓甚至停滞及皮肤损害等症状。营养学中有必需脂肪酸这一概念，必需脂肪酸是指人体维持机体正常代谢不可缺少而自身不能合成或合成速度慢无法满足机体需要，必须通过食物供给的脂肪酸。很多年来，研究者们对亚麻酸、花生四烯酸等不饱和脂肪酸是否归入必需脂肪酸进行过反复研究和论证，现已确认亚油酸等是人体必需脂肪酸，研究者一致认为，上述脂肪酸在人体内具有重要的生理功能。对婴儿、犬、豚鼠、大白鼠、家禽和猪缺乏这些脂肪酸进行的观察实验发现，多数表现出皮炎、生长缓慢、水分消耗增加、生殖能力下降、代谢率增强等。长期的研究结果已形成对必需脂肪酸功能的共识：参与磷脂合成，并以磷脂形式作为线粒体和细胞膜的重要成分，促进胆固醇和脂质的代谢，合成前列腺素前体，有利于动物精子的形成，保护皮肤以避免由X射线引起的损害等。

3. 作为机体结构成分

饮食中脂肪、糖类及蛋白质均能转变成体脂，体脂过多形成的肥胖导致心理上的负担，并与高血压、冠心病、糖尿病等直接相关。许多研究者认为，高脂肪膳食促进肥胖及其并发症的发生。但是，摄入脂肪的百分比在肥胖原因中所起的作用仍未确定。从作为机体结构成分角度来讲，存在适量并分布在恰当部位的体脂是机体必不可少的，在这些部位，体脂起到支撑和保护器官、减缓冲击与振动、调节体温、保持水分等作用，并有助于其他脂质在细胞内外的运输。其中磷脂还是细胞膜结构的重要组成部分。

4. 其他功能

油脂特有的口感和物理特性，以及油脂和其他营养素结合，在改善食品质地、吸收和保留香味以增进人的食欲、强化味觉等引起的愉悦感方面具有独特的作用。油脂还有助于糖类吸收、缩小食物体积、延缓胃排空、产生饱食感。适宜的油脂摄入量可以避免因人体功能不足消耗蛋白质和维生素B_1、维生素B_6，起到节约和促进其他营养素吸收的作用。此外，胆囊的正常生理功能也需要脂肪来刺激，以免胆汁长期留存与胆囊形成胆结石。脂溶性维生素如维生素A、维生素D、维生素E、维生素K的供给和吸收也需要油脂作为来源或媒介。对油脂资源的多方位开发以及对整个脂质体系在分子水平上的科学研究的蓬勃发展也不断提示着油脂新的生理功能。

第二节　动物油脂的提炼技术

动物油脂包括猪脂、牛脂、羊脂等，与一般植物油脂相比，有不可替代的特有的香味，大量用于食品加工业如油炸方便面、糕点起酥、速冻食品，日化行业肥皂、香皂皂基原料的加工，甘油提取等。近年来发现动物油脂（特别是猪油、羊油等）中的胆固醇含量较高，使得食用的人群逐渐减少，但是动物油脂中含有多种脂肪酸，且有些动物油脂中饱和脂肪酸和不饱和脂肪酸的含量相当，具有较高的营养价值，并且能提供极高的热量，特别适合寒冷地区的人们食用。

一、动物油脂提取技术研究

动物油脂主要来自动物屠宰和切割分离得到的脂肪组织，但大部分的脂肪组织连带有蛋白质和水，因此需要进行油脂提取。动物油脂提取的常用方法有：熬制法、蒸煮法、溶剂法、酶解法、超临界流体萃取法和水溶法等。动物油脂提取工艺的发展过程在于不断地提高油脂的提取率和提取纯度，同时尽量减少加工过程中产生的杂质对环境造成的污染。

1. 熬制法

一般的动物油脂熬制工艺是通过加热使油脂从脂肪组织细胞中释放出来的，另有一些工艺加热温度较低，主要通过机械作用破坏细胞而使油脂释放出来。熬制工艺分干法熬制和湿法熬制。干法熬制是在加工过程中不加水或者水蒸气，可在常压、真空和加压条下进行；而湿法熬制工艺中，脂肪组织是在水分存在的条件下被加热的，通常温度较干法熬制低，得到的产品颜色较浅，风味柔和。

2. 蒸煮法

蒸煮法主要用于内脏油脂的提取，其优点是成本低、操作简便且不添加任何化学试剂，所提取的油脂安全性更高。陈功轩等以草鱼内脏作为试验材料，并确定了其最佳的提取工艺，结果表明，在提取时间 55min、温度 45℃、加水量 60mL 时，其最大出油率为 35.06%，其中提取时间和温度是主要影响因素，而加水量对出油率的影响相对较小。蒸煮法又分为隔水蒸煮法和间接蒸汽炼油法。鲍丹等在宝石鱼油的提取试验中发现隔水蒸煮法要比水蒸气蒸煮法的出油率高出近 10 个百分点，并确定隔水蒸煮法提取宝石鱼内脏油的工艺参数为：蒸煮温度 85℃，蒸煮时间

40min。间接蒸汽炼油法与隔水蒸煮法相比，其投资较大。利用这两种方法提取鱼油，工艺条件比较容易控制，简单实用。但这两种蒸煮法具有共同的缺点，即不能将与蛋白质结合的脂肪分离开来，故提取率相对较低；蒸煮法提取的温度一般都在90℃左右，势必会给油脂品质带来影响。

3. 溶剂法

乙醚和石油醚等有机溶剂是脂肪的良好溶剂，而脂肪与水是不相溶的，溶剂法提取动物油脂就是利用这一原理将不溶于水的脂肪用乙醚或石油醚等有机溶剂从原料中提取出来。王文亮等人选择了多种溶剂对黄粉虫油脂进行浸提，并确定石油醚（60～90℃）为最佳浸提溶剂。初步确定最佳浸提条件为：提取温度60℃，提取时间4 h，固液比1∶5。制得的粗品经精制后可得到浅黄色、透明且略带虫香的黄粉虫油脂。陶学明通过试验筛选出无水乙醇为蟹油提取的理想溶剂，其最佳提取条件为：温度75℃，时间60min，液料比5∶1。

4. 酶解法

酶解法是利用蛋白酶对蛋白质进行水解，破坏蛋白质和脂肪的结合，从而释放出油脂的方法。酶解法提取动物油脂的工艺条件温和，提取效率高，且蛋白酶水解产生的酶解液能被充分利用，是提取动物油脂的较好方法。目前酶解法主要用于一些功能性油脂（亚麻籽油、葡萄籽油等）的提取，在动物油脂提取方面应用最多的是鱼油。洪鹏志等利用蛋白酶酶解法从黄鳍金枪鱼鱼头中提取鱼油，并通过正交试验获得最佳的提取工艺参数，为：酶解温度45℃，酶添加量1.5%，料液质量比1∶1，酶解时间4h。

5. 超临界流体萃取技术

超临界流体萃取技术（supercritical fluid extraction，SFE）是现代化工分离中出现的较新技术，也是目前国际上兴起的一种先进的分离工艺。超临界CO_2流体萃取技术具有工艺简单、无有机溶剂残留、操作条件温和等传统工艺不可比拟的优点。在油脂生产上，超临界流体萃取技术避免了溶剂提取法分离过程中蒸馏加热所造成的油脂氧化酸败，且不存在溶剂残留，同时克服了传统提取法产率低、精制工艺烦琐、产品色泽不理想等缺点。马燮等通过正交试验确定了超临界CO_2从蛋黄粉中萃取蛋黄油的工艺参数：萃取压力24MPa，温度50℃，时间5h。在此条件下蛋黄油的萃取率达80.1%。

6. 其他提取技术

在具体的制取动物油脂的过程中有时会同时应用两种或两种以上的方法以提高提取效率。近年来超声波技术的发展为动物油脂的提取提供了新的技术与手段，如利用超声波技术与有机溶剂法相结合可以有效地缩短提取时间，提高提取效率等。这一技术在一些保健类油脂的提取中得到了充分应用，在动物油脂提取方面的应用还比较少。

二、动物油脂精炼技术研究

在动物油脂提取的过程中，如果处理得当，得到的油脂产品不需要进一步处理就可以使用。但是在生产实践中往往由于屠宰时留有血渍等一系列原因，使所得产品的酸值过高或存在胶原蛋白等杂质，因此这些动物油脂食用时还需要进行进一步的精炼。食用动物油脂精炼一般有脱胶、脱酸、脱色、脱臭等步骤。

1. 脱胶

脱胶的目的是除去动物油脂中的胶体杂质，主要是一些蛋白质、磷脂和黏液性的物质。目前主要采用酸炼法脱胶，即用硫酸、柠檬酸和磷酸等进行脱胶。在脱胶过程中酸的浓度控制是主要关键点。洪鹏志等研究发现，随着酸浓度的增加，鱼油的回收率变化不大，但是鱼油的酸值和过氧化值会明显降低，碘值增加，鱼油的颜色逐渐变深。

2. 脱酸

由于动物油脂经过熬制提取后酸值过高，不符合食用动物油脂卫生标准，因此需要进行进一步的脱酸处理。脱酸方法一般有酯化脱酸法、蒸馏脱酸法、溶剂脱酸法和中和脱酸法，使用最多的是中和脱酸法，也称碱炼。中和脱酸过程中要控制好碱液的浓度、用量以及碱炼温度等。洪鹏志等在对金枪鱼油进行脱酸处理时发现，当氢氧化钠加入量为2%时脱酸效果较好，能有效地脱除金枪鱼油中的游离脂肪酸，并且比较容易分离。

3. 脱色

脱色即脱除油脂中的色素成分，常通过加入中性或酸性白土进行脱色，也可加入少量的活性炭脱色。有研究者提出了猪油和牛油脱色的推荐方法：猪油脱色建议在95~100℃下反应15min，天然活性白土的最大用量为0.5%，酸性活性白土为0.25%；高级牛油在95~100℃下，加入1%天然活性白土或者0.3%的优等白土，反应20min，脱色效果良好。

4. 脱臭

脱臭就是除去在加工过程中由外界混入的污物及原料蛋白等的分解产物，同时除去油脂氧化酸败产生的醛类、酮类、低级酸类以及过氧化物等臭味物质，改善油脂风味，提高油脂烟点。汽提脱臭是最常用的脱臭法，高质量的汽提蒸汽是保证脱臭效果的重要条件，脱臭时间根据油脂中挥发性组分的组成而定，一般在操作温度180℃左右、压力0.65~1.3kPa的操作条件下，脱臭时间为5~8h。

目前，我国国内动物油脂加工厂生产规模都比较小，且设备简陋，因此生产出的动物油脂水分和杂质较多、酸值高，容易腐败变质，难以保证产品质量。在动物油脂的提取技术方面，酶解法、超临界流体萃取法、酶解法与超声波技术的结合有着一定的优势，并能够在加工过程中抑制一些油脂的氧化，有着较好的发展前景。目前对鱼油和昆虫类油脂的研究相对较多，但是对家畜家禽类油脂的研究较少。总的来说，对动物油脂提取和精炼工艺的研究具有十分广阔的前景。

第三节　动物油脂的生产要求及质量控制

一、动物油脂的生产要求

（一）资源及利用分析

动物油脂是屠宰加工副产品，主要包括肠油、下腹肥膘、边角肉等。脂肪、蛋白质含量高，资源比较丰富。据调查，一只分割肉鸡、肉鸭不作食用的脂肪和组织约 200g 以上，一头猪肠油及分割的废弃组织 3～5kg。以江苏为例，就分割肉禽和肉猪两类，初步估计，约有 15 万～20 万吨原料，可加工成 10 万～12 万吨动物油脂及其副产品。屠宰加工企业动物废弃组织收集比较容易，可直接炼油或冷藏，加工成动物油脂和油渣。

（二）生产条件要求

根据《农业部办公厅关于印发饲料和饲料添加剂生产许可现场审核表的通知》（农办牧〔2012145 号〕），对单一饲料产品生产许可审核做出了规定。根据油脂及其副产品生产特点，结合单一饲料审核要求，对油脂及其副产品生产条件要求提出如下建议：

1. 厂区选择与布局

有独立的生产厂区，不能与其他企业或其他类产品合用厂院。厂区周围没有影响产品质量安全的污染源，特别是动物屠宰场和垃圾场。厂区布局合理，生产区与生活、办公等区域分开，厂区道路和作业场所硬化。生活、办公等区域有密闭式生活垃圾收集设施。厂区整洁卫生。

2. 生产区布局

生产区应设有相对独立的、与生产规模相匹配的原料库、原料处理区、生产车间和成品库。各库、间、区布局要合理，生产工序衔接顺畅。原料库应配备冷库，规模与生产能力相匹配，并考虑不同原料的分类存放。原料处理区，主要用于原料化冻、清洗、沥水，应设置相应的化冻池（区）、清洗池，池壁与底面贴墙面砖，地面宜采用水磨石地面，确保冲洗方便，淌水顺畅。

炼油车间要求宽敞整洁，通风和采光良好，设备布置合理。物流顺畅。从调研情况分析，与水泥地和地砖地比较，水磨石地面清洗方便，比较耐滑。

油渣粉车间应与炼油车间保持适当距离，并有物理分隔，避免油烟和粉尘交叉污染。

成品库分贮油库和油渣（粉）库2个，与生产车间和出库衔接良好，便于产成品出入。

3. 生产设备

动物油脂生产设备主要有炼油炉（锅），形状多为长U槽形，底部为半圆形，材料多为不锈钢或碳钢，使用导热油加热，设置定时自动翻动。附属设备主要有导热油炉、导热油管、吸烟罩、抽油烟机、压榨机、油槽、油池、过滤网、压滤设施、油泵、成品油罐、计量器。需精炼加工的还应配备水化脱胶设备、白土脱色压滤设备、蒸馏脱水脱酸装置。吸烟罩大小应与炼油锅一致，排烟管孔应向上并有一定高度，油槽、油池口应高出地面5～10cm，防止地面水及杂物进入油池。根据动物性原料单一的要求，一类油脂应设置一套设备，如猪油生产线、鸡油生产线，防止产品混淆。

压榨后的油渣饼可直接出售，也可生产成油渣粉销售。油渣粉生产主要设备有破碎机、压榨机、烘干机、粉碎机、混合机、包装机，附属设备有刹克龙、振动筛、电子秤以及物料输送系统。

生产车间和成品库应配备消防设施，一般使用 ABC 干粉灭火器较好。油渣粉库可配泡沫灭火器。

4. 检验室与设备

检验室应分设天平室、理化分析室、仪器室、留样观察室、微生物检验室。检验室使用面积要满足仪器、设备和检验工作需要。各功能室应布局合理，互相衔接。天平室应满足分析天平放置要求，一般不小于 6 m^2。理化分析室有能够满足样品前处理、理化分析和检验要求的通风柜、实验台、器皿柜、试剂柜，根据蛋白质消化和脂肪检验要求，分别设立独立通风柜。微生物检验应有洁净室、灭菌和培养室，洁净室要求地面、墙面光滑清洁。样品留样室有能满足产品贮存要求的样品柜，一般不小于 10m^2。

检验仪器和设备应配备：

① 常用玻璃仪器：烧杯、烧瓶、锥形瓶、碘量瓶、称量瓶等。

② 常用玻璃容量仪器：容量瓶、滴定管、移液管、量筒、量杯等。

③ 常用辅助设备：电炉、台秤、酒精灯、水浴锅、坩埚、坩埚钳、干燥器等。

④ 常用试剂瓶：广口瓶、小口瓶、滴瓶等。

根据产品标准检验要求，油脂和油渣企业检验仪器应配备：万分之一分析天平、样品粉碎机、标准筛、定氮装置或定氮仪（粗蛋白质、胃蛋白酶消化率）、可见光分光光度计（磷、丙二醛）、粗脂肪抽提装置或粗脂肪测定仪（粗脂肪、不皂化物）、恒温干燥箱（水分）、高温炉（粗灰分）、水浴摇床（胃蛋白酶消化率）、超净工作台（微生物接种）、培养箱（微生物培养）、高压灭菌器（消毒灭菌）。分析天平、分光光度计等应做好计量认定。

（三）生产管理

动物源性饲料产品生产管理十分重要，应做好以下5方面工作：

1. 严格控制原料质量

原料应来自单一动物种类，新鲜，未变质或经冷藏、冷冻保鲜处理，不得采购发生疫病和病死的动物组织，不得采购来源不清、种类混杂的原料。原料入厂前要查验动物检验合格证，对货物验收，确保原料质量。入厂后在规定的时间内加工完成，不能及时加工的要入库保存。原料要按分类存放、加工，并做好标识，不得混淆。

2. 原料预处理

原料加工前如有血水或异味，应进行漂洗后再加工；冰冻原料要进行化冻，充分融化后再进行加工；组织块过大的应切块，保证原料大小基本一致。

3. 制订油脂炼制生产规程

原料的均匀性、导热油温度、炼制时间与产品质量关系很大，企业要根据生产设备不断试验和探索，摸索出最佳导热油温度、炼制时间、物料翻动频率等参数，制订出科学的生产操作规程，并严格按规程操作。不能全凭经验生产，以提高产品质量及稳定性。

4. 油渣饼（粉）包装

油渣饼可直接装入清洁包装袋包装，粘贴产品标签后可以直接销售。产品脂肪含量高、保存时间短，为降低氧化程度，可在油渣饼表面喷洒适量抗氧化剂。制成粉状产品出售的，应及时进行二次脱脂。经破碎、加温、压榨，把脂肪压榨到8%～10%，所脱油脂过滤后进入成品油罐，油渣进行粉碎、高温灭菌（烘干）、冷却、过筛、混合、包装。为提高抗氧化效果，建议使用液体抗氧化剂喷洒添加。

5. 强化卫生和安全

炼油车间油烟大，影响车间环境和工人健康，要经常检验排油烟机性能，及时排除故障。每班使用蒸汽或碱水清洗地面，保持车间良好环境。及时清理炼油炉、油槽中油渣屑；对油脂输送管道和设备要采用碱水和蒸汽进行定期清洗；定期检验导热油炉，严格控制导热油温度，切忌脱岗引起火灾；定期检查消防设备，确保其完好。油渣粉生产线残留量大，要求每班清理，防止物料残留，滋生微生物。

二、动物油脂的质量控制措施

随着经济进步，社会发展，油脂用量越来越多，人们对油脂的要求也越来越高。动物油脂作为油脂中重要的一种，其质量控制的重要性不言而喻。动物油脂的指标主要有酸价（AV）和过氧化值（POV）。所以，如何控制油脂氧化酸败是所有油脂工厂最基础且最重要的课题。以猪油为例，猪油中含有多不饱和脂肪酸（1％～2％的花生四烯酸和6％～9％的亚油酸），易与空气中的氧发生自动氧化和分解产生醛、酮类物质，发出强烈的刺激性气味，俗称哈味。

国内大多数动物油脂加工厂生产规模比较小，设备简陋，使得生产出的动物油脂水分和杂质多、酸值高，且易变质，难以保证产品质量。此次就以猪油为例谈一谈动物油脂生产过程中的质量控制。

（一）猪油概述

1.猪油组成

猪油主要由甘油三酯组成，其中含肉豆蔻酸12％、棕榈酸24％～28％、硬脂酸12％～18％、花生四烯酸1％、棕榈油酸3％、油酸42％～48％、亚油酸6％～9％。不饱和脂肪酸含量和饱和脂肪酸含量相当，具有较高的营养价值。

2.猪油理化特性

猪油的颜色为乳白色，熔化时为微黄透明色。炼制的过程中，氧气的含量、温度、时间、杂质都会影响最终的色泽、黏度、酸价等理化属性。

（二）猪油品质下降的原因

1.原料选择不符要求

按GB/T 8937—2006《食用猪油》原料描述，应取新鲜、洁净、完好的脂肪组织为原料。采用超过产品保质期的猪脂肪原料或未超保质期但是因存放原因已腐败变质的猪脂肪为猪油炼制原料，炼制出来的猪油未经存放酸价就已经超标。

2.炼制时间及温度

生产过程炼制工艺控制对猪油的色泽、酸价、味道都有直观的影响。炼制时间过长，猪油颜色深。温度如果过高，猪油会有明显的焦煳味，后期不经过精炼很难处理。

3.杂质的带入

油渣分离工序对猪油的品质也很关键。如果油渣分离不净，带入到毛油贮存罐，毛油的贮存期会大大缩短，在短时间内猪油的酸价会迅速升高。

4. 猪油的入罐方式及温度

刚炼制出来的猪油温度达 150℃ 左右，这个时候如果直接进入贮存罐，毛油在罐内温度很难下降，高温使罐内的毛油氧化水解反应更快；同时毛油入罐的时候带入的空气，也会加速罐内毛油的氧化。

（三）质量控制措施

质量控制分三方面，即原料-生产-成品控制，贯穿一整条产品线始终，追溯到原料采购前和成品销售后，有利于产品质量的完全控制。

1. 从原料方向控制

原料的收集和预处理过程很重要，过程控制要求严格。很多猪油厂家忽视这方面以至于工艺如何改进都解决不了产品的质量问题。

原料方面要把控三个原则：①原料猪要健康、无疫病；②分割工序要干净卫生，符合国家标准；③分割效果要好，不能将瘦肉（含有蛋白质）、下脚料（猪血、淋巴）带入原料。

此外，即使对于健康、无疫病的猪，也要注意货物的保质期是否已过，尽量采购分割日期近的原料。选择优质的原料对品管和采购同时提出了高要求。避免工业猪油原料混入，对进购原料进行二次检测以检出运输及贮藏中引起变质的原料。

含蛋白质的原料易被黄曲霉菌感染发生变质。产毒菌株最适温度为 24～30℃，与原料肉温、成品油温均有交叉，能利用蛋白质、氨基酸等氮源。瘦肉中含丰富的蛋白质、氨基酸，因此，在分割时去除瘦肉可以有效地防止黄曲霉毒素的产生。现实生产原料中，血块和淋巴常常会出现，对此不仅可以依靠二次质检，也可以在选料时有所取舍。大型工厂在屠宰技术方面先进成熟，猪电击昏厥，瞬间屠宰，淤血少。另外在成本得以控制的情况下，还可选择淋巴少的部位，如脊膘、网油、板油。原料要及时修整，修去淤血、淋巴结等病变组织，再进行粗切，并在不用的情况下及时放入冷库冷藏。

2. 生产过程控制

生产方向控制涉及的点比较多，进料-炼油-滤渣-出油都可以调控，从而提高油脂的质量。下面主要从进料、生产条件、生产环境三个方面展开探讨。

（1）进料方面的控制　进料是生产方面容易忽视的点，很多好原料就因为进料过程的不恰当而变质。原料调控从四个方面控制：①进料前不能解冻过度导致酸败；②进料前要沥干水分，可在绞肉过程中沥干；③进料过程中不能污染；④由于原料是冷冻肉块，所以切块前要检验淋巴结、瘦肉、血块等。

（2）生产工艺的控制　温度、时间是炼油的关键因素，它们其中的任何一点差别都会对结果产生影响。生产过程温度应严格控制。温度过高会导致炼油颜色变黄、透明度降低、产生焦煳味；温度过低出油率不足。生产时间也应严格控制。炼油时间过短出油率会偏低；时间过长油脂颜色加深、产生焦煳味。

（3）生产环境的控制　环境控制是指生产操作管理、生产设备的优化。①优化的车间管理条例可以有效保证单皮一类的杂物远离炼油锅，使油脂不被污染；②生产设备常常检验，堵塞管道或泵会使油脂滞留在高温锅内的时间偏长，影响最终品质。

3.从成品油控制

（1）成品油温度控制　不同温度下反应的速率差别很大，有研究者将同种油脂在不同温度下保藏 44d，得出的实验结果是 28℃下比室温下油脂酸值升高快 1 倍，是 0℃下的 20 倍。在生产中，控制贮藏的温度有利于提高成品油的品质。

（2）成品油水分控制　成品油水分控制是一个重点。大型工厂中都运用大型成品罐进行贮藏，在这些成品罐中，油脂的水分会逐渐下沉到底部，这时，顶部的水分减少，底部的水分却会增加，这增大了底部油脂水解酸败的风险。研究表明，每隔一段时间用油泵将底部含水分相对较高的油抽回进行二次炼制，除去水分，可以有效解决这个问题，达到降低整体水分含量、抑制酸败、提升品质的效果。

（3）成品油检测控制　大型油罐中的油往往不是同一天生产的，而是由不同日期的油混合而成的。品管时罐顶、罐中、罐底的油均要进行检测，因此检验酸价、过氧化值时需要从罐中间装一个阀，取上、中、下三点的油样。通过分析可以判断油的均一性。在顶层或底层有劣变的时候可以从另一端或中间将优质油脂换罐装存，阻止污染，提高品质。

（4）成品油氧气控制　氧气控制主要通过送油过程的隔氧、成品罐中除去氧气来控制。①送油过程运用密封管道，直接打入成品罐中油液面以下，使温度较高的成品油不接触氧气，抑制氧化达到保持品质的效果。②在成品罐中充入氮气，排出氧气、水蒸气来实现无氧保藏。运用多罐串联技术，在开盖前将氮气充入其余罐，在关盖后再将氮气充回，可有效节约氮气。③将成品罐抽真空控制，真空除去氧气及水蒸气。同样运用串联技术进行真空的转移，可节约电能，提高保藏效果。

4.其他控制方法

（1）急冷捏合　猪油的熔程很长，这主要是由于它所含的脂肪酸种类很多。这使得在制作一些产品，如月饼时在高温的夏天易表面泛油。因此，使用急冷捏合的方法缩短它的熔程，可以有效提高其品质。刚过滤完的油温度很高，长时间易氧化变质。若通过急冷捏合机，则可以在缩短熔程时将温度降下来，直接包装冷藏，可以大大提高油的品质。

（2）添加抗氧化剂　GB 2760—2014 中可运用到油脂中的抗氧化剂种类非常多。许多抗氧化剂可以替代脂肪酸双键被氧化，生成无害物质，最大程度地保护甘油三酯，保证了油的质量。抗氧化剂以 VE 最常用，VE 对健康无害。另外 BHT 耐高温，可以在猪油液态状态下添加并起到良好的抗氧化效果。

（3）毛油碱炼　碱炼是毛油精炼的一步。当毛油能够真正达到优质时，精炼程度低，损耗小，精炼对油脂产生的不良反应也最低。通过碱炼中和、水洗，可以降低酸价，去除杂质，吸附脱色、高温脱臭去除易反应物质，使产品的质量大大提高。

综上所述，猪油生产是一条完整的产品线，品质控制应贯穿在产品线的始末。原料的采购应更注意价格之外的检疫、生产日期、分割品质，最好与有信誉保证的供应商合作。在生产这个大环节中应从四个方面加强控制：①通过正交法实验出最适工艺（温度、时间等参数），并在原料大批量更换时复核微调；②生产前对原料进行二次质检，筛除掉贮藏中变质的原料；③生产过程中制订出有效的管理条例，防止杂物靠近进料口；④设备定期检验，着重管路和泵，减少故障导致油品质下降的概率。最后就是成品油的控制，具体控制措施：①降低成品油温度；②定期将罐底油抽出回炼；③通过真空、充氮等方式避免油与氧气和水的接触；④按照国标添加抗氧化剂；⑤进行碱炼。猪油易酸败，实现成品油的安全保藏具有重大意义。

第四节　动物油脂的综合利用

一、动物油脂制备一般肥皂

（一）加工工艺

1. 工艺流程

猪油净化→皂化→加松香→漂白→盐析→碱析→整理→调和→成型

2. 工艺要点

制造肥皂需要的设备和原料：搅拌机、木铲、皂锅、波美计、氢氧化钠、硫酸、盐酸、酚酞、泡花碱、精盐、松香、双氧水、二氧化钛、二硫酸钾、连二硫酸钾、抑菌剂、抗氧化剂、香料、颜料。

生产肥皂的方法根据产品要求和设备条件的不同而有多种，从经济角度和产品质量上来说，沸煮法比较好，目前国内各肥皂厂广泛采用。

（1）原料的选择　一般选用混合型油脂，实践证明单用一种油脂制作肥皂质量

　畜禽与水产品副产物的综合加工利用

不佳，应该使固体油脂与液体油脂配比，才能制得较好的肥皂。固体油脂如牛羊油、柏油、硬化油等制得的肥皂溶解度差，洗涤去污性能不好。液体油脂制成的肥皂，一般比较软烂，溶解度大，使用不经济，质量也较差。所以选用皂用油脂配方时应注意以下几个问题：

① 硬度适中，在微温水中能溶解，泡沫要足够，要耐用，收缩小，基本上不冒白霜，气味、色泽正常。

② 油脂来源容易，尽量就地取材，降低成本。

③ 有利于制皂工艺操作，如盐析能顺利进行，调和时硅酸钠等容易填进。牛油、猪油为固体油脂，是制皂的好原料。混合油脂脂肪酸的凝固点是目前肥皂厂在拟定配方时的重要参考依据，它和肥皂的硬度有关。一般的洗涤皂，脂肪酸凝固点控制在 38～43℃，在选定配方后，通常需进行小样实验，进行感官和理化检验，作为最后决定配方的依据。

（2）猪油净化　刮皮油常含游离脂肪酸、蛋白质以及分解产物、胶状物和色泽等杂质，需净化。其脂肪净化方法如下：

① 碱法　将猪油预热至 40℃，加入相当于油量 8%～15%（视被处理油的酸值而定）的 50g/L NaOH。加入后缓慢搅拌 20min，静置使其充分分层，弃水相，油相用 60℃的 2%精盐液搅拌洗涤两次，再用 60℃清水洗涤，至洗涤液酚酞试剂检验达无色为止。静置，使充分分层，弃水相，于真空脱水。该法可除去油脂所含的游离脂肪酸、磷酸，也可除去部分油溶性非磷脂物，包括蛋白质分解物和碳水化合物等。净化后，油脂酸值显著降低，外观改善，由茶色变为浅色，清洁透明。

② 硫酸法　将猪油预热至 35～40℃，加入油量 0.5%～1.5%的浓 H_2SO_4，加酸时缓慢搅拌，加完后及时用油量 1%～2%的同温水稀释，静置 12h，弃水相。此后的操作与碱法一样。该法不能除去游离脂肪酸，但能使某些杂质焦化沉淀。

③ 盐酸法　将相当于油量 2%的 HCl 稀释 10 倍，缓慢加入到 40～50℃的猪油中，缓慢搅拌 30min，保温静置 24h 以上，弃水相。该法可除去油中的铁锈和盐分。

④ 保温静置法　将猪油搅拌升温至 90～140℃，保温静置 36h 以上，使水及机械杂质与油分离。

（3）皂化　皂化也称碱化，是油脂与碱液反应生成肥皂及甘油的过程。将油脂和水与边角肥皂中锅脚皂一起投入皂化锅中，隔热或直接通入蒸汽搅拌升温至 80～100℃。

每千克油脂需 NaOH 159g，等分为 3 份，配成 10%、20% 及 30%水溶液，分 3 批按上述排列的次序加入皂锅中，两批间的时间间隔为 1h，每批加入时，要边加边搅拌，并始终保持煮沸状态。每次加入 NaOH 液后，每隔 15～30min 检验碱度两次，可用木棒浸到煮沸物中，迅速抽出，棒上有一层油脂和肥皂混合物的黏膜，滴2～3滴酚酞试剂在膜上，如果呈粉红色，表示NaOH完全吸收，可再加入另一批NaOH液。第三批NaOH经两次碱度检验后加入，保持碱度不变，再煮沸搅拌3h左右。加热煮沸期间，蒸发掉的水要及时补充，熬至搅拌木铲上流下来的液体能凝成线状的透明液体时皂化才算完成。此时皂液含碱量0.2%～0.3%。要使皂化反应完全，应使碱略过量，并长时间煮沸。

整个皂化过程操作时间为2～4h，皂化终止时的皂化率要求95%以上，pH控制在8～9为宜。注意加碱量要控制两头小中间大。如初期碱多会破坏乳化，中期碱量不足时皂胶变稠易结瘤形成软蜡状透明胶体，皂化不完全致使肥皂酸败变质。解决的办法是及时加入碱液或食盐而不能加水。

皂化的程度除上述检验外，还可以参考以下的方法：以手指沾皂胶少许，两指轻捏，如成硬片状，表示皂化正常；如成碎片状，表示碱多；如为糊状不成片，表示皂化要继续进行。

（4）加松香　松香在肥皂生产中除能作为油脂的代用品降低成本外，还能增加肥皂的泡沫性和溶解度，对皮肤有润滑作用，还可防止肥皂氧化酸败而冒霜。松香在洗衣皂配方中最多可用至30%，超过则使洗涤物发黏，而肥皂颜色也因松香易吸收氧气变暗受到影响。松香的皂化率可控制在70%～75%，如皂化率再高时皂变稠厚，使输送及过滤发生困难。松香皂化时，先向锅内徐徐加入纯碱液加热，同时把松香敲碎，在煮沸的状态下分批均匀加入松香碎块，充分翻动，以便能及时排出二氧化碳防止溢锅。一般纯碱的加入量为松香质量的11%～12%。后期可加入部分NaOH液来代替纯碱皂化。松香的加入量约为油脂的20%～25%，若有其他油脂配合可不加松香。

（5）漂白　如果盐析后的皂基洗涤合适，大部分有机色素可以除去，可少用漂白剂。皂化期间漂白剂一般为浓度30%的双氧水等，用量一般为油量的0.1%～0.4%，漂白温度低于70℃，搅拌40～60min。

（6）盐析　皂化完成后，用饱和盐水使肥皂和甘油分离的这一过程称作盐析。皂胶经盐析，静置后，浮在盐水上面的肥皂一般为皂粒，下层为废液水。废液水中除含有甘油及盐外还含有碱、色素等杂质。甘油可作为副产品回收。

盐析法具体方法如下。皂化完成后，煮沸不可停止。当表面不再"滚滚翻动时"已开始析出皂粒，用铲取样，不再看到调匀而光滑的表面，当看到皂粒交错分布于稀薄液之间时，可在搅拌下往皂锅中加入盐粒或饱和食盐水。15min后锅内分成两相，皂基浮在上面，甘油和其他杂质进入下层水相。静置15h，让其充分分层。

第一次盐析后，从皂锅中放出下层水相，其中甘油含量可达6%～8%。第二次盐析后，需用清水洗涤皂基，洗涤次数不少于两次，洗涤后再进行盐析。如有需要可再进行一次洗涤和盐析。盐析操作一般 2h 左右，静置 2～4h。盐析达到要求后，保温静置 12～48h。盐析鉴别方法主要有以下几种：

① 当皂胶表面呈盐析状态，即表面不窜动，皂胶分离，不呈规则鳞片状，裂纹中析出水，即表示盐析将要结束。

② 以铲取皂粒，剔除皂粒，废液冷后，透明不浑浊，即表示盐析完成。若发现废液凝聚，即表示盐量不足，尚需继续加盐。

③ 用玻璃杯取盐析水观察。如杂质下沉不上浮，表示盐析完成，若杂质悬浮于缸中，再经煮沸观察能下沉也表示盐析完成；如仍然悬浮不下沉，即表示要加盐继续进行盐析。

（7）碱析　皂化过程中尚看到少量中性油脂没有皂化，需补充碱液使皂化接近完全。碱析要求皂化率达 99.8％以上，最后皂胶含甘油 0.4％以下。

碱析时类似于洗涤，首先加入清水或碱析水，煮沸闭合使皂粒中甘油、色素、盐分溶入水中，然后加少量碱液，补充皂化逐步加碱逐步析开，使皂胶的结粒由细到粗，一般碱析结粒要比盐析结粒小，使碱盐水呈污黑的薄皂浆，这样可使皂胶结粒减少甘油、色素和盐分等杂质的含量。进行碱析后，用铲刀试验，皂胶在铲面上呈鳞片状，较快下滑，不黏附铲刀，并析出深色碱析水，冷冻后没有结冻状，即表示碱析完成；如皂胶在铲面整块缓慢下滑并粘铲，表示还要继续加碱。碱析操作 2～4h，静置 2～4h。碱析的作用有：皂化未完全皂化的油脂；作为离析剂把皂基中的食盐及其他无机盐排除；溶除皂基中残留的蛋白质、动植物纤维及色素等。

（8）整理　碱析后，皂基结晶较粗糙，尚含有大量游离电解质，为获得较纯净的适合于加工处理的皂基，必须降低这部分电解质，这就需要整理。调整时要求纯净皂基浮于上层，使其中脂肪酸、电解质含量调整得适当，组织紧韧细致，具有高度均匀性与可塑性，色泽浅淡、光亮。其化学指标要求：脂肪酸含量 61％；游离碱含量 0.3％以下；甘油含量 0.3％以下；未皂化油脂 0.2％以下；氯离子含量 0.3％以下。

整理时先加热煮沸碱析后的皂胶。如松香皂在整理阶段加入，则在此时抽入松香皂，使翻滚闭合，根据皂胶的稠度适当加入清水和补充碱液，使松香完全皂化，调节皂胶的稀稠和电解质含量，以期使皂胶的产率与质量都比较满意。一般在整理阶段皂胶稠稀以达到脂肪酸含量在 55％左右为宜，皂胶电解质含量控制在 1％左右为宜。如果皂基中氯离子含量较多，需填充相当多的填充物，应使用氢氧化钠整理；反之，用食盐整理。另外，电解质含量过低，皂基产率少；电解质含量过高，皂基得率虽高一些，但质量粗糙，颜色较深。

整理后观察皂面，应光泽透亮。现出云块状，裂块大，说明黏度大电解质少；

裂块间的断裂线既阔又深，说明电解质多。

整理操作一般为2～3h。整理完毕后要保温静置，温度在90℃时分层最有利。温度超高，皂基内脂肪酸含量会降低；温度过低会妨碍皂胶的分层。一般静置时间不少于48h，静置后可分为上层皂基和下层稀薄的皂脚。通常皂脚的数量占锅内物料的20%～25%，并含有30%～40%的皂基。

（9）调和　肥皂可分成53型、47型等规格，数字是表示肥皂中脂肪酸的百分含量。其他成分则是填充能增重而又能改善肥皂品质的物质。

① 硅酸钠　硅酸钠俗称泡花碱、水玻璃，是由氯化钠和二氧化硅结合而成的，肥皂中一般用轻碱型的，二者的比例是1：2.44。硅酸钠为肥皂的主要原料，同时也是一种助洗剂，它能够促进肥皂去污，使泡沫稳定，增加肥皂的硬度，使肥皂光滑细致，增加肥皂中的固形物，防止收缩变形，又能作肥皂中游离碱的缓冲剂，软化硬水，防止肥皂酸败等。皂基中硅酸钠的使用量，可根据皂基内脂肪酸含量、性质和电解质的含量来确定。如脂肪酸含量高时可多加，脂肪酸含量少时可少加；固体油脂用得多，混合脂肪酸凝固点较高，要少加。电解质含量高时，宜少加；反之可多加。

② 纯碱　在肥皂中纯碱能增加硬度和去污能力，减少肥皂的酸败。但是加多易引起刺激性大、结硬、冒霜等缺陷。一般加入量为0.5%～1%，配成溶液加入。

为了改善肥皂气味，常加1%的香草油；有时为改善肥皂色泽，还加入酸性皂黄。

在调和工序中加入皂基，开动搅拌，再加入重溶皂和皂头，同时逐渐加入预先计量好的填料。锅内的物料量以搅拌时液面应在搅拌器之上为宜，以免产生气泡。锅内温度保持在75～85℃。温度太低，肥皂的流动性降低，搅和的效果不好，同时有进皂速度太慢的缺点；温度太高，硅酸钠容易析出。调和时间最好为15～30min。

（10）成型　调和完成后，肥皂用98.1kPa的压缩空气压入冷片机冷却10h左右，在用切皂机截切成块，晾置2～3d后打印，注意外形完整，打印后7～10d装箱。肥皂机械成型前，可根据需要，先与香料、颜料、二氧化钛、抑菌剂、抗氧化剂等，在搅拌机中混合。皂块的形状对肥皂的拉裂强度具有决定性的影响。

（二）技术关键

1. 防止烂锅

在皂化期间，因产生单甘酯或双甘酯，产生"结瘤"现象，形成稠厚的"伞状物"阻碍各成分均匀分散于物料中，造成烂锅。此时可陆续加入少量食盐使皂基变稀，但盐量不可过多，避免使肥皂盐析出来。如食盐加入过多，可加进热水，并充分煮沸翻和。

2. 漂白剂的选用

（1）氧化法常用活性氯和活性氧漂白剂。活性氯漂白法还需用脱氯剂（过氧化氢、硫代硫酸钠、亚硫酸钠、连二硫酸钠），以此消除皂基氯味。

（2）还原法常用亚硫酸氢钠为漂白剂。并非某一种漂白剂就能漂白一切色素，漂白剂的用量也没有硬性规定，因此，在皂锅静止时应做小规模试验。如用次氯酸钠，在搅拌混合时，将次氯酸钠注入皂料旋锅，连续混合30min。发生漂白效果后，再加入脱氯剂，直至氯味完全消除。如用活性炭或连二硫酸钠，最好在弱碱性介质中进行，即将漂白剂分散或溶解在水中，加入微量碱液，然后煮沸，完全混合。漂白剂加完后，继续充分煮沸约2h，最后加入食盐进行析粒，将皂锅静置。

3. 减少皂脚量

制造肥皂过程中的主要目标在于生产最大量的皂基，从而使皂脚量最小。粗盐盐析，在盐析水液中保持的皂基较少，皂脚显著减少；细盐盐析，产生大量的皂脚；饱和食盐水盐析，会给下一步回收甘油带来困难，要煮去更多的水分，但用盐水比用干盐容易掌握。

4. 静置降冷

只有当水静置降冷后，皂脚才析出，皂脚中含有食盐、氢氧化钠、碳酸钠、水溶性杂质、有色物质，还有金属皂、一定量的游离肥皂等。析出皂脚后的溶液，经中和、过滤及浓缩，除去析出的食盐，将溶液再进行浓缩，得粗甘油。

5. 降低电解质

碱析后皂基结晶较粗糙，尚含有游离电解质，为获得较纯净的适于加工处理的皂基，就必须降低这部分电解质。

6. 整理

整理有补充皂化，最后排出皂基中杂质的作用。一般来说，皂基中含氯离子越少越好，否则会阻碍填充物的加入，降低去垢力。碱析后的皂基如含氯离子较多，需填充相当多的填充物，应使用氢氧化钠整理；反之，用食盐整理。如要求皂基中的游离碱很低，可在碱析后再进行一次盐析操作。整理后，进行静置分离，使分为上层皂基和下层稀薄的皂脚。分离的主要目的是净化皂基，大多数污物、色素、金属盐类及其他不良杂质（如过分溶解的盐和碱）都包含在皂脚中。

整理操作是很严格的。稍多加些水和盐就会产生过多的皂脚，使皂基的产量减少；如加水或加盐太少，产生的皂脚虽少，但净化作用差；如加水过多或盐量不足，或加入的水没有充分混合好，可能形成中间瘤块。

7. 肥皂的溶解度

肥皂的分子中有亲水的羧基钠部分，使它能溶于水，发生乳化。肥皂的溶解度太小，去污作用差；但溶解度太大时，使用不经济。一定形状、一定面积的肥皂，在水中浸泡一定时间，再用酸标准溶液滴定溶解的量，以每平方厘米溶解肥皂的质量表示肥皂的溶解度，单位为 mg/cm^2。一般洗衣皂溶解度要求大于 $20\sim35mg/cm^2$。肥皂中混合脂肪酸凝固点高，其溶解度小；混合脂肪酸凝固点低，其溶解度大。在相同的配方和填料情况下，肥皂含水量高的，溶解度大。水的硬度高如含有钙、镁等离子，肥皂溶解度小。

8. 肥皂溶液的泡沫度

肥皂溶液的发泡能力往往是使用者衡量肥皂质量的主要依据。肥皂溶液泡沫度的大小与含脂肪酸成分有关。低分子脂肪酸皂生成的泡沫大而丰富但不持久（椰子油皂）；高分子脂肪酸皂生成的泡沫细小而持久（牛油皂）。另外，温度高时椰子油皂泡沫度很小，而牛油皂泡沫很大。肥皂溶液中有少量的电解质能增大泡沫度，而多量电解质时则减小泡沫度。

9. 肥皂的酸败

肥皂在贮存期间变暗、出现斑点、有难闻的气味等现象发生，即为酸败。引起酸败的最主要的原因是制备肥皂的混合脂肪酸中还含有多量高度不饱和脂肪酸以及肥皂中含有多量的未皂化油脂，它们长时间接触光线、空气、水分，引起氧化或分解，产生游离酸和甘油等。微量金属——铜、钴、铁、镍等的存在促进肥皂的酸败，而肥皂中有硅酸钠、游离碱、松香等能防止肥皂的酸败。

10. 肥皂的硬度与耐磨度

肥皂软，不耐用；硬度高，不易溶解。硬度与耐磨度没有一定的规律，一般来说，硬度高的耐磨度则好一些。影响肥皂硬度与耐磨度的因素有油脂配方、水分、生产过程等。一般情况下脂肪酸凝固点越高，肥皂的硬度越大。由低分子饱和脂肪酸制成的肥皂，其耐磨度高；而高分子不饱和脂肪酸制成的肥皂，其耐磨度则低。水分高的肥皂其硬度与耐磨度要低些。肥皂中填充无机盐（如泡花碱、纯碱）能增加其硬度与耐磨度。

11. 注意安全和污染

在肥皂生产中，会使用硫酸、盐酸、氢氧化钠等强酸强碱物质，因此，必须进行防护，以防灼伤。废液的处理与排放必须遵照国家有关规定，防止对环境造成污染。

二、羊油制取透明香皂

(一) 加工工艺

1. 工艺流程

原料的选择与处理→皂化→加纯甘油→加蔗糖→加配料→冷却→成型→包装→成品

2. 工艺要点

(1) 原料的选择与处理　利用羊油制取透明香皂所用的主要原辅料有：羊油、椰子油、氢氧化钠、乙醇、纯甘油、蔗糖、香精、着色剂等。选择 90 份羊油与 100 份椰子油混合，直接用火加热至 80℃，趁热过滤，注入皂锅中。

(2) 皂化　加入 80 份蓖麻油，搅拌下快速加入由 147 份 32% 氢氧化钠与 40 份 95% 乙醇组成的混合液，控制料液温度为 75℃。皂化完全时，取样滴入去离子水中，如清晰，表明皂化完全，停止搅拌，加盖，保温静置 30min。

(3) 加纯甘油、蔗糖和配料　静置后，在搅拌的情况下加入 15 份纯甘油，搅匀，加入 85 份蔗糖液（溶于 80℃ 清水中）搅匀。取样检验，氢氧化钠浓度应低于 0.15%，合格后，加盖静置。当温度降至 60℃ 时，加适量香精及着色剂，搅匀，出料。

(4) 冷却、成型、包装、成品　将料液冷却至室温，切成所需大小，打印标记，用海绵或布蘸乙醇轻擦，使块皂透明，然后包装，得成品。

(二) 注意事项

1. 着色剂

肥皂中加入 1.5% 的香精及 0.5% 的着色剂即可，着色剂可选红色的碱性玫瑰精（又称盐基玫瑰精 B）或黄色的酸性金黄 G（又称皂黄）。

2. 防护与安全

乙醇易挥发、易燃，现场禁用明火；氢氧化钠为强碱，操作时注意防护；废液的处理与排放必须遵照国家的有关规定，防止对环境的污染。

三、人造奶油

(一) 定义

人造奶油在国外被称为 margarine，这一名称是从希腊语"珍珠"（margarine）一词转化来的，这是根据人造奶油在制作过程中流动的油脂放出珍珠般的光泽而命名的。人造奶油的定义和标准，各国对人造奶油的最高含水量的规定，以及奶油与其他脂肪混合的程度上存在差别。

国际标准案的定义：人造奶油是可塑性的或液体乳化状食品，主要是油包水型（W/O）的，原则上是由食用油脂加工而成的。

中国专业标准定义：人造奶油系指精制食用油添加水及其他辅料，经乳化、急冷捏合成具有天然奶油特色的可塑性制品。

日本农林标准定义：人造奶油是指在食用油脂中添加水等乳化后急冷捏合，或不经急冷捏合加工出来的具有可塑性或流动性的油脂制品。

（二）人造奶油的分类

按其形状分为硬质、软质、液状和粉末4种；按其用途分为家庭用及食品工业用2种。家庭用又分餐用、涂抹面包用、烹调用和制作冰淇淋用；食品工业用又分面包糕点用、制作酥皮点心用及制作馅饼用。其主要区别是配方、使用的原料油脂和改质的要求不同。

1. 家庭用人造奶油

主要在饭店或家庭就餐时直接涂抹在面包上食用，少量用于烹调。市场上销售的多为小包装。

家庭用人造奶油必须具备以下性质：①保形性，置于室温时，不熔化，不变形，在外力作用下，易变形，可做成各种花样；②延展性，置于低温下，往面包上仍易于涂抹；③口熔性，置于口中应迅速熔化；④风味，通过合理配方和加工使其具有使人愉快的滋味和香味；⑤营养价值，一是作为人体热量的来源，二是人造奶油应富含多不饱和脂肪酸。

2. 食品工业用人造奶油

（1）食品工业用人造奶油的加工特性

① 可塑性　是指在外力小的情况下不易变形，外力大时易变形，可作塑性流动。温度高时变软，温度低时变硬。如果温度变化不大，硬度表现出较大的变化，说明其可塑性差；反之温度变化大，硬度变化小，说明其可塑性范围大。

② 起酥性　是指烘焙糕点具有酥脆易碎的性质。起酥值越小，起酥性越好。

③ 酪化性　把人造奶油加到混合面浆中之后，高速搅打，于是面浆体积增大。这是由于人造奶油裹吸了空气，并使空气变成了细小的气泡。油脂的这种含气性质就叫酪化性。

④ 乳化性　油和水互不相溶，但在食品加工中经常要将油相和水相混在一起，而且希望混得均匀而稳定。通常人造奶油中含有一定量的乳化剂，因而它能与鸡蛋、牛奶、糖、水等乳化并均匀分散在面团中，促进体积的膨胀，而且可加工出风

味良好的面包和点心。

⑤ 吸水性　吸水性对于加工奶酪制品和烘焙点心有着重要的意义。例如，在饼干生产中，可以吸收形成面筋所需的水分，防止挤压时变硬。

⑥ 氧化稳定性　可使食品存放更长的时间。另外，人造奶油中还含有水溶性的食盐、乳制品和其他水溶性增香剂，可改善食品的风味，还能使制品带上具有魅力的橙黄色。

（2）食品工业用人造奶油的种类

① 通用型人造奶油　这类人造奶油属于万能型，一年四季都具有可塑性和酪化性，熔点一般较低。

② 专用型人造奶油

a.面包用人造奶油。这种制品用于加工面包、糕点和作为食品装饰，比家庭用人造奶油硬，要求塑性范围较宽，吸水性和乳化性要好。

b.起层用人造奶油。这种制品比面包用人造奶油硬，可塑性范围广，具黏性，用于烘烤后要求出现薄层的食品。

c.油酥点心用奶油。这种制品比普通起层用人造奶油更硬，配方中使用较多的极度硬化油。

（三）人造奶油的生产工艺

1. 工艺流程

原辅料的计量与调和→乳化→杀菌→急冷捏合→包装→熟成

2. 工艺要点

（1）原辅料的计量与调和　原料油按一定比例经计量后进入计量槽。油溶性添加物（乳化剂、着色剂、抗氧剂、香精、油溶性维生素等）及硬料（极度硬化油等）倒入油相溶解槽（已提前放入适量的油），水溶性添加物（食盐、防腐剂、乳成分等）倒入水相溶解槽（已提前放入适量的水），加热溶解，搅拌均匀备用。

（2）乳化　加工普通的 W/O 型人造奶油，可把乳化槽内的油脂加热到 60℃，然后加入溶解好的油相（含油相添加物），搅拌均匀，再加入比油温稍高的水相（含水相添加物），快速搅拌，使形成乳化液，水在油脂中的分散状态对产品的影响很大。水滴过小（直径小于 $1\mu m$ 的占 $80\% \sim 85\%$），油感重，风味差；水滴过大（直径 $30 \sim 40\mu m$ 的占 1%），风味好，易腐败变质；水滴大小适中（直径 $1 \sim 5\mu m$ 的占 95%，$5 \sim 10\mu m$ 的占 4%，$10 \sim 20\mu m$ 的占 1%，1cm 的人造奶油中水滴有一亿个左右），风味好，细菌难以繁殖。

（3）杀菌　乳化液经螺旋泵入杀菌机，先经 96℃ 的蒸汽热交换，高温杀菌

30s，再经冷却水冷却，恢复至 55～60℃。

（4）急冷捏合　乳状液由柱塞泵或齿轮泵在一定压强下喂入急冷机（A 单元），利用液态氨或氟利昂急速冷却，在结晶筒内迅速结晶，冷冻析出在筒内壁的结晶物被快速旋转的刮刀刮下。此时料液温度已降至油脂熔点以下，形成过冷液。含有晶核的过冷液进入捏合机（B 单元），经过一段时间使晶体成长。如果让过冷液在静止状态下完成结晶，就会形成固体脂结晶的网状结构，其整体硬度很大，没有可塑性。要得到一定塑性的产品，必须在形成整体网状结构前进行 B 单元的机械捏合，打碎原来形成的网状结构，使它重新结晶，降低稠度，增加可塑性。B 单元对物料剧烈搅拌捏合，并使之慢慢形成结晶。由于结晶产生的结晶热（约 50kcal/kg，1kcal/kg＝4.1840kJ/kg），搅拌产生的摩擦热，出 B 单元的物料温度已回升，使得结晶物呈柔软状态。

（5）包装　从捏合机出来的人造奶油，要立即送往包装机。有些需成型的制品则先经成型机后再包装。包装好的人造奶油，置于比熔点低 8～10℃的熟成室中保存 2～3d，使结晶完成，形成性状稳定的制品。

（四）人造奶油的禁忌与副作用

虽然反式脂肪酸可以使食物的味道、口感更好，但反式脂肪酸对人体健康危害巨大，却一直没有引起人们的重视。其实当脂肪酸的结构发生改变，其性质也跟着发生了变化。许多人知道，含多不饱和脂肪酸的红花油、玉米油、棉籽油可以降低人体血液中的胆固醇水平，但是当它们被氢化为反式脂肪酸后，作用却恰恰相反。反式脂肪酸能升高 LDL（即低密度脂蛋白胆固醇，其水平升高可增加患冠心病的危险），降低 HDL（即高密度脂蛋白胆固醇，其水平升高可降低患冠心病的危险），因而会增加患冠心病的危险性。

欧洲 8 个国家联合开展的多项有关反式脂肪酸危害的研究显示，对于心血管疾病的发生发展，反式脂肪酸起了极大的作用。它导致心血管疾病的概率是饱和脂肪酸的 3～5 倍，甚至还会损害人的认知功能。此外，反式脂肪酸还会诱发肿瘤（乳腺癌等）、哮喘、2 型糖尿病、过敏等，导致妇女患不孕症的概率增加 70％以上，对胎儿体重、青少年发育也有不利影响。据了解，如今在美国食品标签必须注明反式脂肪酸含量，而且规定含量不得超过 2％；在加拿大，食品标签必须注明反式脂肪酸含量，并鼓励减少含反式脂肪酸食物的摄入。然而目前我国还没有食品反式脂肪酸含量标准，人们对反式脂肪酸也知之甚少。专家建议市民在购买食品时，最好要特别留意一下有无"人造奶油""氢化植物油""植物黄（奶）油"等字样，以区分是否含有反式脂肪酸。除此之外，西式快餐中含有大量反式脂肪酸，年轻人和孕妇要特别当心。

四、人造可可脂

(一) 可可脂概述

巧克力是一种高营养成分的食品，含有丰富的脂肪、蛋白质和糖类等营养要素。它的热量很高，因此广泛用于航空、潜水、登山和消耗能量较大的体育运动中。在人们生活中，巧克力也是一种受人喜爱的高级食品。

巧克力的基本原料是可可脂，可可脂是从天然可可豆中榨出的油脂，可可豆是可可树的果实，脂肪含量一般为29%～48%。可可树生长在热带和亚热带，由于受地区气候的局限，产量远远满足不了巧克力的发展需要。可可脂的国际市场价格很高，比一般油脂价格高5～10倍，而且还供不应求。一些工业发达的国家，为了适应巧克力发展需要和降低产品的成本，早已开展研究，通过对普通食用动物油脂的深度加工，改造其化学结构来制取巧克力，并取得了一定的成效。

目前，国际市场上以可可脂代用品制造巧克力的品种很多，这些代用品可分为两种类型：一种是类可可脂；另一种是代可可脂。类可可脂原料是从生长在热带的几种野生植物提取的脂肪，资源同样受到地区和气候的局限，价格较高，影响类可可脂的发展和供应。代可可脂的原料资源较广泛，不受地区和气候条件的限制，但加工制造过程较复杂，对油脂选择、氢化和精炼脱臭的技术要求较高。

天然可可脂的塑性范围较小，在人的体温下能完全熔化，在室温25℃以下硬而脆，当温度升至26℃以上就突然变软和熔化，因而吃到口里有清凉爽口的感觉。

天然可可脂的化学成分主要是脂肪酸和三酰甘油。脂肪酸成分为棕榈酸26%、硬脂酸35%、油酸37%、亚油酸2%，以上数据随产区不同略有差异。三酰甘油组成为一硬脂酸二棕榈酸酯2.6%、一油酸二棕榈酸酯3.7%、一油酸一棕榈酸一硬脂酸酯57.0%、一油酸二硬脂酸酯22.2%、一棕榈酸二油酸酯7.4%、一硬脂酸二油酸酯5.8%、三油酸酯1.3%。

可可脂的基本特征是含80%的二饱和脂肪酸一油酸甘油酯，这种成分与羊脂的成分十分相似，因此可利用羊脂制作可可脂。

(二) 人造可可脂的生产工艺

1. 工艺流程
羊脂→精炼→酯交换→过滤→过滤→脱溶剂→调温→人造可可脂

2. 工艺要点
将脱酸精炼的羊脂升温至80℃，真空脱水1h，加入0.1%的乙醇钠，搅拌反应3h，至熔点不变化；然后与正己烷混合调温至40℃，过滤，分离高熔点组分，母液冷至 25～28℃，放置 6～8h，分离结晶，其固体部分经脱溶剂后即得粗产品；再作调温处理，一般温度调节在 30～40℃；粗产品受热全部熔化为透明的液态，逐步冷却至固态，出现有规律性多结晶型的特点。一般认为有四种主要晶型，它的变化过程是：γ→α→β′→β，其中 γ、α、β′为不稳定的晶型，β 晶型才是稳定的晶型，这样就制得了人造可可脂。

所得人造可可脂可根据需要制模成型，贮藏适宜温度为 20～22℃，在气候寒冷时，最好先把巧克力在 22～24℃中贮藏 48h 后再作通常贮藏。

畜禽与水产品副产物的综合加工利用

第四章

畜禽骨的综合利用

第一节 畜禽骨综合利用的现状及发展状况

一、畜禽骨综合利用的现状

我国是一个畜牧业大国，骨资源极为丰富，由于过去人们对骨头的价值认识不足，总以为骨头的营养价值远不如肉，旧有的观念严重阻碍畜骨、禽骨、鱼骨的开发利用。近年来，随着人们对肉类食品消费量的增多，畜禽骨也在大量的增加。我国在一跃成为世界肉食第一大国的同时产生的骨头就有 1500 多万吨，而消费市场对除排骨外的其他骨头销路不佳，加上骨头价格低，贮存不便，因而往往废弃，或加工成骨粉添加到饲料中，造成极大的浪费和污染。所以，大力开发骨类食品，充分利用畜禽骨，已成为食品行业，尤其是肉类加工企业的首要问题。

食品行业需要把大力开发骨类食品、充分利用畜禽骨作为一个重要的食品发展方向，因为畜禽骨的开发利用具有以下优势：①营养成分全面，比例均衡，开发价值大；②原料充足，价格低，利润大；③符合天然、绿色和可持续发展的食品工业的发展理念，开发空间大。畜禽骨的利用对于开发新型、天然、绿色的营养食品及食品添加剂，提高肉品加工企业的综合效益，具有广阔的应用前景。下面主要介绍畜禽骨加工的综合利用途径和常用技术，并展望其发展方向。

二、畜禽骨综合利用的发展状况

动物鲜骨的开发起步较晚，20 世纪 80 年代才在世界上受到重视。现已逐步成为一种独特的新食源，且在工业、医药、农业上也得以应用。现今，世界各国对骨资源的开发都相当重视，尤以日本、美国、丹麦、瑞典等国在鲜骨食品的开发研究方面最为活跃，已走在世界前列。如丹麦、瑞典等发达国家最先在20世纪70年代成功研制出畜骨加工机械及骨泥和骨粉等产品；美国连珠公司开发出林谱诺可溶性蛋白；Miche Linder等人1995年将小牛骨骼进行酶性水解，确定了最佳水解条件，从而成功进行了酶解回收小牛骨蛋白的研究。日本从20世纪80年代开始成立有效利用委员会等有关组织，利用猪、牛、鸡等的骨骼制成骨泥、骨粉、骨味素、骨味汁、骨味蛋白肉等系列食品，并称之为"长寿之物"。

骨类产品的品种也多种多样，大体上可归纳成两大类：提取物产品和全骨利用产品。提取物包括骨胶、明胶、骨油、水解动物蛋白（HAR）、蛋白胨、钙磷制剂等及其产品，如食用骨油和食用骨蛋白等；全骨利用产品主要有骨泥、骨糊和骨浆，可作为肉类替代品，或添加到其他食品中制成骨类系列食品，如骨松、骨味素、骨味汁、骨味肉、骨泥肉饼干、骨泥肉面条，等等。

我国从20世纪80年代才开始引进丹麦、瑞典和日本等肉类加工发达国家的先进技术，在骨类食品开发上较为滞后。经过近二十年的努力，我国在畜禽骨的利用上取得众多成就。据报道，泰安市农科所研制成功食用鲜骨泥简易加工方法，并能把鲜骨泥进一步加工成全营养骨泥粉；四川省已有我国自己生产骨泥的成套设备；原解放军总参六九一三工厂（现为蓝星天水6913超微细设备厂）研制出一种新型的骨头专用成套超微细粉碎设备，有许多成果已得到专利认可。长春市食品工程应用研究所研制出骨糊营养系列食品，并生产专利设备——超细微磨骨机；山东省临沂市肉类制品厂生产出全价鸡系列产品；黑龙江商学院骨泥食品加工成套设备研制成功。但目前我国的骨加工业仍存在很多弊端。我国大多数骨加工还需从国外进口先进技术和昂贵设备，往往还不能对其充分利用。由于畜禽骨应用技术跟不上、加工技术落后、国人认识不够以及贮存、保鲜等问题，因此使食用骨制品在我国一直未能得到推广。

三、骨胶原多肽的国内外研究进展

由数个至数十个氨基酸（AA），通过肽键连接而成的低分子聚合物称之为肽（peptides）。其中仅含2～3个残基的肽一般被称作小肽（small peptides）。生物活性肽（bioactive peptides）是指组成的氨基酸数目少于50，分子量小于6000，在构象上较松散，具有某些特殊生理功能和生物活性的那些肽类，即对生物机体的生命活动有裨益或具有生理作用的肽类。这些生理作用包括激素作用、免疫调节作用、抗菌作用、抗肿瘤作用以及与矿物质结合的作用等。胶原多肽是由胶原或明胶经蛋白酶等降解处理后制得的低分子量（3000～20000）、与明胶相比具有较强的水溶性、易被人体吸收的一类多肽混合物。

1. 骨胶原多肽的生物学意义

骨胶原多肽的生物学意义主要体现在其营养价值和生理功能两个方面。其不但具有多种生理功能，而且营养价值较高。骨胶原多肽的氨基酸（AA）是由 18 种 AA 构成的，甘氨酸约占总氨基酸的 1/3，由于作为必需氨基酸（EAA）的色氨酸在其中几乎没有，所以胶原多肽往往被人们误以为无营养价值。但科研人员发现胶原多肽的降解吸收率为 100%。有人将胶原多肽与酪蛋白等一些蛋白质混合喂养老鼠，发现添加胶原多肽组与对照组相比，其老鼠生长状况更加良好。表 4-1 是从牛骨中得到的水溶性胶原多肽的营养含量，从中可知牛骨胶原多肽中蛋白质的含量为最高，高达 92.1 g/100g。表明胶原多肽富含蛋白质，具有较高的营养价值。

表 4-1　牛骨胶原多肽的营养含量

项目	含量	项目	含量
蛋白质/(g/100g)	92.1	能量/(kcal/g)	373
脂肪/(g/100g)	未检出	钠/(mg/100g)	261
糖/(g/100g)	1.1	水分/(g/100g)	6.4
食物纤维/(g/100g)	未检出	灰分/(g/100g)	0.4

2. 骨胶原多肽的生理功能

1979 年日本学者大岛等人最早测定胶原多肽具有降血压作用，而后相继许多胶原多肽功能性的相关报道不断涌现。而同时关于骨胶原多肽的一些功能特性也开始不断报道，如预防与治疗骨关节炎和骨质疏松、抗高血压、治疗胃溃疡等疾病、抗衰老和抗氧化等、促进矿物质的吸收、减肥等。以下简介一些功能特性：

（1）预防与治疗骨关节炎和骨质疏松　经过研究，美国 FDA 得出结论：水解胶原蛋白对骨关节炎和骨质疏松症有着潜在的治疗作用。王友同等从猪四肢骨中制备的骨肽注射液针对大白鼠蛋清性关节炎具有明显的消炎作用。李展振等将从骨转化提取的多肽液用于风湿、类风湿疾病的治疗也取得显著的疗效，而且同时发现骨多肽在治疗骨折修复、骨质疏松方面也同样具有一定的作用。刘正伟等人报道从牛骨中制备的低分子量的牛骨多肽对大鼠破骨细胞具有灭亡作用。

（2）抗高血压　资料研究表明，引起高血压病发病起重要作用的主要是肾素-血管紧张素-醛固酮系统。在这个系统中，使血压上升的是血管紧张素转化酶（ACE）。因此，通过寻找 ACE 的抑制剂来降血压便成为一条重要的途径。如任维栋将猪骨用胰蛋白酶水解后纯化得到一具有抑制 ACE 活性的单一峰值的多肽，该肽具有显著的降压作用；而后耿秀芳等人从猪骨胶原蛋白中提取小肽作为血管紧张素转化酶的抑制剂，得到一种九肽，有明显降压作用。朱迎春等研究了采用不同的蛋白酶酶解鱼骨蛋白制备 ACE 抑制肽，并确定了得到高 ACE 抑制率的酶解工艺条件。

（3）抗氧化和抗衰老　自由基在生物体内对氧化和衰老起巨大作用，有效地清除自由基对抗氧化和抗衰老有积极的作用。近年来有研究者对猪骨胶原多肽的抗氧化功能进行了研究，采用 H_2O_2 为氧化剂检测胶原多肽的抗氧化能力，结果表明其抗氧化能力仅次于 BHT、GHS 和 VC，而且抗氧化能力随着浓度的增大而增强。

（4）治疗胃溃疡等疾病　在消化道中一旦胃黏膜损伤便会引起胃出血，阿胶主要作用便是减少胃黏膜血流量，促进血液循环以及血液凝固效果。唐传核和彭志英报道了胶原多肽具有保护胃黏膜的作用，而且其保护胃黏膜的效果比牛乳的效果要好得多；同样的研究表明，骨胶原多肽也有此功效。

（5）促进皮肤胶原代谢　经考证，伴随人体皮肤老化引起胶原纤维变质的原因是胶原量的减少以及胶原间形成架桥（从而导致纤维高密度化）。同时，皮肤老化还会导致胶原相对代谢的能力下降，胶原作为细胞基质的能力也开始下降，从而加快皮肤老化过程，形成恶性循环。张忠楷等人报道，研究人员将胶原多肽饲喂老鼠一段时期后发现，胶原多肽具有明显改善胶原合成能力的效果。另外，研究人员还证实了胶原多肽具有促进皮肤角质层的代谢回转效果（角质层对保持皮肤水分起着关键作用），而近年来利用骨胶原蛋白制取的胶原多肽美容产品也不断涌现。

（6）促进矿物质吸收作用　一些动物蛋白质可促进人体钙的吸收，特别对于有较高 Gly、Arg 和 Lys 含量的蛋白质，这种促进钙吸收的效果更加明显。有研究者采用一种肠道内源蛋白酶酶解福气鱼（hoki）骨制备高亲和钙的肽；研究了采用胃蛋白酶水解阿拉斯加青鳕鱼的骨，从中发现了一种新的螯合钙的肽。在羟磷灰石表面与钙具有很好的螯合性，并测出了它的分子量和氨基酸序列。体外分析钙螯合肽的性质发现：这种肽与 CPP（酪蛋白磷酸肽）相比，溶解钙的含量相似。他们还研究了采用蛋白酶水解福气鱼废弃物从中提取钙螯合肽。主要是针对加工生产过程中遗弃的混有鱼肉和鱼骨的废弃物，在 pH＝2.2 的醋酸溶液里用胃蛋白酶水解后，将水解物经超滤、chelex 100 树脂脱盐除去灰质，然后经羟基磷灰石（HA）柱处理分离出螯合和酪蛋白磷酸肽相似数量的钙的肽（JFP）。ESI-QTOF 质谱分析确定了 JFP 序列，为 Val-Leu-Ser-Gly-Gly-Thr-Thr-Met-Tyr-Ala-Ser-Leu-Tyr-Ala-Glu（分子量 1561）。我国也有学者进行了骨骼酶解物中促进钙吸收肽的酶解工艺条件方面的研究。如宋俊梅用物理法与酶法相结合，从提高制品中的钙溶解率和进入人体后的钙的吸收率两个层次出发，研究了促进鸡骨中钙的生物利用率的基本工艺流程和最佳工艺条件。

3. 骨胶原多肽制备的研究进展

按工艺类型一般胶原多肽的生产方法分有4种：酸分解法、碱分解法、高温热解法和生物酶解法。酸法和碱法加工的工艺简单，成本低，但产品中含盐量较高，所得产品的分子量分布较宽，不适合生产高品质的食品级胶原多肽，而且由于这两种方法在生产过程中需要长时间浸泡，对设备的材质要求都比较高。高温热解法产品含盐量低，但水解时间长，需要高压操作，而所得产品的分子量分布不均且不易控制，也不适合生产高品质的食品级胶原多肽。近年来报道的生物活性肽制备方法主要是生物酶解法。其生产周期短，制备生物活性肽安全性极高，产品的分子量分布较窄，易控制，而且卫生环保，是目前比较先进的方法。用于食品和化妆品行业的胶原多肽多采用此法生产。目前，可用作胶原多肽制备的酶有菠萝酶、木瓜酶、胰酶及菌源酶类等，各种酶各有优劣。采用酶解法已经从猪四肢骨、小鳗鱼骨、骆驼四肢骨、狗骨和鹿骨等制备出了具有生物活性的骨多肽类物质，取得了较好的研究成效。

国外有研究者采用中性蛋白酶进行了酶解鸡头骨蛋白的研究，确定了最佳酶解条件，并测定了酶解物氨基酸成分含量；丹麦学者用酶处理骨骼生产食用蛋白粉，其方法是用中性蛋白酶将骨处理1h，再用常规方法加工出高品质的骨蛋白粉；Michel Linder等进行了小牛骨骼酶解研究，确定了最佳水解条件，成功进行了酶解回收小牛骨蛋白的研究，随后又对小牛骨蛋白酶解产物作了功能特性和营养价值的分析研究。

我国近些年对于相关骨骼酶解的研究报道也很多。如王朝旭等人采用胰蛋白酶对鲜猪骨进行了酶法水解的研究，确定了酶解最佳条件。白恩侠、张卫柱利用牛骨为原料，采用高压蒸煮及酶水解方法来制备易被人吸收的小肽及氨基酸，确定了工艺流程及最佳途径。杨丽萍等利用动物皮、骨生产胶原多肽。付刚针对猪骨胶原多肽的制备及其抗氧化性进行了相关研究，结果表明采用中性蛋白酶制备出的猪骨胶原多肽具有较强的抗氧化能力。马俪珍等进行了针对羊骨酶解制取多肽营养饮料的开发研究。但经酶解后制得的骨胶原多肽的成品容易产生苦味，而且不是所有的多肽都具有特定的功能。必须根据所需功能片段精选好酶，筛选出好的酶解温度、pH值和酶解时间，使酶解能准确地切割到疏水氨基酸处，才能确保所选定的功能片段最佳。游敬刚等研究采用木瓜蛋白酶针对鲜猪骨进行酶解制备骨味素，并针对酶解和非酶解的产品进行成分分析比较，表明酶解能大幅度提高产品中的氨基酸种类和含量。

第二节　骨的结构和组成

骨是动物的结构器官，包含有骨髓、软骨、坚硬骨等几种类型的组织。长骨的构造如图 4-1 所示。

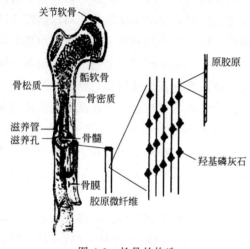

图 4-1　长骨的构造

骨是由骨膜、骨质和骨髓所组成的。骨膜是由结缔组织包围在骨骼表面的一层硬膜，里面有神经、血管。骨质根据构造的致密程度分为骨密质和骨松质。骨的外层比较质密坚硬，称作骨密质；内层较为疏松多孔，称作骨松质。骨质是由骨细胞、骨胶原（纤维）和基质组成的。胶原是致密的纤维状，与基质中的骨粉蛋白结合在一起。基质由有机物和无机物共同组成。有机物主要是糖胺聚糖蛋白，又称骨黏蛋白。无机物常称作骨盆，主要的成分是羟基磷灰石，此外，还含有少量的 Mg^{2+}、Na^+、F^-、CO_3^{2-}。骨盆沉积在纤维上，使骨组织质地坚硬。骨髓分红骨髓和黄骨髓。红骨髓含血管、细胞较多，是造血的器官，幼龄动物含量多。黄骨髓主要是脂肪，成年动物含量多。

不同动物骨骼的化学成分差别很大，一般脂肪含量 1%～27%，有机物含量 16%～33%，无机物含量 25%～56%。尤其牛骨与鲜肉相比，其蛋白质、脂肪的含量与等量鲜肉相似，其 Ca、P、Fe、Zn 等矿物质元素是鲜肉的数倍，且比例适宜，而且牛骨中的蛋白质是较为全价的蛋白质。牛管状骨的致密部分含胶原 93.1%，而弹性硬蛋白的含量为 1.2%。骨组织平衡蛋白（清蛋白、球蛋白、黏蛋白）含量为 5.7%。

胴体出骨率：牛 21.2%～29.2%，猪 10.3%～14.1%，羊 24.3%～40.5%。骨的化学组成取决于家畜的种类、胴体膘情和骨的结构。猪的各种骨的化学组成见表 4-2，牛的各种骨的化学组成见表 4-3，各种家畜骨的蛋白质组成见表 4-4。

表 4-2　猪的各种骨的化学组成

骨	含　量/%			
	水分	脂肪	灰分	蛋白质
股骨	24.8	24.4	34.6	16.2
胫骨	23.2	23.6	35.1	18.1
前臂骨	24.4	35.7	20.6	19.3
臂骨	24.6	31.4	26.4	17.6
颈骨	35.6	28.9	14.9	20.6
荐骨	32.4	25.4	20.8	21.4
腰骨	28	35.3	15.8	20.9
头骨	41	26.8	14.1	18.1

表 4-3　牛的各种骨的化学组成

骨	含　量/%				
	水分	灰分	脂肪	胶原蛋白	其他蛋白质
臂骨	18	37.6	27.2	13.5	3.2
前臂骨	26	38	16.3	15.9	3.8
股骨	20.5	34.4	29.5	12.5	3.1
胫骨	26	35.5	19.5	15.4	3.6
颈骨	42.1	25.2	12.5	14.6	5.6
胸椎	37.3	22.8	21.7	12.3	5.9
腰椎	33.1	27.9	19.5	14.7	4.8
荐椎	31.2	19.8	32.2	12.5	4.3
肩胛骨	21.8	43.7	13.9	17.3	3.3
盆骨	24.8	32.8	23.8	14.4	4.2
肋骨	24.8	43.9	10.2	16.9	4.2
胸骨	28.8	17	15.8	10.3	8.1
头骨	41.7	29.1	8.9	14.3	6

表 4-4　各种家畜骨的蛋白质组成

骨	蛋白质含量/%			
	合计	其　中		
		胶原蛋白	碱溶蛋白	弹性硬蛋白
牛骨	5.81	4.55	0.23	0.57
羊骨	5.70	4.36	0.29	0.68
猪骨	5.04	3.95	0.40	0.39

骨是钙磷盐、生物活性物质以及镁、钠、铁、钾、氟离子和柠檬酸盐的丰富来源。骨盐主要由无定形磷酸氢钙（$CaHPO_4$）和晶体羟磷灰石 $[Ca_{10}(PO_4)_6(OH)_2]$ 组成，这两种盐类表面上又吸附着 Ca^{2+}、Mg^{2+}、Na^+、Cl^-、HCO^-、F^- 及柠檬酸根等离子。因而 Ca、P 是骨盐中主要的无机成分，是人体必需的主要常量矿物质元素。骨粉中 Ca、P 含量很高，分别为 19.3% 和 9.39%，且 Ca 与 P 比值约 2:1，比较合理，正是体内吸收钙磷的最佳比例，尤其适于婴幼儿补钙。微量元素中，人和动物所必需的矿物质如 Co、Cu、Fe、Mn、Si、V、Zn 等也很丰富，其中含量最高的是 Fe（388.25mg/kg）。相对于植物食品中的 Fe 而言，动物性食品（尤其是肉类及其副产物）中的 Fe 较易被吸收利用，适用于补血。

骨中矿物质组成见表 4-5。

表 4-5　骨中矿物质组成

矿物质	含量(占骨中矿物质的百分比)/%		矿物质	含量(占骨中矿物质的百分比)/%	
	牛	羊		牛	羊
磷酸钙	78.30	85.32	磷酸镁	1.60	1.19
氟化钙	1.50	2.96	氯化钙	1.70	—
碳酸钙	15.30	9.53	其他	1.60	—

骨髓除含脂肪外，还含有磷脂、胆固醇和蛋白质。骨髓中维生素 A、维生素 D、维生素 E 的含量为 2.8mg/100g。骨髓的脂肪酸组成大多取决于骨的种类、解剖部位、家畜年龄和性别。例如，黄骨髓含油酸 78%、硬脂酸 14.2%、软脂酸 7.8%。牛管状骨黄骨髓的脂肪酸组成：饱和脂肪酸为 47.9%，不饱和脂肪酸为 52.1%。多烯脂肪酸和卵磷脂含量高，决定其脂肪熔点低，乳化性能好，人、畜的吸收率高。

骨中磷、钙和富含维持人体生命的某些物质都是远非其他食品所能相比的，如人脑不可缺少的磷脂类、磷蛋白及防止老化作用的骨胶原、软骨素和促进肝功能的蛋氨酸等。

另外，存在于细胞外间质中的胶原蛋白（或称胶原）是一种具有独特三股螺旋结构的蛋白质。骨胶原属于 I 型胶原蛋白，因此骨胶原具有胶原蛋白同样复杂的立体结构。资料表明，骨胶原基本都是不溶性的胶原。胶原纤维的结构单位是原胶原（tropocollagen），由三条呈左手螺旋方式排列的多肽链相互平行，排成边长为 0.5nm 的等边三角形，再沿公用轴线扭转成大致的右手超螺旋。三条 α 链借助范德华力、疏水键、氢键及共价交联聚合成三股螺旋结构。在所有的骨粉蛋白质氨基酸中，含量最高的依次是甘氨酸（Gly）、谷氨酸（Glu）、脯氨酸（Pro）、丙氨酸（Ala）、天冬氨酸（Asp）等，其中甘氨酸占首位。比较骨粉和其他食品蛋白质中

畜禽与水产品副产物的综合加工利用

的 EAA，可以看出，骨粉中 EAA 水平较其他食品高，属于优质蛋白质。氨基酸及其衍生物既是重要的生物活性物质，又是食品中主要的风味成分，如谷氨酸钠（味精）具鲜味，还有的氨基酸具甜味、酸味、苦味等，所有这些呈味物质使得骨制品的味道鲜美。

第三节　骨的利用

畜骨是由坚硬的骨板表层和海绵状的骨力梁组成的，含有骨素、骨油、无机盐和水分等。畜骨用途极为广泛。可以加工成骨粉，供作畜禽的饲料；还可提取油脂，加工骨胶。骨骼经过高温处理后提取的油脂，质量较好，可作食用油，质量较差的油脂可作工业用油。而高温水解液，可作为发酵工业的一种重要的生产原料，能制成氨基酸含量极高的高级食用酱油，可制成强化口服蛋白，还可制成食用钙和饲料添加剂。骨骼的综合利用，可以获得较高的经济效益。

一、骨粉

1. 骨粉的分类

骨粉（bone dust）根据骨上所带油脂和有机成分的含量可分为生骨粉、蒸制骨粉和脱胶骨粉。

（1）生骨粉　生骨粉是畜骨经过简单蒸煮，除去部分脂肪后，再经粉碎后得到的产品。其含氮量为 2%～6%，五氧化二磷含量为 15%～28%。

（2）蒸制骨粉　即将脱脂以后的畜骨磨细而成的骨粉。其含氮量为 1.5%～5%，五氧化二磷含量为 16%～25%。

（3）脱胶骨粉　脱胶骨粉为骨经脱脂和脱胶后磨细而成的骨粉。其含氮量为 0.5%～1.0%，五氧化二磷含量为 24%～30%。

2. 骨粉的用途

（1）作肥料　骨粉含有丰富的氮和磷，是优良的迟效肥料，一般适宜作底肥，它能促进作物的生长。施有骨粉肥料的作物，所结的果实汁浆浓厚，稻谷的谷粒粗大饱满，具有抗倒伏能力。另外，骨粉特别适用于酸性土壤及水稻和果树地。

（2）作饲料　骨粉含有大量的钙质，能促进动物的骨骼生长，所以可以用作幼畜生长期的钙质饲料。骨粉具有很高的饲用价值，含粗蛋白质 49%、粗脂肪 8.9%、水分 32.9%、无氮浸出物 0.3%，可在家禽和猪配合饲料中分别添加 4% 和 10%。将骨粉作为畜禽饲料的添加剂能促进动物的骨骼生长，避免软骨病的发生。

(3) 食用 在骨粉中还可以提取其中的钙、磷脂质和防止老化的骨胶原、软骨素及儿童较需要的氨基酸和各种维生素。用精细加工法制得的优质骨粉可用作食品添加剂，对儿童的生长及机体发育有很大的益处。

3. 骨粉的质量标准与检测方法

(1) 饲料用骨粉的质量标准 符合 GB/T 20193—2006《饲料用骨粉及肉骨粉》，具体指标见表 4-6。

表 4-6 饲料用骨粉的质量指标

项　　目	指　　标
总磷/%	≥11.0
粗脂肪/%	≤3.0
水分/%	≤5.0
酸价(KOH)/(mg/g)	≤3

(2) 检测方法

① 水分测定 按 GB/T 6435—2014《饲料中水分的测定》进行测定。

② 钙测定 按 GB/T 6436—2018《饲料中钙的测定》进行测定。

③ 粗蛋白质测定 按 GB/T 6432—1994《饲料中粗蛋白测定方法》进行测定。

④ 粗灰分测定 按 GB/T 6438—2007《饲料中粗灰分的测定》进行测定。

⑤ 粗脂肪测定 按 GB/T 6433—2006《饲料中粗脂肪测定方法》进行测定。

4. 骨粉加工方法

传统骨粉的制备方法大致可分为蒸煮法、高温高压法、生化法等几种。

(1) 蒸煮法 将鲜骨经蒸煮，去除油脂、肌腱、骨髓等，然后洗净烘干，再粉碎细化，可制得极细的干骨粉。由于高温蒸煮脱去了绝大部分的有机成分，鲜骨营养成分丢失严重，能利用的仅仅是骨钙。

(2) 高温高压法 将鲜骨经高温高压蒸煮，使骨组织酥软，然后通过胶体磨、斩拌机细化成骨泥，再经干燥成粉。加工工艺为：

选骨→烫漂→预煮→切块→高温高压→微细化→干燥成粉

高温高压蒸煮很难使动物腿骨骨干变酥软而磨细，因此，骨粉粒度较粗，影响食用；高温高压亦会使鲜骨的许多营养成分遭破坏。高温高压蒸煮还存在能耗大、成本高的特点。

(3) 生化法 将鲜骨粉碎后，通过化学水解法及生物学酶解法使骨钙、蛋白质、脂肪等营养物质变成易于被人体直接吸收的营养成分。该法产品粒度细，营养物质吸收率高；缺点是通过化学及生物学处理，会引入新的物质，破坏了鲜骨营养成分的全天然性及完整性，另外，生产成本也很高。

不同国家生产骨粉的方法不尽相同，例如：

① 前苏联肉制品企业将骨加工成骨粉的方法　在卧式真空锅内处理，接着用连续运转的螺旋压榨机进行渣的脱脂；在热力螺旋推进器内进行原料的预先脱脂，析出的肉汤和部分脂肪从加热区不断流出，接着在卧式真空锅内进行渣的干燥；在连续生产线上，采用在缓和温度下生产薄层干饲料，脂肪和肉汤自加热区不断流出。

按照第一种方法将非食用软原料与骨的混合物进行热处理，热处理包括在 0.2～0.3MPa 压力下蒸煮 1.5～2.5h，在负压下干燥 3～4h。排除析出的脂肪，压榨渣榨取残留脂肪。

② 丹麦 Meatecs 公司用密闭装置生产骨粉的工艺过程　将预先粉碎的原料送入粉碎机，然后再灭菌和干燥后以渣的形式用螺旋压榨机脱脂，而后单独加工饲料粉和工业用脂肪。废蒸汽用气体冷凝，再用化学方法除臭后排入大气。

③ 美国 French 公司的生产方法　粉碎的原料依次在由三个卧式真空锅组成的锅组中处理，干渣和脂肪用机械化过滤机分离，而后再用压榨机压榨渣内的脂肪，分离的脂肪用分离器净化。该法的优点是工序不间断，无损失，生产率高；缺点是处理时间长（3～4h），装置造型笨重。

④ 前南斯拉夫采用复合法生产骨粉和工业用脂肪　复合法的本质是，对薄层粉碎原料进行连续热处理，同时排出肉汤和部分脂肪，渣干燥后用挥发性溶剂连续提取脂肪。以后的处理在于从胶态分子团中分离脂肪。尽管渣内脂肪残留量低，但是浸提法也有一系列的缺点：易爆、易燃，蒸汽和水耗量大，工序时间长，胶态分子团过滤难，溶剂不稳定，溶剂分解释放出有毒物质。由于上述的缺点，这种生产骨粉和工业用脂肪的化学方法未得到推广。

由于一系列的缺点，生化法在前苏联也未得到应用。

为选择有前景的研究方向，对将动物性副产品加工为骨粉和工业用脂肪的比较先进的方法进行了详细的工艺分析，在生产条件下进行试验研究。

研究了用卧式真空锅生产肉骨粉和工业用脂肪的方法。按照第一种方法，在 99℃温度下将原料部分脱水 60min，然后在 1.96×10^5 Pa 压力下蒸煮 60min，再在 92℃温度下干燥 180min，加工物沉淀 30min，排出锅内脂肪，最后用螺旋压榨机进行渣的脱脂。

采用第一种方法的未提纯脂肪和干渣的出产率（平均数）如表 4-7 所示。

表 4-7　未提纯脂肪和干渣的出产率

指标	平均数	指标	平均数
未提纯脂肪(占原料百分数)/%	5.8+0.6	压榨渣后排出的脂肪/%	23.8+1.4
从锅内排出的脂肪/%	18.0+2.4	出渣率(占原料百分数)/%	14.9+0.6

由表 4-8 可见，从锅里排出的脂肪的含水量比压榨渣后排出的脂肪的含水量要少，这是因为在压榨前将渣浸湿，便于更好榨油。

表 4-8 锅内排出脂肪与压榨渣后排出脂肪的比较

指标	锅内排出的脂肪	压榨渣后排出的脂肪
水分/%	0.7±0.1	1.4±0.2
脂肪/%	73.7±0.7	76.4±1.1
沉淀物/%	25.6±0.7	22.2±1.6

列出的资料表明，沉淀物中未提纯脂肪含量较高。按第一种方法生产的产品，按蛋白质含量计符合三等骨粉的要求。目前沉淀脂肪产生的沉淀物多数情况下不利用，进入回采设施。

从锅内流出的脂肪的沉淀物占沉淀物的大部分。如果注意到出渣率为原料重的 14.9%，那么，在处理从锅和压榨机内排出的脂肪时，沉淀物占出渣量的 39.6%。因而，沉淀物的利用问题是一实际问题，这一问题的解决可合理利用原料，增加骨粉的出产率。

按该法脱脂生产的渣，含水分 3.4%±0.3%，脂肪 19.2%±1.5%，灰分 20.8%±2.3%，蛋白质 55.5%±2.2%。从这些数据可见，渣含脂肪仍然较多，结果用渣生产的骨粉将列为三等。

按照第二种方法，原料在盛水（1∶1）的卧式真空锅内在 0.2MPa 下蒸煮 3h，然后蒸煮物沉淀，排出含脂肪的肉汤，留下的固相干燥 240min。提取的脂肪在 60~65℃温度下沉淀净化 360~480min。

按第三种方法提取脂肪，得出渣和脂肪的出产率如表 4-9 所示（占原料质量的百分比）。

表 4-9 渣和脂肪的出产率

指标	平均数/%	指标	平均数/%
肉汤出产率	63.1±3.2	提纯脂肪出产率	22.9±2.0
出渣率	9.8±0.2		

得出的数据表明，出渣率比上述方法低，脂肪出产量相当高。为搞清出渣率低的原因，研究了肉汤的化学组成。分析结果如下：提纯肉汤 35.6%±1.9%，脂肪 40.8%±2.6%，沉淀物 7.0%。对提纯肉汤成分的测定表明，肉汤含干物质较多，为 8.1%，同时干沉淀物平均含蛋白质 88.2%、脂肪 4.9%、灰分 6.2%。如果注意到肉汤出产率平均为原料质量的 63.1%，而肉汤中提纯肉汤含量为 35.6%，那么用这种方法提取脂肪的干物质损失为原料质量的 1.8%，肉汤内所含的沉淀物是

损失的另一来源。肉汤的成分如下：水分 61.0％±1.5％，脂肪 5.1％±0.7％，蛋白质 20.4％±1.4％，灰分 12.9％±0.3％。

列出的数据表明，沉淀物中蛋白质含量高，证明用沉淀物作为生产骨粉原料具有合理性。

按第三种方法进行原料脱脂，生产渣的化学组成用以下数据说明：水分 1.9％±0.1％，脂肪 33.7％±2.0％，灰分 25.8％±1.9％，蛋白质 37.8％±3.2％。从所列资料可见，用这种渣生产的骨粉由于脂肪含量高而不符合标准要求。因而在实践中利用这种方法处理非食用原料时，应在渣内添加矿物质半成品和血，使其含量达到标准数值。

无论采用哪种方法，提纯脂肪时分离的沉淀物的蛋白质含量高，表明宜重复利用沉淀物。沉淀物再循环可增加脂肪和干物质的提取率。

按照脂肪和干物质提取率对研究的方法进行综合评定，应认为原料在卧式真空锅内用干法脱脂，间断离心分离湿渣为好。由于物质损失多，渣内脂肪残留量高，这种渣不适合生产标准骨粉，因而认为采用湿法脱脂去除原料脂肪是不合适的。

为了更完全地脱除原料脂肪，生产优质骨粉，建议用压榨法再次处理渣。

在肉制品企业进行的研究生产骨粉的现行的工作表明，其主要缺点是多阶段性，周期性长，生产率低，装置造型笨重，工序时长，蛋白质恶化，脂肪有损失，结果产品质量指标降低。

采用研制的加工动物性产品的快速方法，可完全消除上述缺点，在快速法中作为热媒和加工原料的介质使用加热的脂肪。

（4）超微粉碎骨粉新法　主要根据鲜骨的构成特点，针对不同性质的组成部分，采用不同的粉碎原理、方法，进行粉碎及细化，从而达到超细加工的目的。对刚性的骨骼，主要通过冲击、挤压、研磨力场作用得到粉碎及细化；对肉、筋类柔韧性部分主要通过强剪切、研磨力场作用，使之被反复切断及细化。整个粉碎过程是通过一套具有冲击、剪切、挤压、研磨等多种作用力组成的复合力场的粉碎机组来实现的。考虑到鲜骨中含有丰富的脂肪及水分，对保质、保鲜不利，为此，该技术中还含有一套脱脂脱水的装置，因而可直接制得超细脱脂细骨粉。

畜骨被粉碎的粒度越小，其比表面积就越大。当粒度小到微米级或更小时，其表面态物质的量占整个颗粒物质总量的百分比大大增加，而表面态的物质和体内物质在物理化学性质上差异甚大。由此可见，随着骨粉被超微粉碎到 $10\mu m$ 以下时，表面态物质的量的剧增，已使超微骨粉在宏观上表现出独特的物化性质，呈现出许多特殊功能。它增大了骨粉表面积，提高了骨粉的分散性、吸附性、溶解度等，从而改善了粉体的物理、化学性能。微粉有反应性强，热、电、光、磁性能发生显著变化的优点。

近半个世纪以来，日、美、德、前苏联等国对微粉碎和超微粉碎技术与设备进行了大量的研究，取得了不少突破性进展。超微粉碎机按其作用可分为机械式和气流式两大类。机械式又可分为雷蒙磨、球磨机、胶体磨和冲击式微粉机四类。

① 工艺流程

鲜骨→清洗→去除游离水→破碎→粗粉碎→细粉碎及超细粉碎→脱脂→干燥灭菌→成品

② 操作要点

a.原料鲜骨的选择　各种畜、禽、兽、鱼各部分骨骼均可，无需剔除骨膜、韧带、碎肉以及坚硬的腿骨，原料选择面宽，不受任何限制。

b.清洗　去除皮毛、血污、杂物。

c.去除游离水　去除由于清洗使骨料表面附着的游离水，以减少后续工序能耗，粉碎过程中无需加以助磨。

d.破碎　通过强冲击力，使骨料破碎成小于 10～20mm 的骨粒团，并在骨粒内部产生应力，利于进一步粉碎。

e.粗粉碎　主要通过剪切力、研磨力使韧性组织被反复切断、破坏，通过挤压力、研磨力使刚性的骨粒得到进一步粉碎，并在小粒内部产生更多的裂缝及内应力，利于进一步细化，得到粒径小于 1～2mm 的骨糊。

f.细粉碎及超细粉碎　主要通过剪切、挤压、研磨的复合力场作用，使骨料得到进一步的粉碎及细化，并同时进行脱水、杀菌处理。细粉碎可得到粒径小于 0.11～0.15mm、含水量小于 15％的骨粉，超细粉碎则得到粒径小于 5～10μm、含水量小于 3％～5％的骨粉。

g.脱脂　该工序可有效控制骨粉脂含量，可根据产品要求确定是否采用，如要求产品骨粉低脂、保质期长，须进行脱脂处理。

③ 该工业技术的特点

a.原料选择面宽，各种动物各部分骨骼均可，无需剔除坚硬的腿骨及骨骼上附着的骨膜、韧带、碎肉，对鲜骨的利用、营养成分的保存充分、完全。

b.根据鲜骨各组成部分的不同性质，采用不同的粉碎原理及方法，使其得到最有效的粉碎及细化，产品粒度极细，优于国外同类产品。

c.鲜骨经清洗后直接粉碎，纯物理加工，保存了鲜骨中各种营养成分，又不添加任何添加剂，因而保证了产品的全天然及其营养。

d.不蒸煮、不冷冻、常温粉碎，工艺简单，能耗低。

e.采用脱脂（脱水）过程，确保产品长时间保质保鲜（一年以上），贮存、运输、使用十分方便。

f.各种超细动物鲜骨均可生产，亦可生产超细鲜骨泥，产品脂含量可根据需要灵活调节。

g.产品有效物质含量高，蛋白质、钙、磷等元素含量均高于同类鲜骨产品，是一种新型全天然、全营养产品。

此法与其他方法相比，蛋白质、灰分的量明显高于其他几种，而脂肪含量很低，这是超细骨粉的优势所在。

④ 超细鲜骨粉的营养特性　经过超微粉碎的物质，具有巨大的表面积和空隙率，很好的溶解性、吸附性、流动性。由于加工条件的优化，加工出来的产品在短时（甚至瞬时）、低温、干燥密封的条件下获得，因而避免了营养成分的流失和变化，避免了污染。同时可使物料进行最大限度的利用，产品各项指标均优于同类鲜骨制品。

为测定快速法对产品品质指标的影响，与现行方法相比较，研究生产骨粉的生物学价值。为比较起见，选用三种方法生产的骨粉：在卧式真空锅内处理，用沉淀离心机间断脱除湿渣脂肪，生产骨粉；在卧式真空锅内处理，接着在连续运转的螺旋压榨机内进行渣的脱脂，用干法生产骨粉；样品用类似原料以快速法生产，用工业用动物脂肪作热媒。

用不同方法生产的骨粉（折合成10%水分含量）化学组成见表4-10。

表 4-10　骨粉化学组成

骨粉的生产方法	含量/%			
	水分	脂肪	灰分	蛋白质
沉淀离心脱脂	10	15.9±1.4	37.4±1.8	36.4±3.5
压榨脱脂	10	16.1±1.3	39±3.6	34.6±2.5
快速法	10	13.4±1.2	38.7±2.4	37±2.8

骨粉的生物学价值用纤毛虫测定。研究结果表明，用快速法生产的骨粉的生物学价值比在卧式真空锅内处理之后用离心机进行湿渣脱脂、通过压榨进行干渣脱脂的传统法生产的骨粉的生物学价值高得多，分别高16.3%和27.8%。资料表明，采用高湿与短时间处理（15～30min）相结合的方法，保证能够生产出生物学价值比在卧式真空锅内长时间（5～8h）热处理的现行的方法高的骨粉。

采用这种方法可在一个阶段进行原料脱脂，将若干工序合并，完全消除原料损失，防止废水污染周围环境。

二、骨泥

1. 骨泥开发研究现状

我国畜禽资源十分丰富，每年畜产品中骨占20%左右，利用它来加工生产骨泥肉食品，其价格仅为肉类的20%，加工后的成本为肉类的30%～40%。开发骨泥肉这一新型食品资源，对改善我国膳食现状具有很好的经济效益和社会效益。

食用骨泥是我国近年来新开辟的食物源，它含有许多必需的营养成分，除含有蛋白质、脂肪、维生素、骨胶原和软骨素外，同时还含有丰富的微量元素，特别是钙含量较高。

我国的营养调查资料表明，在人们的膳食结构中，钙的摄入量严重不足，尤其是老人和儿童中缺钙现象非常普遍。目前市场上销售的含钙的药品和食品，多是化学合成钙，既不利于人体吸收，而且易造成钙与其他微量元素比例失调。畜禽骨成分含量与人体相似，骨钙最易被人体消化吸收，因而骨泥食品是解决我国人群钙营养不足的有效途径。

骨泥肉食品是利用新鲜并含有丰富脊髓质的畜禽骨在深冷条件下进行超细粉碎、研磨，再添加一些营养丰富的蔬菜及杂粮制成的各种系列食品。

食用骨泥是用新鲜猪、牛、羊、鸡等多种畜禽骨精细加工而成的，其蛋白质、脂肪等营养物质与等量鲜肉相似，钙、磷等矿物质及其他对人体有益的微量元素含量则是肉的数倍。据山东农业大学中心实验室化验分析，猪骨泥的成分含量为：水分 60.15%，蛋白质 15.32%，脂肪 13.43%，钙 5.21%，磷 5.63%。食用骨泥是丹麦、瑞典等加工业发达国家在 20 世纪 70 年代最先研制成功的，而后在许多经济发达的国家推广较快，特别是日本，不但在加工机械方面进行了更深入的研究，而且在骨泥的利用上也走在世界的前列。他们把骨泥添加到肉制品、糕点及多种食品中，骨泥食品被视为高级营养补品。用骨泥机把骨头加工成骨泥，相关骨泥和肉的化学组成见表 4-11。

表 4-11　相关骨泥和肉的化学组成　　　　　　　　　　单位：%

成分	鸡腔骨	鸡肉	猪背骨	猪肉	牛背骨	牛肉
水分	65.5	66.3	66.7	66.2	64.2	64.0
蛋白质	16.8	17.2	12.0	17.5	11.5	18.0
脂类	14.5	15.8	9.6	15.1	8.0	16.4
钙	1.0	0.026	3.1	0.005	5.4	0.004
灰分	3.1	0.7	11.0	0.9	15.4	1.0
重金属	无	—	无	—	无	—

还有研究表明，鲜猪骨泥蛋白质的含量比猪肉高 68.7%，烟酸比猪肉高 1.7 倍，钙高 1.68 倍，脂肪与猪肉相当，维生素 A 含量高达 2000IU。

据有关资料报道，用畜骨加工而成的骨泥，不但含有人体可以利用的钙质，而且还含有大脑不可缺少的磷脂、磷蛋白以及能滋润皮肤、降低血压、延缓衰老的营养素，如软骨素、骨胶原和多种氨基酸、维生素、微量元素等。猪骨泥与不同原料的化学成分见表 4-12（与瘦猪肉、牛奶、精白粉比较）。

表 4-12　猪骨泥与不同原料的化学成分（每 100g 制品中含有的量）

品名	水分/g	蛋白质/g	脂肪/g	碳水化合物/g	灰分/g	钙/mg	磷/mg	铁/mg	锌/mg
猪骨泥	60.15	15.34	13.43		11.0	3650	2040	5.9	5.5
猪瘦肉	52.6	16.7	28.8	0.9	0.5	11	177	2.4	
牛奶	89.9	3.0	3.2	3.4	0.6	104	73	0.3	0.43
精白粉	13.0	7.2	1.3	77.8	0.5	20	101	2.7	

加工后猪骨泥的感官特性见表 4-13。

表 4-13　猪骨泥的感官特性

指　标	特　　　性	指　标	特　　　性
色泽	微红色	口感	口感细腻,食之无骨质微粒感
滋味、气味	有鲜骨泥应有的滋味、气味,无异味	状态	均匀细腻,细度 150 目
		杂质	无任何其他杂质

2. 骨泥的加工方法

骨泥的加工方法相对来说不是很复杂,而是比较简单,主要需购置一套骨泥加工设备,将骨头磨成泥状,口尝没有粗糙感即可。加工方法分为三种:日本为低温速冻后加工;前苏联为高温蒸煮后加工;我国为常温或冷冻到－15℃以下后加工。比较而言,速冻到低温后容易加工,高温蒸煮后加工会使骨泥的许多营养成分遭到破坏。

速冻到低温后骨泥加工的工艺流程见图 4-2。

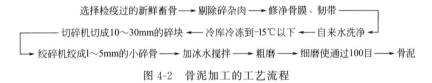

选择检疫过的新鲜畜骨 ⟶ 剔除碎杂肉 ⟶ 修净骨膜、韧带 ⟶
⟶ 切碎机切成10～30mm的碎块 ⟶ 冷库冷冻到-15℃以下 ⟶ 自来水洗净 ⟶
⟶ 绞碎机绞成1～5mm的小碎骨 ⟶ 加冰水搅拌 ⟶ 粗磨 ⟶ 细磨使通过100目 ⟶ 骨泥

图 4-2　骨泥加工的工艺流程

骨泥加辅料可配制成系列骨泥保健食品。

另一种开发加工利用骨头的方法是选用肉骨分离机进行分离,得率一般为40％,剩下的是骨渣。对比之下,加工成骨泥的利用更充分一些,但是一般只能加3％左右的骨泥用于生产午餐肉罐头。不过肉骨分离机占地面积小,操作更简单,分离所得可加 10％左右用于生产午餐肉罐头。

将骨头加工成骨泥以后用于生产午餐肉罐头,不仅增加了产量,提高了肉的利用率,而且还可以改善午餐肉的风味和色泽。除此之外,还可以用于生产香肠、蛋卷、火腿、点心,也可以代替部分肉用作包子、饺子、肉饼等食品的馅在市场销售。

可以将剔剩后的大骨清洗，稍作蒸煮，或冷冻后简单分割，然后用成套超微细粉碎机粉碎，最后成品颗粒达到200～800目的细度。如果粉碎后的骨头有粗糙感或细度不均匀，那么，利用的希望将很小。只有将骨头通过高新技术粉碎得极为细微，才能达到所预期的效果。

3. 骨泥的利用

超微细粉碎的骨泥应用如下：

（1）最简单、最直接、最有效的方法是添加在肉制品中。这种方法最大的好处是迅速提高成品出品率，添加比例可高达50％，降低成本至少1/2，可在短期内收回投资。另外，添加了骨泥的肉制品，不仅补充了丰富、易吸收的钙，而且风味独特，滋味更加鲜美。此法对大中小型企业都是具有实用性的，有着非常重要的现实意义。

（2）开发新的绿色食品或保健品。超微细粉碎后的骨糊、骨浆可以经过干燥，制成含钙量极高的骨糊点心，也可制成各种流行饮料或新型的补钙胶囊、片剂，这是一条很好的食品补钙的新思路。

动物鲜骨经过综合利用，变废为宝，既提高了效益，又增加了食品营养。鲜骨粉含钙量高，且钙磷比例较为合理（2∶1），同时还含有蛋白质、铁、锌、脂肪等营养物质。根据现代营养学的观点，钙的吸收与钙含量、蛋白质含量、钙磷比例及钙与其他营养素的比例等有关。鲜骨粉作为天然钙源，各种比例合适，是理想的补钙原料，特别有利于钙的吸收。

4. 骨泥产品开发实例

（1）猪骨泥罐头

① 原料配方　骨泥15％，肥瘦肉20％，精瘦肉43％，玉米淀粉7％，胡萝卜12％，其他辅料（葡萄糖、维生素、精盐、味精等）3％。

② 猪骨泥罐头生产工艺流程　见图4-3。

（2）猪骨泥复合挂面

① 原料配方　骨泥10％，面粉73％，胡萝卜13％，其他辅料（精盐、维生素、胡椒粉、辣椒粉、味精等）4％。

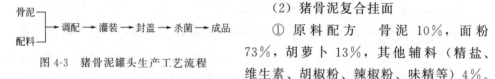

图 4-3　猪骨泥罐头生产工艺流程

② 骨泥挂面生产工艺流程　见图4-4。

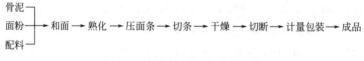

图 4-4　骨泥挂面生产工艺流程

（3）猪骨泥肉丸

① 原料配方　骨泥 15％，肥瘦肉 20％，精瘦肉 35％，淀粉 24％，其他辅料（精盐、香油、大葱、姜、胡椒粉、辣椒粉等）6％。

② 骨泥肉丸生产工艺流程　见图 4-5。

```
骨泥 ┐
     ├→ 调配 → 腌制 → 油炸 → 成品
配料 ┘
```

图 4-5　骨泥肉丸生产工艺流程

（4）香辣骨酱　以成品骨泥为基础原料，辅以优质的大豆、辣椒及香辛料，集现代酶工程和发酵技术精制而成，口味香辣，肉香浓郁，是开胃、佐餐必不可少的调味品。川、陕、甘、湘、鄂、黔、豫等地人多食辣椒，全国有近 8 亿人的消费市场。

（5）骨泥馅食品系列　骨泥营养十分全面，配以适当的蔬菜、香辛料搅拌成馅，可制成速冻包子、饺子、烧卖；也可做成骨肉丸、骨松；另外，还可和入面粉，做美味的饼干、糕点，酥脆爽口，休闲又补钙，颇受消费者欢迎。

三、骨油

骨中含有大量的油脂，其含量因家畜种类和营养状况不同而异，大体上占骨重的 5％～15％，平均 10％左右。在加工中由于抽提方法不同，其得率也不相同。

（一）骨油的性质和用途

骨油（bone oil）常呈棕色，有难闻的臭味，相对密度为 0.90～0.98（20℃），熔点为 21～22℃，不溶于水，易溶于有机溶剂，因骨油中含有大量的不饱和甘油酯，故易变质。骨油属于不挥发性油，在高温下能发生分解反应。由没有污染和极为洁净的畜禽骨制得的骨油，可以食用。但一般骨油常作为工业用油，如制造肥皂或生产甘油及硬脂酸等。用牛的掌骨、蹠骨、第一趾骨为原料制造的骨油，称作牛蹄油。牛蹄油是提取高级润滑油的原料，因为它的酸值和熔点都很低，所以常用于精密机械、仪表仪器、钟表、国防用品等高级产品作为润滑剂。由于牛蹄油挥发后不会留下油迹，易被洗掉，所以在生产针织品或高级皮革时，也是不可缺少的重要原料。

上述高级润滑油除了可以从牛蹄油中提取外，还可从其他四足动物的脚趾骨提取的油中提取，如从羊蹄油、马蹄油等中提取，而且得到的高级润滑油的性质及用途与从牛蹄油得到的相似。用畜骨生产骨胶，先要经过脱脂。因此，骨油作为骨胶生产时的副产品，首先被提取出来。

（二）骨油的提取方法

骨油的提取方法通常有：水煮法、蒸汽法和抽提法三种。

1. 水煮法

（1）工艺流程

新鲜猪骨→清洗→浸泡→粉碎→水煮→静置冷却→去除水分→骨油

（2）工艺要点

① 清洗和浸泡　首先应剔去骨上的残肉、筋腱和其他的附着物，再按照骨头的种类将管状骨与其他骨头分开。管状骨要把两端锯掉，让骨髓露出。然后在洗骨机内用30℃左右温水洗骨，洗涤时间为 10～15min。洗骨的目的是浸出血水，浸出血水才能保证骨油的颜色和气味正常。加工要及时，最好是当天生产的骨在当天水煮完毕。

② 粉碎　畜骨粉碎的目的主要是为了最大限度地提取脂肪，缩短提取时间，并充分利用设备容积。骨头的破碎程度，以能达到上述目的为原则，而不必粉碎得过细，避免增大骨油提取时骨的损失量或造成管道堵塞。一般破碎至 3～4cm 大小的骨粒为宜。不论什么骨，在蒸煮前均应粉碎，事实证明，骨块越小出油率越高。

③ 水煮　将粉碎后的骨块倒入水中加热，加热温度保持在 70～80℃，加热3～4h后，大部分油已浸出来，将浮在表面上的油撇出，移入其他容器中，静置冷却并除去水分即为骨油。

用这种方法提取时，为了避免骨胶溶出，不宜长时间加热。因此，除了缩短加热时间外，最好将碎骨装入筐中，待水煮沸后将骨和筐一起投入水中，3～4h后，再将骨和筐一起取出。用水煮法制取骨油时，仅能提取骨中含油量的50%～60%。

2. 蒸汽法

（1）工艺流程

新鲜猪骨→装料→蒸汽加热→静置分离→成品

（2）工艺要点

① 装料　将洗净粉碎后的骨放入蒸汽压力锅中，再加入水，加水量以能充分淹没骨料为原则。

② 蒸汽加热　通入加热蒸汽，使温度达到 105～110℃。经加热后，大部分脂肪和骨胶被溶出。加热 30～60min 后，从密封罐中将油水放出，再通入蒸汽和水，使残余的油和胶溶出，如此反复多次，绝大部分的油和胶都可溶出。然后将全部油和胶液汇集在一起，加热至 60℃以上，加入骨料量2%左右的食盐，以达到破坏油脂中乳浊液的目的，有利于油脂中杂质与水分分离。

③ 静置分离　加盐后静置分层，放出油脂层，经压滤机除去混入其中的杂质，再用离心机完全除去油内的水分，最终得到淡黄色的骨油。

3. 抽取法

常采用有机溶剂将骨中所含的油脂浸提出来。有机溶剂可采用苯、汽油、二氯乙烷等，生产中多使用苯溶剂浸出。

（1）工艺流程

新鲜猪骨→初次浸提→二次浸提→出料→脱苯→精制→骨油

（2）工艺要点

① 初次浸提　将骨放入浸出罐，盖紧加料口，另将苯溶剂注入浸出罐，把骨料淹没，其用量为骨料量的50％～60％。然后进行加热，苯溶剂受热后气化，浸入骨块，将骨料中所含油脂浸出，苯蒸气上升至冷却器，凝成液体后，再经苯水分离器流至苯槽内，苯溶剂再流回浸出罐。如此循环回流浸提1h，最后使苯全部流至苯槽，然后打开罐底部的放油箱阀门，使骨油流出，并将其送至脱苯罐，完成第一次放油。

② 二次浸提　将苯槽内的苯溶剂再加入到浸出罐里，按照上述同样的方法继续进行循环回流浸出，浸出时间为4h。将苯溶剂全部回收至苯槽以后，把骨油再次放至脱苯罐中，这是第二次放油。

③ 出料　放油后，用少量蒸汽直接吹洗浸出罐及其物料，使其中残存的少量苯进入脱苯罐内，然后从浸出罐底部的出料口出料，得到的脱脂骨块可作为提取骨胶的原料。

④ 脱苯　把两次放出的油脂在脱苯罐混合，油脂中还含有少量的苯溶剂，经蒸馏后得以回收，并送回苯槽，蒸馏剩下来的是粗骨油。

⑤ 精制　粗骨油首先经过沉淀，分离掉部分骨屑和其他杂质，再加入60％的稀硫酸进行处理，其目的是除掉骨油中的蛋白质。加入硫酸后，搅拌，静置分层，从下部放出硫酸水溶液，再用热水洗涤数次，并对每一次洗涤排出的水层进行酸性检查，直到近中性时方可停止洗涤。水洗完成后，便得到骨油。

（三）质量标准与检验方法

（1）骨油的质量标准　骨油的具体指标见表4-14。

表4-14　骨油的质量标准

项目	指标
密度（15℃）/（kg/m³）	910～919
熔点/℃	37～40
凝点/℃	31～34
皂化价	190～196
碘价	15～50
酸价（换算成油酸甘油酯）	15～50
油中的不溶物质/%	0.5～2.0

（2）检测方法

① 水分和挥发物含量测定　按 GB/T 9696—2008《动植物油脂 水分和挥发物含量测定》进行测定。

② 胶原蛋白含量测定　按 QB/T 2355—2005《饲料磷酸氢钙（骨制）》进行测定。

③ 蛋白质含量测定　参考《中国药典》（2015 年版）四部通则 0731 蛋白质含量测定法。

四、骨汤

骨汤是天然调味料，口感醇厚鲜美，是烹调、佐餐理想的基础配料。据报道，有人先后在国家副食品检验中心及日本东京食品分析中心做了骨汤的营养成分测定，检验结果显示：每 100g 骨汤中含钙为 20.1mg，磷为 37.8mg，羟基脯氨酸为 1.85g，骨胶原为 15g。虽然钙的含量并不高，但钙与磷的比例适宜，骨胶原含量是可观的。因此，对骨汤的认识，必须以骨胶原为基点来进行。

骨汤含有丰富的蛋白质、脂肪和矿物质，骨汤的质量理化指标见表 4-15。

表 4-15　骨汤的质量理化指标　　　　　　　　　单位：%

分类	可溶性固形物	粗蛋白质	脂肪	盐分
白汤	65	5	30	10
清汤	50	40	—	10

骨汤的生物利用度高，磷、钙比最适于人体吸收，是最理想、经济的补钙方法之一。

骨汤的调味特征如下：

（1）属纯天然调料，适用于各种加工食品：肉食、冷冻食品、方便面、酒菜肴、汤料。

（2）与鲜味料 HVP、HAP、MSG、YE 搭配，有协同呈味效果（肉质感）。

（3）与发酵调料品豆瓣酱、豆豉、鱼露、酱油、沙茶等能融为一体，使呈味效果更浓郁丰富。

（4）与香辛料葱、蒜、姜、小茴香、八角、丁香、肉桂等搭配，可使物料更显独特香韵，如红葱牛骨油是其中的代表之作。

（5）与肉类香精搭配，可给予物料以最佳的连贯一致的头香—体香—底香。应该说，肉类调味香精使骨汤锦上添花，骨汤使肉类香精绵长持久，增加回味。

五、骨胶

骨胶（bone glue）是动物胶中的主要产品之一，由畜禽骨为原料提炼而得，外观呈黄色的固体。骨胶的化学成分为多肽的高聚物，它是一种纤维蛋白胶原。胶原通过聚合和交联作用而成链状或网状的结构，因而骨胶具有较高的机械强度，并能吸收水分发生溶胀。例如，骨胶能吸收本身质量5～10倍的冷水，结果得到一种富有弹性的胶冻，把它加热到35℃以上，聚合的大分子就会发生断裂而形成较小的骨胶分子，这时胶冻开始溶解，变成一种胶液。胶液如果再冷却，又能凝结成为胶冻。骨胶还能溶于乙酸、甘油、尿素等溶液中，但它不能溶于甲醇、氯仿和丙酮等。

1. 骨胶的用途

（1）用于上浆与上光　在棉布、丝绸、纱布及印刷生产中以及在造纸或制袋、革制品编制加工中，骨胶可作上浆或上光剂，能使织物、皮袋、纸张等呈现良好的光泽。

（2）作黏合剂　骨胶可用于砂布、砂纸制造的黏合剂，还可用于砂轮、铅笔、铸造模具、家具制作的黏合。

（3）工业原料　印刷用胶的调制、火柴磷皮和橡胶轮胎的制造、电镀液的配制等，都要使用骨胶作为原料。

（4）其他方面　在照相器材、医药工业和食品工业中，骨胶也经常被用作原料。

2. 骨胶的加工

骨胶制造的原理与皮胶相同，但加工过程与皮胶有所区别，即制造骨胶时没有浸灰、脱毛、中和等前处理过程。但脱脂仍为生产骨胶的一个重要过程。

（1）工艺流程

新鲜猪骨→粉碎与洗涤→脱脂→煮制→浓缩→成型→切片→干燥→骨胶

（2）工艺要点

① 粉碎与洗涤　将骨用机械的方法粉碎成为13～15mm的骨块，然后用水洗涤。为了提高洗涤效果，可用稀亚硫酸处理，它不仅可以提高漂白脱色的效果，并有防腐作用。

② 脱脂　胶液中的脂肪含量直接影响成品质量，在加工高质量骨胶时，应尽可能地除尽。脱脂的方法常用的有水煮法，但煮制时间较长则影响得率。最好的方法是抽提法，可除去骨中的全部脂肪，它不仅可以提高成品质量，同时色泽也比较好。

脱脂畜骨的处理如下：

a. 擦骨。采用浸出法脱脂后得到的畜骨，表面沾污了许多杂质，要先擦除，以保证提取的胶质纯净。擦骨操作是在擦骨机内进行的，擦骨机为一圆形转筒，表面布满了直径 2.5～3mm 的小孔。当转筒旋转时，骨块在离心力和重力的作用下互相撞击和研磨，经 1～2h 就可达到擦骨的要求。在擦骨过程中，产生的一些骨粉或骨灰，由圆筒上的小孔漏出，收集之后即可作为骨粉使用。

b. 熏骨。熏骨的目的是使骨组织松解，同时在亚硫酸的作用下使其漂白和杀菌。熏骨时，将擦骨后的畜骨用斗式提升机提起装入熏骨池内，再放入水将骨浸没。然后，使硫黄在燃烧炉内燃烧，生成的二氧化硫从熏骨池的底部引入鼓泡，与水反应生成亚硫酸，使其与脱脂剂发生作用，熏骨需 36～48h 才能完成。

c. 洗骨。就是用清水洗涤熏骨后的骨料以清除畜骨上的污渍，一般以洗至近中性为合格。

③ 煮制　将脱脂后的畜禽骨放入锅中加水煮沸，使胶液溶出。煮胶时，每煮数小时后取出胶液，再加水煮沸，取出胶液。如此 5～6 次后即可将胶液全部取出。

④ 浓缩　将胶液先利用离心、沉降或过滤等方法消除悬浮的固体杂质，而后进行蒸发浓缩。

工业生产中一般多采用真空设备来浓缩，可提高产品的质量和色泽，如采用液膜式真空蒸发器等。为了保持胶液温度不高于 90℃，真空度多控制在 60～67kPa 范围之内。胶液的进料浓度一般低于 10%，经浓缩后的浓度不低于 49%。如果后续的干燥设备为喷雾干燥器，浓缩至 20%～25% 即可。

经浓缩后的胶液，按所含干胶计算，应加入 0.7%～1.0% 的硫酸锌或 0.07%～0.1% 的保鲜粉作为防腐剂。胶液的含干胶量可用下列公式计算：

$$干胶量 = 相对密度 \times 体积 \times 含胶量$$

式中含胶量可根据胶液的相对密度从表 4-16 中直接查出。

表 4-16　骨胶液的含胶量与相对密度的关系

胶液的相对密度(20℃)	1.003	1.009	1.023	1.037	1.051	1.065	1.079	1.093	1.107	1.121
含胶量/%	8	10	15	20	25	30	35	40	45	50

⑤ 成型　当胶液浓度达 49% 以上时，如果温度冷却到 28℃ 以下，就能发生凝胶作用，转变成固体状凝胶。

a. 自然凝胶。将蒸发浓缩得到的胶液放在带框的玻璃板上，让其自然冷却，即得凝胶。

b. 冷冻凝胶。用氯化钙冷冻盐水将冷冻成型机的成型圆筒表面冷至 5℃，再把浓缩后的胶液由滴胶管送至成型圆筒内。滴胶管的下部表面钻有直径为 5mm 的小孔，小孔上装有滴嘴，当胶液从小孔和滴嘴滴下时，便落在成型筒的内壁上。成型筒以每分钟旋转一周的速度进行转动，当旋转近一周时，胶液滴就被冷却而凝固成凝胶颗粒，利用刮刀将其刮落，然后从成型机的出料口出料。这种胶粒含水量还较高，要再干燥至含水量小于16%时才能作为成品出售。骨胶干燥的设备常用通道式干燥机，骨胶也可以自然晒干。

3. 骨汤胶的加工

畜禽骨熬煮提取骨油后的残汤，也能用来生产骨胶，俗称骨汤胶。

(1) 工艺流程

新鲜猪骨→澄清骨汤→熬胶→晾胶→干燥→骨汤胶

(2) 工艺要点

① 澄清骨汤　捞出熬油残汤中的残骨和杂质，让其沉淀和过滤。将滤液重新加热至90℃，并加入0.05%的明矾粉及0.05%的生石灰粉，以及0.5%的新鲜脱纤牛血或脱纤猪血。充分搅拌物料，清除漂浮在汤表面上的杂质和泡沫，然后加0.02%~0.024%的甲醛进行防腐。趁热过滤除去沉淀的杂质。

② 熬胶　将清汤过滤得到的滤液倒入锅里，以猛火加热熬胶，当熬至骨汤开始发黏时，把火力减弱，并取样测定相对密度，当相对密度达到1.15时，再加0.01%~0.02%的甲醛，搅匀后准备出料。

③ 晾胶　当胶液温度冷却至50~60℃时，把它倒入小木框中，木框以玻璃作底。每框中约倒入1cm厚的胶液，然后在10~15℃条件下晾胶约半小时，再用小刀取出凝胶。

④ 干燥　将取出的凝胶放置在30℃的干燥室里，经8~12d后就可得到成品。

4. 骨胶的质量标准与检验方法

(1) 质量标准　工业用骨胶的质量标准见表4-17。

表 4-17　工业用骨胶的质量标准

项目		一级	二级	三级
黏度/°E[①]	≥	3.4	2.8	2.2
水分/%	≤	16	16	16
灰分/%	≤	2	2.2	2.5
熔点/℃	≥	23	20	18
含氯量/%	≤	0.6	—	—
pH 值		5.5~7	5.5~7	5.5~7
色状		半透明的金黄的片或粒，微带光泽，无酶，无臭，无肉眼可见的机械杂质	半透明的金黄的片或粒，微带光泽，无酶，无臭，无肉眼可见的机械杂质	棕红色片或粒，无酶，无臭，无肉眼可见的机械杂质

① °E 为恩氏黏度的单位。

（2）骨胶的检测方法

① 水分测定　参考《中国药典》（2015 年版）四部通则 0832 水分测定法。

② pH 测定　参考《中国药典典》（2015 年版）四部通则 0631 pH 值测定法。

③ 灰分测定　按 GB/T 6438—2007《饲料中粗灰分的测定》进行测定。

④ 铁含量测定　按 GB/T 9695.3—2009《肉与肉制品 铁含量测定》进行测定。

六、提取食用蛋白质

人类不能缺少蛋白质、淀粉、脂肪、维生素和矿物质。蛋白质在动物体内经分解转变成各种氨基酸后，就可以透过肠壁吸收到血液中去，再由血液输送到各组织中。蛋白质不但提供 C、H、O，而且还提供脂肪和碳水化合物所没有的 N、S、P 等元素。

食用蛋白质（edible protein）的来源主要是肉、鱼、蛋、豆类、粮食等食品。近年来，已成功地从牲畜骨中提取了供食用的蛋白质：一般新鲜牲畜骨含有约17％的蛋白质、10％的脂肪、30％的磷酸钙和 43％的水分。

美国从牛骨中提取食用蛋白质，同时也生产骨胶和脂肪。加工方式是将新鲜牛骨破碎成最大为 0.25～0.5cm 的小块，加入大约同样重量的水搅和，再加入约 3.5％的 Tona-300（RTM）酶，将此混合物在 35～51℃加热搅拌。待 3～3.5h 后，将温度升高到 60℃，时间为 2.5～3h，再升温到 90℃，使酶失去活性。当温度介于 57～87℃时，将固体物滤出，可制得骨胶。滤液做离心处理，得到可供食用的脂肪和含量为 4％～7％的蛋白质汤。汤可作为食物的蛋白质补充物。用这种方法可将产生难闻臭味的肽和胨减少到最低程度。该法操作程序简单经济，而且不需要化学添加剂。

胶原蛋白在营养上是一种不完全的蛋白质，它不含色氨酸，蛋氨酸的含量也很低。但是它对人体的血管、皮肤、骨骼、筋腱、软骨和牙齿等的形成十分重要，因为胶原是这些组织的主要基质。

七、制取蛋白胨

蛋白质经强酸、强碱、高温或蛋白酶的水解，将其中的肽链打开，生成不同长度的蛋白质分子的碎片，即为蛋白胨（peptone），主要用作细菌培养基。

用胰酶分解胶原蛋白制蛋白胨操作简单，容易掌握，适合中、小型加工厂生产。

1. 蛋白胨加工工艺

（1）工艺流程

新鲜猪骨→熬煮→调 pH→冷却、消化→加盐→浓缩→成品

（2）工艺要点

① 熬煮　将新鲜猪骨100kg掺水100kg加热熬煮，温度100℃，持续3h，取出，过滤，留下滤液，滤渣移作他用。

② 调pH　把已除去骨渣的滤液移入陶瓷缸中，加入0.15g/mL NaOH调整pH至8.6左右，使呈弱碱性。

③ 冷却、消化　加冰使液体冷却至40℃时，加入胰蛋白酶进行消化。每次40mL，加入时不停搅拌，使温度在37～40℃持续4h。

判断消化是否完全（双缩脲反应）：取消化液过滤，取滤液5mL于试管中，加50g/L $CuSO_4$ 0.1mL，并加入40g/L NaOH 5mL混合。若呈红色反应，说明消化已经完全，即可用HCl调整pH至5.6左右。

④ 加盐　液体在陶瓷缸内加热煮沸30min，再按原料（滤液）质量加入1%的NaCl（精制盐），充分搅拌10min，再加入0.15g/mL NaOH调整pH至7.4～7.6。

⑤ 浓缩　将溶液转入蒸发罐（或锅）内，使浓缩成膏状，装瓶，即为成品。

2. 蛋白胨成品规格

蛋白胨为褐色或暗褐色的糊状物，有肉腥味，能溶解于水中。

3. 蛋白胨质量标准与检测方法

（1）质量标准

① 蛋白胨感官指标（包括工业级及试剂级）　具体指标见表4-18。

表4-18　蛋白胨感官指标

项　目	指　　标
形状	呈粉末状，无结块现象
色泽	淡黄色或淡棕色粉末
滋味及气味	有产品特有的滋味和气味，无其他异味
杂质	无正常视力可见的外来杂质

② 蛋白胨理化指标　具体指标见表4-19。

表4-19　蛋白胨理化指标

项　目		I型生化试剂级	II型工业级
总氮量/%	≥	13.5	13.5
总磷量/%	≤	0.3	0.3
炽灼残渣/%	≤	7.0	7.0
干燥失重/%	≤	7.0	7.0
溶解度（2%水溶液）		无沉淀，澄清	少量沉淀，浑浊
pH（5%水溶液）		4.5～6.5	4.5～6.5

（2）检测方法

① 水分含量测定　按 GB/T 5009.3—2016《食品安全国家标准 食品中水分的测定》进行测定。

② 总磷含量测定　按 GB/T 10209.2—2010《磷酸一铵、磷酸二铵的测定方法》进行测定。

③ 总氮含量测定　参考《中国药典》（2015 年版）。

八、明胶

明胶是采用胶原蛋白丰富的动物的骨为原料所生产的一种热可溶性的蛋白质凝胶。在食品加工中，明胶可用于改善糖果、糕点、肉制品和乳制品等的质地，还可用于加工低热量饮料和减肥食品等。

肉制品生产过程中产生大量的含有结缔组织的副产物，如肉骨头等，工业上对它们的利用较少，大部分都被废弃，这样既浪费资源，又污染环境。然而，利用这些附加值较低的副产物可以开发出附加值高的功能性食品素材——胶原制品，从而可以开发明胶，以及利用明胶（或胶原）开发胶原多肽。

胶原蛋白是存在于软骨、骨等组织中，构成大量胶原纤维的白色纤维蛋白质。胶原纤维直径为 $20\mu m$，很多根胶原纤维聚集成束状，每束呈波浪形，排列无定形，纵横交错。构成胶原纤维的胶原蛋白，其分子量约为 60000，等电点 pH 值为 7～8，但若用酸或碱处理可使其 pH 值接近 5。

胶原纤维受热会收缩，但在 40℃ 下胶原纤维无明显的变化，在酸或碱溶液中具有膨胀性。将胶原纤维与水同时加热到 62～63℃，可产生不可逆的收缩，长度浓缩到原来的 1/4～1/3。胶原纤维由胶原原纤维组成，胶原原纤维分子量为 300000～360000，它又由三条螺旋形的肽链所构成。预热到 62～63℃ 后，多肽链之间的氢键破裂，蛋白质分子的螺旋立体结构遭到破坏，就出现沿大分子纵轴收缩的现象。如果长时间在 80℃ 的温度下将胶原蛋白与水一起加热处理，胶原蛋白分子仅发生热分解生成水溶性明胶，其分子量约为胶原蛋白分子量的 1/3。

任何种系来源的胶原，其氨基酸组成都有一个与众不同的特征，即甘氨酸占胶原氨基酸残基的 1/3，脯氨酸约占 1/4，尚有羟赖氨酸和羟脯氨酸，此两种氨基酸属胶原分子所特有，与其内交联有关。

至于胶原的溶出方法，有采用醋酸等的酸溶出法、采用胰蛋白酶的酶溶出法、采用氢氧化钠等的碱溶出法。利用这些方法，可得到水溶性的胶原。

1. 明胶的生产方法

明胶就是胶原在沸水中变性，而得到的水溶性的变性蛋白质。利用猪和牛的骨等副产物，可大量制备明胶。由于这些副产物中存在大量的其他副产物，于是有必要进行一定的预处理。由于猪和牛原料的生育时间不一样，其胶原组织的强度也有所不同，其预处理的方法相应地也有所不同。利用牛骨生产明胶的工艺流程如下：

牛骨→浸渍（稀盐酸）→骨胶原→石灰浸渍→水洗→中和→溶出→浓缩→冷却干燥→明胶

对于牛骨原料来说，由于骨中含有丰富的磷酸钙等无机质，会随稀盐酸浸渍而溶出，于是有必要对此类无机质进行回收。前处理后，即可用温水溶出明胶，一般要分3～4次进行。最初的溶出温度为50～60℃，最初溶出的明胶色泽较好，其凝胶强度也较高。溶出两回后，溶出温度要缓慢上升，最终直至煮沸。后面溶出的明胶强度要比先溶出的要低。此外，根据前处理的方法不同，得到的明胶产品可分为碱处理明胶和酸处理明胶两种类型。

随着酶制剂工业的发展，越来越多地采用酶法来生产明胶。酶法生产明胶与传统的酸法或碱法水解工艺相比较，有以下优点：一是产品的灰分含量低；二是可较好地保持营养价值，有利于进一步水解制取明胶水解产物。

采用碱性蛋白酶生产明胶的工艺流程如下：

原料→切割，捣碎→水洗→加酶水解→钝化酶→提取→活性炭处理→过滤→干燥→成品明胶

碱性蛋白酶生产明胶的工艺技术要点如下：

① 将经预先切割、捣碎和水洗的明胶原料，加水配成含蛋白质为30%左右的悬浮液，加入适量的碱性蛋白酶，在28℃和pH6～10的条件下水解6～24h。

② 水解完毕后，用酸将pH值调至3.5～4.0，升温至50℃并保持30min，使酶完全失活。如果酶残存活性，会引起明胶缓慢水解，从而降低产品质量。

③ 酶钝化后，将悬浮液pH值调到6～7，升温到60℃提取1h，过滤即得明胶溶液。滤渣再用pH值为6～7的水，先后于70℃、80℃和90℃下反复提取。

④ 滤液在50～55℃下加入1%的活性炭，约处理30min，过滤除去活性炭和杂质。明胶溶液冷至35℃以下，成为凝胶，即得明胶产品。

2. 明胶的性质

碱处理明胶和酸处理明胶最主要的区别是等电点不同：前者的等电点为4.8～5.3，而后者为7～9。这主要是由于碱处理明胶在生石灰处理过程中，明胶中的天冬氨酸和谷氨酸发生了脱氨反应，从而导致整体酸度的增高，即等电点下降。

至于明胶的溶解性，一般在50～60℃即可溶于水。溶有明胶的溶液经冷却会形成凝胶，升温后又形成溶胶，即凝胶与溶胶处于相互平衡的状态，这个特性是其他蛋白质所没有的。一般市售的明胶的凝固点（即溶胶变为凝胶的温度），10%含量的明胶为20～28℃，而凝胶变为溶胶的熔点比凝固点大约低5℃。明胶的其他物

理性质如强度、黏度、pH 值、水分等会随等级的不同而有所不同。

3. 明胶在食品工业中的应用

很早以前，人们就已经利用明胶了。作为胶原变性物的明胶，与其他蛋白质一样在消化道内被酶分解，从而大部分氨基酸可被吸收。从这一方面讲，明胶可作为一种营养源。此外，明胶由于具有亲水性高、保水性好以及使用安全等优点，较多地使用在食品工业中。在食品工业中用得最多的是作为胶凝剂，如用于很多糕点和果酱等。另外，明胶还用于酸乳酪中作为组织改良剂；也用于软糖中，以提高其咀嚼性能；还可用于火腿肠中。

九、利用猪软骨提取硫酸软骨素

（1）产品特点　是一种酸性糖胺聚糖，难溶于水，可在酸性条下水解，同时具有羟基和羧基的性质，是医药工业的重要原料。

（2）工艺流程

猪软骨→洗净、晾干→粉碎→提取→过滤→胰酶水解→分离→醇提→洗涤→干燥→产品

（3）操作要点

① 将洗净、除杂的新鲜软骨晾干，粉碎。

② 加入 6 倍量的由 8 份 2％食盐与 2 份 2％氢氧化钠配制而成的混合液，再加适量的甲苯，搅拌提取 24h，过滤。

③ 滤渣用 4 倍量的混合液再搅拌提取一次，过滤，合并两次滤液，搅拌下用 2mol/L 的盐酸调 pH 值为 8。

④ 水浴加热，加入总液量 100～120 效价的胰酶于（37±1）℃下保温水解 5～7h，取样，用三氯乙酸检验水解是否完全。

⑤ 完全水解后，升温至 80℃，保温搅拌 1h。冷却至室温，加入适量的甲苯，搅匀，静置 4h。加入总液量 5％的纸浆离心分离，虹吸出澄清液，用 2mol/L 盐酸调 pH 值为 6。

⑥ 加入无水乙醇使溶液中乙醇含量达到 75％，静置 12h，吸弃上清液，下层沉淀离心分离。

⑦ 用无水乙醇洗涤两次，离心分离，将沉淀磨成粉浆，于 600℃干燥，得成品。

十、以猪骨为原料制备骨宁注射液

（1）产品特点　骨宁注射液主要由多肽或蛋白质组成，并含微量金属元素钙、

镁、铁等和其他痕量元素锰、铜、钡、锡、锆等。它是以猪四肢骨骼为原料制备而成的，具有较好的抗炎镇痛作用，适用于骨质增生、风湿和类风湿性关节炎等症，无激素和水杨酸类药物通常产生的副作用，还可用于治疗肩周炎、颈椎病、脊椎肥大、骨刺等多种疾病，具有广泛的用途。

（2）原料和试剂　猪四肢骨、乙醇、氢氧化钠、盐酸、活性炭、苯酚、氯化钠、滑石粉、石蜡。

（3）骨宁注射液生产工艺流程　见图4-6。

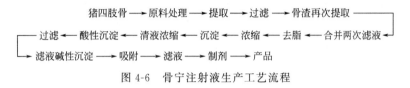

图 4-6　骨宁注射液生产工艺流程

（4）操作要点

① 原料处理　将检验合格、新鲜的猪四肢骨，用清水洗净，然后打碎，称重。

② 提取、过滤　将原料准确称重后放入压力锅中，每 75kg 原料加蒸馏水 150kg，在 0.12MPa 加热条件下处理 1.5h。用双层纱布过滤，收集滤液，骨渣再加蒸馏水 150kg，在上述条件下处理 1h，过滤，合并两次滤液。

③ 去脂　将滤液立即放在 0～5℃冷室中，静置 36h 左右，撇去上层脂肪。

④ 浓缩　将去脂肪的冻状物加温使其熔化成液体，然后控制在 70℃以下真空浓缩，最后大约可得到 50L 的浓缩液。

⑤ 沉淀　取浓缩液加入适量的乙醇使其含量至 70%，充分搅拌，然后在室温条件下静置 36h，过滤，弃杂蛋白，收集清液。

⑥ 清液浓缩　将清液在 60℃下真空浓缩至体积为 20L，加入 0.3% 的苯酚，然后再补加蒸馏水至 50L。

⑦ 酸性沉淀、过滤　边搅拌边向上述液中加入 6mol/L 盐酸，调节溶液 pH 值至 4.0，然后常压加热至 100℃，保持 45min。用布式漏斗过滤，除去酸性蛋白质，收集滤液，于冷室中静置过夜。

⑧ 碱性沉淀　次日，将滤液用滤纸自然过滤一次，除去沉淀，收集滤液。边搅拌边向滤液缓缓滴入 50% 氢氧化钠溶液，调节溶液 pH 至 8.5，然后加热至 100℃，保温 45min，将溶液放在冷室中静置过夜。

⑨ 吸附　次日，用滤纸自然过滤上述溶液，除去沉淀。滤液用 6mol/L 盐酸调节 pH 值至 7.1～7.2，然后放入冷室静置，再用滤纸自然过滤，收集滤液。向滤液中加入适量 50% 活性炭吸附杂质，搅拌均匀后加热滤液至 100℃，保温 30min，用布氏漏斗过滤，收集滤液。

⑩ 制剂　将滤液按每毫升相当于 1.5g 猪骨补加蒸馏水至全量，加氯化钠至 0.9%，调节 pH 值至 7.1~7.2，加热至 100℃，保温 45min，室温静置。送检，合格后用 4 号、5 号垂融漏斗各封一次，灌装，每支 2mL，蒸汽 100℃灭菌 30min，即得产品。

十一、利用猪喉软骨提取硫酸软骨素

（1）产品特点　硫酸软骨素是一种糖胺聚糖，简称 CS，药品名康德灵，分子量为 1 万~3 万，一般含有 50~70 个双糖单位，根据其化学组成和结构的差异，又分为 A、B、C、D、E、F、H 等多种，医药上主要使用 A、C 及各种异构体的混合物。硫酸软骨素广泛存在于动物的软骨中，具有增强脂肪酶活性、加速乳糜粒中甘油三酯的分解、使血液中乳糜微粒减少的作用，还具有抗凝血、抗血栓作用，可用于治疗冠状动脉硬化、血脂和胆固醇增高、心绞痛、心肌缺氧和心肌梗死等症，并可用于防治链霉素所引起的听觉障碍以及偏头痛、神经痛、老年肩痛、腰痛、关节炎和肝炎等。

（2）原料和试剂　猪喉和鼻软骨、氢氧化钠、氯化钠、盐酸、乙醇、胰蛋白酶、活性炭、高岭土、三氯醋酸。

（3）工艺流程（稀碱-酶解法）

猪喉（鼻）软骨→提取→滤渣再提取→合并提取液→酶解→吸附→沉淀→干燥→成品

（4）操作要点

① 提取　将洗净的猪喉（鼻）软骨放入提取缸中，加入 2%氢氧化钠溶液至浸没软骨，搅拌提取 2~4h，待提取液含量达 5°Bé 含量（20℃）时，过滤，滤渣再以 2 倍量 2%氢氧化钠溶液提取 24h，过滤，合并滤液。

② 酶解　用 6mol/L 盐酸调节滤液的 pH 值至 8.8~8.9，迅速加温至 50℃，向溶液中加入 1/25 量的胰酶，继续升温至 53~54℃，消化 6~7h。在水解过程中由于氨基酸的增加，pH 值会不断地下降，需用 10%氢氧化钠调整 pH 值至 8.8~8.9。水解终点判断：取水解液 10mL 加 1~2 滴 10%三氯醋酸，若微呈浑浊，则水解效果良好，否则需增加胰酶的用量。

③ 吸附　用 6mol/L 盐酸调节水解液 pH 值至 5.5~6.0，快速升温至 90℃，加入 1/10 体积的高岭土和 1%体积的活性炭，充分搅匀，脱色半小时，趁热过滤，收集上清液。

④ 沉淀用 10%氢氧化钠调节上清液 pH 值至 6.0，加入清液体积 1%量的氯化钠，充分溶解后，过滤至澄清。滤液中加入 95%乙醇至液体中乙醇含量达 75%，搅拌 4~6 次，使细小颗粒凝聚成大颗粒沉淀下来，静置 8h 以上，吸去上清液，沉

淀再用无水乙醇充分脱水洗涤 2 次，60～65℃真空干燥，即得产品。

十二、加工骨肥

先在平地上铺一层 7～10cm 厚的粗糠，糠上放一层木柴，柴上放一层骨头，如此相间堆叠，堆叠数层后最上层盖上粗糠。然后点火焖烧，使堆面上不出现火焰为宜。焖烧几小时后熄火开堆，取出骨头捣碎，然后用 80 目筛子过筛，所得黑色细粉，即为骨肥。注意焖烧时不能通气过多，以免烧成白灰降低肥效。

十三、畜骨产品开发的其他方面

由于鲜骨具有全面、丰富的营养，对鲜骨加工技术及鲜骨食品的开发，世界各国均给予了高度重视，进行了一系列研究。尤其以日、美等国在鲜骨食品的开发研究方面较为活跃，已走在世界前列。他们把骨泥添加于肉制品、糖果、糕点、乳制品等多种食品中，制成了许多骨味保健食品，如骨松、骨味素、骨味汁、骨味肉等。国外研究了用骨粉作为固定化酶的载体，把 D-半乳糖苷酶和淀粉酶固定于骨粉上，应用于食品工业，生产糖浆，达到了非常好的效果。

在国内相关的研究中，王云峰等研制出以骨泥作为辅料生产富钙骨泥膨化米果新技术。此产品食味鲜美，营养丰富，价格低廉，具有良好的经济效益和社会效益，是人们尤其是少年儿童乐于接受的骨泥食品。李云龙以鲜骨为原料直接加工成骨精口服液和骨粉胶囊，其产品的特点是补充多种氨基酸和易被吸收的钙质，两种产品均为保健食品。顾立众等（2003）研制出以猪骨泥、猪肉糜为主要原料制成的骨肉泥丁，并添加到辣椒糊中，既提高了制品的营养价值，又明显改善了辣椒酱的口感和风味。黄红卫等（2005）通过对超细粉碎酶解鲜骨粉的营养功能和风味进行分析研究，开发生产了肉香风味功能性骨钙调味料。其产品最大的特点是天然、安全、肉味充足、香味浓厚，最大限度保留了骨肉类的营养成分，且所含有机钙、有机磷、肽、氨基酸等营养成分更易被人体吸收。

第五章

其他畜禽副产物的综合利用

第一节 肠衣的综合利用

猪、牛、羊小肠壁的构造共分四层，由内到外分别为黏膜层、黏膜下层、肌肉层和浆膜层。黏膜层为肠壁的最内一层，由上皮组织和疏松结缔组织构成，在加工肠衣时被除掉。黏膜下层由蜂窝结缔组织构成，内含神经、淋巴、血管等，在刮制原肠时保留下来，即为肠衣。因此在加工时要特别注意保护黏膜下层，使其不受损失。肌肉层由内环外纵的平滑肌组成，加工时被除掉。浆膜层是肠壁结构中的最外一层，在加工时被除掉。

一、肠衣的概念

屠宰后的鲜肠管，经加工除去肠内外的各种不需要的组织后，剩下的一层坚韧半透明的薄黏膜下层，称为肠衣。很早以前，我国就开始利用肠衣制造弓弦和弹棉花用的弦线等，但没有广泛利用。后来人们利用肠衣灌香肠、制作线具（制乐器线弦等）及外科手术用的缝合线等，开始对其重视。

我国地域辽阔，肠衣产地颇多，种类有所不同。如华南、华东、华中等地区，因养猪事业发达，多产猪肠衣；而东北、华北等地区，因养羊多，盛产羊肠衣。肠衣在国际市场上占有重要地位，也是我国重要出口畜产品之一。我国所产的肠衣质地坚韧、薄而透明、富有弹性，同时也适于灌制香肠，因此在国内外的销售数量很大。

二、肠衣的种类

按畜种不同可分为猪肠衣（图 5-1）、羊肠衣（图 5-2）和牛肠衣三种，其中以猪肠衣为主。羊肠衣可分为绵羊肠衣和山羊肠衣。绵羊肠衣比山羊肠衣价格高，有白色横纹；山羊肠衣弯曲线多，颜色较深。牛肠衣分为黄牛肠衣和水牛肠衣，黄牛肠衣价格较高。

图 5-1　猪肠衣

图 5-2　羊肠衣

肠衣在未加工前，称为"原肠""毛肠"或"鲜肠"。"原肠"经加工处置后即为"成品"，按成品种类还可分为盐渍肠衣和干制肠衣两大类。盐渍肠衣用猪、绵羊、山羊以及牛的小肠和直肠均可制作，干制肠衣以猪、牛的小肠制作的为最多。盐渍肠衣富有韧性和弹性，品质最佳；而干制肠衣较薄，充塞力差，无弹性。

1. 天然肠衣

天然肠衣是将牲畜（如猪、牛、羊等）宰杀后的新鲜肠道经过深加工，去除肠道内不需要的组织后得到的坚韧、具有透明性的一层薄膜。天然肠衣应具有绿色安全、营养可食、易于消化吸收、口感韧性适中等特点，并且在经过蒸、煮、烘、烤、煎等烹制过程后不破裂，因此是灌装各类香肠的理想包装材料。天然肠衣按照加工方式的不同可以分为盐渍肠衣和干制肠衣两种，其主要加工工艺过程如下：

（1）盐渍肠衣　①浸洗，浸泡入清水中 18～24h，控制一定的水温；②刮肠，将浸泡好的肠衣置于木板上用无刃刮刀刮去多余部分，控制力度以防出现破损；③灌水，经过刮制的肠衣一头接在水龙头上灌洗，并检查有无孔洞，及时剪除残次部分；④量码，将灌洗好后的肠衣以一定长度为一把（一般为 100 码，9.5m）；⑤盐制缠把，将扎把后的肠衣置于筛内均匀撒盐，盐渍 12～13h，将水分沥出，当呈现半干状态便可缠把得到半成品光肠；⑥浸漂洗涤，用清水将光肠洗涤干净，控制洗涤水温及时间；⑦灌水分路，洗涤好的肠衣注入清水，检查孔洞，并按口径分路；⑧配码，将同路肠衣按一定的码数扎把；⑨腌制缠把，配码后的肠衣用精盐腌制，待沥干后缠把即得成品肠衣。

（2）干制肠衣　①浸洗，用清水浸洗，冬季 1～2d，夏季数小时；②刮油脂，浸洗过的肠衣刮去油脂、筋膜等；③碱洗，刮制完的肠衣用 5％ NaOH 溶液漂洗多余油脂；④漂洗，碱洗后的肠衣再用清水洗净；⑤腌肠，漂洗完的肠衣扎把用适量盐腌制12～24h 后取出洗净盐粒；⑥吹气，洗净后的肠衣吹气至膨胀，置于通风处晾干，并检查孔洞；⑦压平，晾干后的肠衣压平并喷洒适量水分后便可扎把装箱。

我国生产的天然肠衣（如猪肠衣和羊肠衣）具有直径均匀、强度高等特点，在全球天然肠衣的生产中处于领先水平，主要体现在：①长度长，每根肠衣的平均长度可达 20～30m；②直径大，其中一、二级肠衣段占整个肠衣总长度的一半以上；③皮质好，皮质坚实，韧性好。

天然肠衣也存在许多缺点，具体表现在：①由于动物肠道的个体差异较大，不利于实现机械化生产，依靠人工清洗和加工，工作繁重辛苦，效率低，成本高；②动物肠道有很多天然弯曲，不利于香肠的连续化生产；③由于个体差异和部位差异，动物肠道的粗细和强度也存在差异；④生产过程中残次品率高。这些缺点在一定程度上阻碍了肠衣的标准化和机械化生产。

2. 人造肠衣

随着香肠需求量的不断增大，天然肠衣因资源有限生产效率低、成本高，出现了供应不足的情况，于是研究者们把目光转向了人造肠衣的开发。人造肠衣发展至今可分为塑料肠衣、纤维素肠衣和蛋白类肠衣，其中只有蛋白类肠衣具备可食性。

塑料人造肠衣因其优良的性能得到了广泛的研究。20 世纪 50 年代美国首先使用聚偏二氯乙烯膜（PVDC）用于食品包装；到了 20 世纪 60 年代，日本率先将PVDC 做成管状膜来灌装火腿肠和鱼肠等。我国到了 20 世纪 80 年代才将 PVDC大量引进。不可否认，PVDC 作为肠衣膜的包装材料，为香肠生产做出了巨大贡献。然而 PVDC 存在食品安全隐患的问题，并且会对环境造成一定的污染，因此尽管 PVDC 具备优良的性能，但并不是理想的天然肠衣替代品。

纤维素肠衣主要是利用植物蛋白纤维和矿物蛋白纤维制成的，美国首先研制成了纤维素肠衣来解决天然肠衣供应不足这一问题。纤维素肠衣虽然不可食，但是其强度高、均匀性好、性能优良，与天然肠衣一样可以使水分透过，有利于蒸煮、烟熏等熟化过程，适合大规模的机械化生产。但是由于纤维素自身的性质影响，其与肉类一起蒸煮的过程中对脂肪的传递差，因此也受到一定的使用限制。

蛋白类肠衣是人造肠衣中唯一可以食用的，其中又分为植物类蛋白肠衣和动物类蛋白肠衣。植物类蛋白肠衣主要以大豆、玉米、小麦等为原料，加入胶质制备而成。动物类蛋白肠衣主要是使用动物的皮、腱等胶原蛋白含量丰富的部分通过一系列加工工艺制备而成。

三、肠衣的加工工艺

（一）盐渍肠衣的工艺流程

浸漂→刮肠→串水、灌水→量码→腌制→缠把→洗涤→串水分路→配码→腌肠及缠把

（二）干制肠衣的工艺流程

浸漂→剥油脂→碱处理→漂洗→腌制→水洗→充气→干燥→压平

（三）肠衣的加工技术要点

1. 猪盐渍肠衣的加工

（1）浸漂　将原肠翻转（不翻转也可）、除去粪便洗净后，充入少量清水，浸入水中。水温依当时气温和距刮肠时间的长短而定。一般春秋季节在28℃，冬季在33℃，夏季则用凉水浸泡，浸泡时间一般为18～24h。如没有调温设备，亦可用常温水浸泡，不过要适时掌握时间（以黏膜下层以外各层能顺利刮下为宜）。浸泡用水应清洁，不含矾、硝、碱等物质。

（2）刮肠　将浸泡好的肠取出放在平台或木板上逐根刮制，或用刮肠机进行刮制。手工刮制时，用月牙形竹板或无刃的刮刀，刮去肠内外无用的部分（黏膜层、肌肉层和浆膜层），使成透明状的薄膜。刮时用力要适当、均匀，既要刮净，又不可损伤肠壁。

（3）串水　刮完后的肠衣要翻转串水，检查有无漏水、破孔或溃疡。如破洞过大，应在破洞处割断。最后割去十二指肠和回肠。

（4）量码　串水洗涤后的肠衣，每100码合为一把，每把不得超过18节（猪），每节不得短于1.5码。羊肠衣每把长限为93m。其中：绵羊肠衣一至三路每把不得长过16节，四至五路18节，六路每把20节，每节不得短于1m；山羊肠衣一至五路每把不得超过18节，六路每把不得超过20节，每节不得短于1m。

（5）腌制　将已配扎成把的肠衣散开用精盐均匀腌渍。腌渍时必须一次上盐，一般每把需用盐0.5～0.6kg，腌好后重新扎成把放在筛篮内，每4～5个筛篮叠在一起，放在缸或木桶上以沥干盐水。

（6）缠把　腌肠12～13h后，在肠衣处于半干、半湿状态时便可缠把，即成光肠（半成品）。

（7）洗涤　将光肠浸于清水中，反复换水洗涤，需将肠内不溶物洗净。浸漂时间：夏季不超过2h；冬季可适当延长，但不得过夜。漂洗水温不得过高，若过高可加入冰块。

(8) 串水分路　洗好的光肠串入水。一方面，检验肠衣有无破损漏洞；另一方面，按肠衣口径大小进行分路。分路标准见表 5-1。

表 5-1　部分盐渍肠衣分路标准

品种	一路尺码/mm	二路尺码/mm	三路尺码/mm	四路尺码/mm	五路尺码/mm	六路尺码/mm	七路尺码/mm
猪小肠	24～26	26～28	28～30	30～32	32～34	34～36	36 以上
猪大肠	60 以上	50～60	45～50	—	—	—	—
羊小肠	22 以上	20～22	18～20	16～18	14～16	12～14	—
牛小肠	45 以上	40～45	35～40	30～35	—	—	—
牛大肠	55 以上	45～55	35～45	30～35	—	—	—

(9) 配码　把同一路的肠衣，按一定的规格尺寸扎成把。

(10) 腌肠及缠把　配码成把以后，再用精盐腌上，待水沥干后再缠成把，即为"净肠"成品。

2. 猪干制肠衣的加工

(1) 浸漂　将洗涤干净的小肠浸于清水中，冬季 1～2d，夏季数小时即可。

(2) 剥油脂　将浸泡好的鲜肠衣放在台板上，剥去肠管外表的脂肪、浆膜及筋膜，并冲洗干净。

(3) 氢氧化钠（NaOH）溶液处理　将翻转洗净的原肠，以 10 根为一套，放入缸或木桶里。然后按每 70～80 根用 5％氢氧化钠溶液约 2500mL 的比例，倒入缸或木桶里，迅速用竹棍搅拌肠子，并洗去肠上的油脂。如此漂洗 15～20min，使肠洁净，颜色转好。处理时间与气温有关：气温高可稍短；气温低可稍加延长，但不得超过 20min，否则肠子就会被腐蚀而成为废品。

(4) 漂洗　将去掉脂肪后的肠子放入清水中，用手不停地洗几次，要求彻底洗去血水、油脂以及氢氧化钠，然后浸漂于清水中。漂浸时间：夏季 3h，冬季 24h，并需经常换水。这样可加工出洁白、品质优良的肠衣。

(5) 腌制　腌制可使肠子、伸缩性降低，灌制香肠时不至于随意扩大，从而使产品式样均匀美观。腌制时，将肠衣放入缸中，然后按每 100 码用盐 0.75～1kg 的比例均匀地将盐撒在肠衣上。腌制时间一般为 12～24h，随季节不同可适当缩短或延长。

(6) 水洗　用清水把盐汁漂洗干净，以不带盐味为限。

(7) 充气　洗净后的肠衣用气泵（或气筒）充气，然后置于清水中，检查有无漏洞。

(8) 干燥　充气后的肠衣可挂在通风良好处晾干，或放入干燥室内（29～35℃）干燥。

(9) 压平　将干燥后的肠衣一头用针扎孔排出空气，然后均匀地喷上一层水润

　畜禽与水产品副产物的综合加工利用

湿。用压肠机将肠衣压扁，最后包扎成把装箱为成品。

不同肠衣其质量要求不一样，总的来说，成品肠衣应呈淡红色、乳白色或淡黄色、灰白色，肠壁坚韧、清洁、薄而透明、无裂缝、无砂眼。盐渍肠衣应无腐败味和腥味，干制肠衣应无异臭味。

3. 羊肠衣的加工方法

羊肠衣可用于灌制各种香肠，制作外科手术缝合线、网球与羽毛球的拍弦、琴弦等，是传统的出口商品之一。

（1）原肠及其结构　宰羊时取出胃肠，及时扯除小肠上的网油，使与小肠外层分离。然后摘下小肠，两个肠口向下。用手轻轻捋肠，倒粪，灌水冲洗干净，即为原肠。

加工肠衣必须除去原肠壁上不需要的组织。羊的肠壁共分四层，即黏膜层、黏膜下层、肌肉层和浆膜层。黏膜层为肠壁的最内一层，由上皮组织和疏松结缔组织构成，在加工肠衣时被除掉。黏膜下层称为透明层，位于黏膜层下面，在刮肠时保留下来，即为肠衣。在加工肠衣时要特别注意保护，使其不受损伤。肌肉层位于黏膜下层外周，由内环外纵的平滑肌组成，加工肠衣时被除去。肠壁的最外层是浆膜层，加工肠衣时也被除掉。

（2）原肠的收购　收购原肠时，要区别绵羊原肠和山羊原肠。山羊原肠一般发亮，用手摸肠壁有不平的感觉，肠壁呈波浪状，较柔软，拉力较小。绵羊原肠无光，手摸肠壁感觉较平直，比山羊原肠结实，拉力较大。收购的原肠必须来自健康无病的羊只，要及时去净粪便，冲洗干净，保持清洁，不得有杂物。一根完整的羊小肠包括十二指肠、空肠和回肠。完整的绵羊肠每根自然展开后在 20m 以上，长的可达 30m。山羊肠每根自然展开后为 12~15m，长的可达 20m。

（3）加工方法

① 浸泡漂洗　浸泡在水缸或塑料桶内进行。首先把收购的原肠放入桶内，解开结，每根灌入少量水，然后每 5 根组成一把，放入清水中浸泡。1 份原肠 9 份水。用水应清洁，不可含有矾、硝、碱等物质。要求将原肠泡软，以利于刮肠。冬季浸泡水温 30℃左右，夏季用凉水浸泡，春秋季水温在 25℃左右为宜。浸泡约 18~24h。浸泡温度低，需要时间长；浸泡温度高，需要时间短。浸泡时间过长或过短都不好。过长则原肠容易发黑；过短则不易刮下肠膜。浸泡期间每 4~5h 换水一次。

② 刮肠　将泡好的原肠取出，放在木板上用竹制刮刀或塑料刮刀刮制，或用刮肠机刮制。手工刮肠方法：一手按肠，一手持刮刀刮去不需要的黏膜层、肌肉层和浆膜层，直至全根呈透明的薄膜。刮肠时用力要均匀，持刀要平稳，避免刮破。遇到难刮的部位，可用刀背轻轻拍松后再刮。刮肠时要用少量水冲洗，否则黏度大，不易刮肠。

③ 灌水　刮好的肠坯用水冲洗。用自来水龙头插入肠管冲洗。

四、肠衣的质量标准

（1）色泽　盐渍猪肠衣以淡红色及乳白色者为上等，其次为淡黄色及灰白色者，再次为黄色和紫色者，灰色及黑色者为劣等品。山羊肠衣以白色及灰色者为最佳，灰褐色、青褐色及棕黄色者为二等品。绵羊肠衣以白色及青白色者为最佳，青灰色、青褐色者次之。

（2）气味　各种盐渍肠衣均不得有腐败味和腥味，干制肠衣以无异臭味为合格。

（3）质地　薄而坚韧、透明的肠衣为上等品，厚薄均匀而质软的为次等品。但猪肠衣、羊肠衣在厚薄方面的要求有差异：猪肠衣要求薄而透明，厚的为次品；羊肠衣则以厚的为佳，带有显著筋络（麻皮）者为次等品。

（4）其他　肠衣不能有损伤、破裂、砂眼、硬孔、寄生虫啮痕与局部腐蚀等，细小砂眼和硬孔尚无大碍。肠衣不能含有铁质、亚硝酸、碳酸铵及氯化钙等，因为这类物质不仅损害肠质并有碍卫生。干制肠衣需完全干燥，否则容易腐败。

第二节　毛发、角、蹄、羽毛等的利用

一、毛发、角、蹄、羽毛等的组成成分

毛发、角、蹄和羽毛等皆为皮肤的附属物，它的特点是含角蛋白高（55%～87%），因而又称其为含角蛋白原料。角蛋白组成中含硫量高（2%～7%），使角蛋白具有极高的稳定性、机械强度和弹性。毛发、角、蹄、羽毛等原料中必需氨基酸组成见表5-2。

表 5-2　毛发、角、蹄、羽毛等原料中必需氨基酸组成

氨基酸	含量（占干蛋白质重的百分比）/%				
	鬃	毛	羽	角	世界卫生组织标度
色氨酸	—	—	0.7	1.0	1.0
苯丙氨酸＋酪氨酸	6.2	7.2	7.4	8.4	6.0
蛋氨酸＋胱氨酸	14.9	12.6	6.7	14.3	3.5
苏氨酸	6.3	6.4	4.4	6.1	4.0
亮氨酸	8.3	11.3	8.0	7.9	7.4
异亮氨酸	4.7		6.0	4.5	4.0
缬氨酸	5.9	4.6	8.3	5.4	5.0
赖氨酸	3.8	3.8	1.3	3.0	5.5

由表 5-2 可以看出，角蛋白为优质的全价蛋白质，科学合理地利用，既能提高经济价值，又可以保护环境。它们的加工途径较多，羽毛用于生产羽绒服，猪鬃可生产刷子、扫帚等，而更多的是用来生产高蛋白质的原料，广泛用于食品加工和饲料生产。

二、羽毛的利用

（1）填充用品 在家禽中，鸭、鹅的羽绒具有柔软、轻松、防寒等特点，它的制品用途十分广泛。经过水洗、消毒的羽绒可充填制成各种羽绒制品，如枕芯、坐垫、靠垫、盖被、睡袋，还有高级的登山、滑雪的运动服等。

（2）工业用途 鹅的翅膀大，翎毛可做羽毛扇、羽毛球及其他工艺品和装饰品。鸡毛可做鸡毛弹子、毽子等用品。

（3）畜禽饲料 禽的羽毛中含粗蛋白质 80％以上，不能被直接利用，必须经高温处理，粉碎成羽毛粉才能被利用。作为畜禽饲料，羽毛粉是一种营养丰富的优质动物性蛋白质饲料，其蛋白质含量高达 85％左右。在蛋白质饲料供应不足的情况下，羽毛粉可代替饲料中的鱼粉。用加工后的羽毛粉喂猪、鸡、鸭等，能使它们生长快，产蛋多，还能防止家禽"啄羽癖"的发生，促进家禽羽毛生长，对缩短家禽换羽起着重要作用。在混合饲料中添加羽毛粉，可以代替等量的鱼粉。

三、综合利用

1. 利用猪毛提取氨基酸 ——L-精氨酸、L-胱氨酸及 L-赖氨酸

（1）产品特点

① L-精氨酸为白色晶体，易溶于水及酸、碱溶液，熔点238℃，25℃时比旋光度＋12.5°。

② L-胱氨酸呈六方形板状（或白色片状）结晶。不溶于己醇，难溶于水，易溶于酸、碱溶液。产品质量要求熔点为 258～261℃，L-胱氨酸含量≥99.0％，20℃时比旋光度为－195°～213°，干燥失重≤1.0％，澄明度合格，氯化物（Cl^-）≤0.05％，残渣≤0.25％，重金属（Pb^+）≤0.001％，铁（Fe^{3+}）≤0.001％，无酪氨酸。

③ L-赖氨酸为白色晶体，易溶于水及酸、碱液，熔点为 224～225℃，25℃时比旋光度＋12°。

3 种氨基酸皆具有两性及等电点，以及氨基、羧基等氨基酸所具有的化学通性。L-胱氨酸是一种昂贵的化学药品，在医学上用于治疗肝病和放射病，并可促进

毛发生长和防止皮肤老化，是治疗膀胱炎、脱发、神经痛、中毒性病症的特效药，在食品工业、生化及营养学研究等领域内也有广泛的用途。L-赖氨酸为人体必需氨基酸，若缺乏易导致人体患某些疾病。

（2）生产设备、药品　搅拌器、中和罐、泵、搪瓷反应锅、烘箱、玻璃布、离心机、pH 计、温度计；氢氧化钠、氨水、醋酸钠、盐酸、糖用活性炭、乙醇、医用级骨炭粉；732 型阳离子交换树脂柱、717 型阴离子交换树脂柱。

（3）利用猪毛提取 L-精氨酸、L-胱氨酸和 L-赖氨酸的工艺流程　见图 5-3。

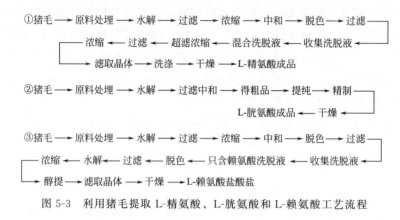

图 5-3　利用猪毛提取 L-精氨酸、L-胱氨酸和 L-赖氨酸工艺流程

（4）操作步骤

① 制取 L-精氨酸及 L-赖氨酸　用手工或分选机械除去猪毛中夹杂的泥土、纸屑、铁丝等杂物。用 60～80℃ 热水洗去毛脂，热风烘干备用。将洁净的猪毛投入搪瓷反应锅中，加入两倍量含量为 30% 的工业盐酸，直接用火加热至沸，保持沸腾搅拌 12h。趁热过滤，将滤液用水浴加热，减压浓缩至 1/2 体积，再加入相当盐酸体积 30% 的清水，最后减压浓缩至 1/2；再加入相当盐酸体积 20% 的清水，最后减压浓缩至 1/2 体积，停止加热。冷却至室温，搅拌下用 30% 的氢氧化钠中和至 pH 值为 3.5。用水浴加热至 80℃，加入总液量 3% 的活性炭，保温搅拌 30min。趁热过滤，静置 12h，先将上清液过滤，再将下层沉淀抽滤。合并清液及滤液，加入 30 倍量的去离子水稀释，自上而下自然流入 732 型阳离子交换树脂柱，至流出液中出现 L-赖氨酸时，停止上柱。用 0.05mol/L 氨水洗脱，至 pH 值为 8 时，开始收集洗脱液，初期收集含有 4～5 种氨基酸的洗脱液，随后收集仅含精氨酸和赖氨酸的洗脱液，最后收集只含精氨酸的洗脱液。收集完毕，用 2mol/L 氨水洗脱及洗净。

将含有精氨酸和赖氨酸的混合洗脱液及只含精氨酸的洗脱液分别用超滤膜过滤浓缩，再分别加入总液量 3% 的活性炭，用水浴加热至 80℃，保温搅拌 20min。然后趁热过滤，分别将滤液冷却后调 pH 值为 10，于高位槽自上而下流入 717 型阴离子交换树脂柱。先上只含精氨酸的滤液,上完后,接着上混合液,收集流出液。其中只含精氨酸,将该流出液先用薄膜浓缩,再用烧瓶浓缩至糊状,倾出,冷却,静置12h,滤取晶体。晶体先用70%乙醇洗涤两次,再用95%乙醇洗涤两次,沥干,用60℃热风干燥,色谱分离出纯精氨酸,收率4%。

收集只含精氨酸的流出液后,用0.2mol/L盐酸对717型阴离子树脂交换柱进行洗脱,先流出来的是赖氨酸等几种氨基酸,收集只含赖氨酸的流出液,将该液加入3%的活性炭,用水浴加热至80℃,保温搅拌20min,趁热过滤。如滤液不透明,可反复脱色,向透明液中加入18%的盐酸,搅拌下调pH值为4.0,移入烧瓶中,用水浴加热,浓缩至糊状。倾出,冷却,加入4倍量的75%乙醇,搅匀,静置12h,滤取晶体。用95%乙醇洗涤晶体3次,抽干,用40℃热风干燥,色谱分离得纯赖氨酸盐酸盐,收率1%。

② 制取L-胱氨酸 称取300kg备用猪毛,放入1500L搪瓷反应釜中,加入25%～30%的工业盐酸500kg,开动搅拌器,通蒸汽加热,保持温度102～110℃,在此温度下回流水解11～14h。当水解完全时,停止回流,立即趁热过滤。滤液用泵打入中和罐中。先用玻璃布抽滤除去黑腐质,再用两层玻璃布抽滤1次,其滤饼用稀盐酸再冲洗2～3次。趁热将上述过滤好的滤液进行中和,中和时保持滤液温度在40～60℃,加入20%～30%的氢氧化钠溶液,边加边搅拌,不断测试pH值,达到4时,停止加碱液,改用醋酸钠饱和水溶液继续中和,直至pH值达到4.5～4.9。搅拌30min后,静置10～12h。然后进行离心分离或抽滤,得粗品。收集滤液,可以回收其中的氨基酸。

将上述约150kg滤饼用化学纯盐酸20kg和1500kg水在搪瓷反应罐中重新溶解,控制温度90～98℃,搅拌2～3h,并加入糖用活性炭5～8kg进行脱色。过滤后回收活性炭重新再生利用。然后用30%氢氧化钠溶液中和滤液,使pH值达到4.8～5.0,静置后即有大量灰白色胱氨酸析出,过滤收集结晶。

提纯后的粗品进一步精制。取粗品10kg,加入1～1.5mol/L的化学纯盐酸50kg重新进行溶解,控制温度50～60℃,加入医用级骨炭粉0.5kg(也可用糖用活性炭)进行脱色。保温搅拌1h,然后过滤,滤液应为无色透明;如仍有色,需再进行脱色处理。然后用10%的氨水进行中和,直至pH值为4.8。静置5～6h,即析出胱氨酸精品,再用蒸馏水洗至无氯离子,置于瓷盘中,放入烘箱,温度保持在(60±2)℃进行干燥。

(5) 注意事项

① 用猪毛、人发等生产氨基酸,工艺简单,成本较低,是废弃物综合利用、提高价值的好途径。

② 盐酸和氢氧化钠等均为强酸强碱,操作时应穿戴防护衣、手套和口罩等,

防止酸碱液灼伤。乙醇为易挥发、易燃的有机溶剂，操作时应禁用明火。废液的处理与排放必须遵照国家有关规定，防止对环境造成污染。

③ 严格按照工艺参数生产，尤其要注意水解终点的检查。

2. 利用畜禽角、蹄、羽毛提取氨基酸

从畜禽角、蹄、羽毛中可以提取L-胱氨酸、L-亮氨酸、L-谷氨酸、L-精氨酸、L-酪氨酸等。L-胱氨酸、L-精氨酸的提取在前面已经介绍过，因此，重点介绍L-亮氨酸、L-谷氨酸、L-酪氨酸的生产技术。

（1）产品特点　L-亮氨酸、L-谷氨酸、L-酪氨酸均为无色晶体，难溶于水及乙醇、乙醚等有机溶剂，易溶于酸、碱溶液。氨基酸的熔点分别为337℃、249℃、344℃，具有两性和等电点及氨基酸所具有的化学通性。在医学、食品、饲料等行业有广泛的应用。

（2）利用角、蹄、羽毛提取L-亮氨酸、L-谷氨酸和L-酪氨酸的艺流程　见图5-4。

原料→除杂、洗净、晾干→（蹄、角粉碎）→水解→粗品（A）→脱色→中和→粗品（B）

① 粗品(B)→加酪氨酸晶种→过滤→干燥→(C)→粗品(D)→粗品(E)→脱色→过滤
　　　　　　　　　　　　　　　　　　　　　　　　酪氨酸精品←干燥

② 粗品(A)→调酸浓缩→过滤→加谷氨酸晶种→谷氨酸粗品→碱溶→脱色→过滤
　　　　　　　　　　　　　　　　　　　　　　　谷氨酸精品←干燥

③ 粗品(A)→浓缩→得亮氨酸盐酸液→冰置→粗品(F)→粗品(G)→粗品(H)→醇提
　　　　　　　　　　　　　　　　　　　　　亮氨酸精品←干燥←过滤

图5-4　利用角、蹄、羽毛提取L-亮氨酸、L-谷氨酸和L-酪氨酸的工艺流程

（3）操作要点（以酪氨酸为例）

① 将畜禽的蹄、角、羽毛及毛发除杂洗净，晾干。蹄、角应粉碎后使用。

② 将处理好的原料投入酸解缸中，加入3倍量的10mol/L盐酸，用油浴加热至116～117℃，保温搅拌水解10h，趁热过滤。

③ 搅拌下用30％氢氧化钠将滤液中和至pH值为4.8，静置36h，过滤、抽干，得粗品（A）。

④ 将粗品（A）溶于2mol/L盐酸中，调pH值为1，用水浴加热至80℃，加入粗品量8％的活性炭，搅拌升温至90℃，保温搅拌30min。趁热过滤，将滤液保温至80～90℃，搅拌下加入30％氢氧化钠中和至pH值为4.8，静置36h，过滤、抽干，得粗品（B）。

⑤ 将粗品（B）的母液，于室温下加入少量酪氨酸晶种静置24h，过滤。滤液用水浴加热至80℃，减压浓缩至原体积的一半，冷却至室温，加入少量晶种，静置24h，过滤。

⑥ 合并两次滤液，抽干，于60℃真空干燥，干燥后的固形物用浓盐酸溶解。

搅拌下加入 2%氢氧化钠中和至 pH 值为 4.8，用水浴加热至 90℃，保温搅拌 30min。趁热过滤，滤液冷却至室温，加入少量晶种，静置 24h，过滤、抽干，得粗品（C）。

⑦ 将粗品（C）用浓盐酸溶解，水浴加热，搅拌下加入 4%氢氧化钠调 pH 值为 3.0，升温至 90℃，保温搅拌 30min。趁热过滤，将滤液冷却至室温，加入少量晶种，静置 24h，过滤、抽干，得粗品（D）。

⑧ 将粗品（D）再用 30%氢氧化钠溶解，同时调 pH 值为 12.0，用水浴加热至 95℃，搅拌下加入 1mol/L 盐酸中和，使 pH 值为 8.0。趁热过滤，将滤液冷却到室温，加入少量晶种，静置 24h，过滤、抽干，得粗品（E）。

⑨ 将粗品（E）用 1mol/L 盐酸溶解，同时调 pH 值为 3.0，用水浴加热至 70～80℃。搅拌下加入总液量的 5%的活性炭，升温至 90℃，保温搅拌 30min。趁热过滤，将滤液冷却至室温，加入少量晶种，静置 24h，过滤、抽干，于 70～80℃ 真空干燥，得 L-酪氨酸精品。

3. 利用鸡毛制取可食蛋白薄膜

（1）产品特点　本产品为乳白色的固体，易溶于酸、碱，具有蛋白质的通性，可作为食品的包装。

（2）工艺流程

鸡毛→除杂、洗净、晾干→粉碎→水解→抽滤→渗析浓缩→干燥

成品←干燥←分离←加乙醇 - 氨水液←得角蛋白

（3）操作要点

① 将原料鸡毛除杂、洗净、晾干，粉碎。

② 将空气通入 0.2mol/L 巯基醋酸钠溶液中，氧化 6h，至 pH 值为 9.8～10，加入总液量 40%的鸡毛粉，用水浴加热至 50℃，保温搅拌 4h。

③ 停止加热，静置 12h，虹吸出上清液，将下层沉淀抽滤。合并清液及滤液，用渗析浓缩，于 60～70℃ 热风中干燥，得角蛋白粉。

④ 将 6 份（g）干燥角蛋白粉加入 74 份（mL）乙醇-氨水液中，搅匀，用水浴加热至 75℃，保温搅拌 20min，以 10000r/min 的速度离心分离 30min，收集清液。

⑤ 水浴加热至 50℃，摊铺在同温的玻璃器皿上，厚约 1mm，干燥，得蛋白质薄膜产品。

4. 利用羽毛挤压膨化生产饲料

（1）产品特点　在饲料加工生产中，挤压机可以用来处理羽毛粉、血粉、鸡蛋壳等高营养价值的原料，提高饲料的适口性和可消化吸收率。挤压膨化比传统的生产方法动力消耗小，工艺简单，成品率高。挤压机可以作为生化反应器，改

变原料的物理化学性质，进行饲料质构的重组。因此，挤压膨化是提高饲料营养价值的有效方法。

（2）工艺流程

羽毛→原料处理→拌料→挤压膨化→包装→成品

（3）操作要点

① 原料处理　将收集到的羽毛除去杂质，洗净，控干水分。

② 拌料　根据饲料的配方，加入各种辅料，调整水分含量。

③ 挤压膨化　调节膨化机至设定的工艺参数，加入原料，进行膨化处理。

④ 包装　按规定的质量装袋，封口后即为成品。

第六章

禽蛋副产物的综合利用

第一节　禽蛋副产物综合利用的意义及现状

一、禽蛋副产物综合利用的意义

禽蛋是人们日常饮食的重要组成部分。禽蛋富含蛋白质、维生素、脂肪、卵磷脂和铁、钾、钙等人体所需营养物质，是营养丰富、易于消化的食品，有"理想营养库"之称。

我国既是禽蛋生产大国，又是禽蛋消费大国。在我国禽蛋产品构成中，鸡蛋占据主导地位，约占84%，鸭蛋次之，约占12%，鹅蛋约3%，此外还有少量鹌鹑蛋、鸽蛋等。我国禽蛋产业起步于20世纪70年代末，20世纪八九十年代得到迅速发展，自1985年开始，我国禽蛋生产总量就已跃居世界第一位。1982年，我国禽蛋产量仅为281万吨；到2012年，已达到2811万吨，占世界总产量的40%以上，人均占有量达到21kg，远高于世界平均水平。禽蛋产业是我国农产品生产和消费的重要组成部分，在国民经济中占据重要地位，是我国农业的支柱产业。同时，作为我国居民菜篮子中每日的必需品，禽蛋的稳定生产关系着国计民生和社会稳定。

如此庞大的禽蛋供需量，使得禽副产物加工生产同样具有举足轻重的地位。禽副产物主要包括禽骨类副产物、禽蛋副产物以及禽羽副产物等。禽骨类副产物主要以禽类骨架为原料，利用禽骨内的营养物质进行提取利用，可有效提高产品附加值，减少禽骨类副产物中蛋白质资源的浪费。

禽蛋副产物的加工利用主要包括对蛋壳、蛋壳膜的加工利用，以及对异常蛋、变质蛋的加工处理。众所周知，蛋壳中富含钙，而蛋壳膜中也含有 N-乙酰氨基葡萄糖、半乳糖、葡萄糖醛酸、透明质酸等多种可溶性高分子化合物。据统计，目前我国每年的蛋壳产量高达470多万吨，一般都被人们当作废弃物扔掉，造成了严重的环境污染和资源浪费。同时，由于禽蛋生产量巨大，再加上运输、保存等方面的原因，势必会有许多异常蛋、变质蛋的出现。如何对这些不能直接食用的变质蛋、异常蛋进行回收加工再利用，是一个非常具有研究价值的课题。因此，可利用环保、安全、高效的方法，将废弃蛋壳中的碳酸钙转化为具有生物活性的乳酸钙、乙酸钙、柠檬酸钙等，能够作为食品、饲料添加剂，应用于生物、医药等其他行业；可利用蛋壳膜制备多元有机酸，投入工业生产；还可利用异常蛋、变质蛋生产加工可食用的味精、酱油等食品调料。这样在废物再利用的同时又解决了环境污染问题，具有重要的研究意义。

二、禽蛋副产物综合利用的现状

我国是世界上禽类养殖量最多的国家，自1985年开始，我国禽蛋总量已连续20年居世界首位。1980年，我国禽蛋类在世界上所占份额仅为9.07％，到1995年已增长为42.85％，15年间同比增加了约34个百分点。同时，自1980年之后，我国的蛋类年平均增长速度也为世界第一，世界蛋类年平均增长速度是2.39％，中国为13.32％。2003年我国禽蛋产量为2560万吨，人均占有量高达20kg，禽蛋消费量和人均占有量均超过世界平均水平。1995年以后，我国禽蛋发展进入稳定期，年递增率为6％～7％。我国禽蛋逐渐成为成熟产业，稳居世界第一产蛋大国，但禽蛋副产物的开发利用明显无法满足现有蛋类生产水平，急需开展蛋品深加工，以促进我国由传统禽蛋工业加速向现代蛋品工业的转变。

蛋壳是禽蛋类主要副产物之一。按蛋壳占整蛋质量的12％计算，我国每年的蛋壳产量都在500万吨以上。其中绝大部分蛋壳被大量消费禽蛋类的餐饮业、食品加工厂、糕点厂、孵化厂、酒店、招待所、企业学校食堂等单位弃入垃圾堆中，既是资源的巨大浪费，也对环境造成了严重污染，尤其是夏季，变质蛋、蛋壳气味使得蚊蝇成群，奇臭无比。我国虽然具有丰富的蛋壳资源，但对蛋壳的加工回收利用却严重落后，进行禽蛋副产物深加工的厂家非常少，蛋壳等禽蛋副产物的开发研究明显处于薄弱环节。在科技工业高速发展的今天，我国对这些蛋壳资源的有效利用还没有展开深入广泛的研究，蛋壳加工仍然以小规模手工生产形式为主。仅有一小部分作为钙的补充剂应用于畜禽的饲料；少部分制成肥料，应用于花卉、蔬菜等农作物的培育种植；少量用于科学研究及教学、科研试验，无法大批量投入工业生产，也无法形成规模效益。市面上基于蛋壳类副产物的销售鲜有耳闻，若能将蛋壳进行深加工回收利用，既可增加经济效益，又能净化环境，减少污染。尤其是对于我国这样的蛋类消费大国而言，加大对禽蛋副产物的开发利用已迫在眉睫，具有巨大的市场前景及利润空间。

虽然蛋壳资源具有广阔的发展前景，但是蛋壳的综合利用同样面临重重困难。主要面临的难题有：第一，蛋壳不易保存，容易变质；第二，蛋壳分散性较高，难以集中回收；第三，蛋壳在使用过程中易被污染。如何高效利用蛋壳中所含的各种有效成分，进行现代化工业生产综合利用，将其开发成为食用、医用、饲用和化妆品行业用等产品，从而使其经济效益得到成倍增长，是目前面临的主要技术问题和研究目标。从科学技术角度出发，促进禽蛋副产物开发利用核心技术的研究与突破，填补我国禽蛋副产物深加工、再利用的空白，使禽类副产物得到综合开发利用，对食品业、畜牧业和轻工业等行业都能起到巨大的促进作用。

在蛋壳的开发利用方面，国内外的综合利用研究均有不同程度的进展。美国科研工作者将蛋壳和壳膜完全分离后，把蛋壳用于营养制造业、化工业和制药业等方面；日本科学家利用蛋壳制作蛋壳粉进行钙元素的补充，其相比于普通钙源更易于被吸收。我国科学家从禽蛋壳中提取生物质活性钙元素，用作食品强化剂；从壳内膜中提取壳膜素，应用于化妆品制造等。

第二节　蛋壳的结构和化学组成

一、蛋壳的结构

蛋壳占整个禽蛋质量的 $10\%\sim12\%$。为了维持蛋壳内胚胎生命系统的正常生长和发育，蛋壳需要具有一定的强度以抵抗外界的冲击和压力。蛋壳是多微孔系结构，使得蛋壳内部能够与外界环境之间进行能量与物质交换，满足胚胎发育所需要的氧气和养分。足够的氧气能够通过多孔质结构进入蛋壳内部，同时二氧化碳能够排出。蛋壳主要成分是由碳酸钙以及其他矿物质元素，结合各种有机组分，以方解石晶体形式构成的多孔性生物矿化物，密度为 $1.741\sim2.132\mathrm{g/cm}^3$，是禽蛋各部分中密度最大的部分。其质地坚硬，这种结构既能保护禽蛋免于遭受机械伤害和微生物侵染，同时又能调控禽胚发育所需的水和气体交换，并为胚胎提供钙源；既可以起到维持蛋壳内胚胎生命系统正常发育、保护蛋白和蛋黄的作用，同时又可以固定禽蛋的形状。然而蛋壳硬度虽然较好，强度却不够理想，致使蛋壳容易在不均衡外力作用下破碎。

蛋壳总体来说由三部分组成，即：壳上膜、石灰质蛋壳和壳下膜。壳上膜又称为外蛋壳膜或胶质薄膜，由白色透明的黏液干燥而成，覆盖在蛋壳表面。壳下膜位于蛋壳内层，由蛋壳膜和蛋白膜组成。这两层膜均是由胶质蛋白纤维交织而成的网状结构。前者较为粗糙，空隙大；后者较为细致紧密，细菌等微生物不易侵入。蛋壳则为一层石灰质硬壳，位于壳上膜和壳下膜之间。

从微观角度来讲，蛋壳的内部构造分为以下几层：壳膜层（the shell membranes layer）、乳锥层（the mastoid layer）、栅栏层（the palisade layer）、垂直晶体层（the vertical crystals layer）和表面角质层（the cuticle layer）。

（一）壳膜层

壳膜层厚度为 $60\sim70\mu m$，是一种主要由纤维蛋白、角蛋白、多酶蛋白与糖胺聚糖等有机物形成的粗细不等的纤维交织网状结构，位于蛋壳最内侧，由内外两层构成，分别称作壳内膜和壳外膜。其中比较著名的是壳内膜，又被称为"凤凰衣"。通过提取壳内膜中的多种有益成分，可制成烫伤外用药，消炎祛肿，促进肌细胞和表皮细胞生长；壳内膜制成的"凤凰衣"，是治疗慢性支气管炎、失音和溃疡的有效药物。

（二）乳锥层

乳锥层位于矿化壳的最内层，由锥体排列构成，锥体包括乳锥和楔体。剥离壳膜后，可在壳内表面清晰地看到大小不等且排列不规则的乳锥。锥体部分有多角形和蘑菇形两种。多角形锥体较大，其表面方解石晶体形成的乳锥似叶脉状或块状结构，从乳锥核（乳突）呈辐射状向四周伸出，向内延伸至壳膜，相结合之处称之为基帽，呈"V"形排列，有利于壳膜纤维锚于其上，从而维持蛋壳结构的稳定。蘑菇状锥体较小，锥体和乳锥的钙结晶点状沉积无明显方向性。两种锥体呈斑状分布于矿化壳内层，但由于锥体中轴与蛋壳面斜向或垂直排列，故锥体排列无序。锥体间隙多样化，其间有较大的气孔内口，这些开口结构复杂，由许多从柱状层上层延伸下来的小气孔组成一个气孔内口复合体。乳锥层方解石结晶体呈棱柱状，与壳面平行排列但不规则，结构致密，形成基台，乳锥"坐于"其上。乳锥层基部与栅栏层融为一体。

（三）栅栏层

栅栏层是蛋壳的主体部分，又称为海绵层，与乳锥层间无明显的界限，约占蛋壳厚度的3/5，质地较硬，由方解石结晶体和有机质构成。栅栏层的棱柱状方解石晶体沉积在片层状有机基质上，形成似沉积岩样的层状结构，贯穿于表层和乳锥层之间。其中片层状有机基质中分布有大量的纵横交错的气孔通道。气孔由内外两层构成，内层似膜质管嵌于外层方解石结晶基质中。气孔通道的内口开口于蛋壳乳锥层，外口开口于蛋壳表层，这种结构有利于胚胎发育时与外界进行气体交换，可以起到维持空气的变温、防止水分丧失的功能。

（四）垂直晶体层与表层

垂直晶体层是由微晶以竖直方式排列形成的矿化蛋壳的最外层，矿化结束后，在其外表面又包覆着一层薄膜，即为表层，又叫表面角质层。在蛋产出前 90min 左右，输卵管腺体分泌出角质层开始在蛋壳外表面沉积，角质层富含羟磷灰石和色素及蛋白质。当蛋产出后该角质层迅速凝固，不易与蛋壳矿化层分离。在产卵过程中形成表层的分泌物起润滑剂的作用，使卵壳表面润滑有光泽，且气孔封闭，在蛋的保存和孵化期间有防止水分丧失和细菌侵袭的作用，且并不影响通气。

二、蛋壳的化学组成

蛋壳主要由碳酸钙（$CaCO_3$）等无机物和有机基质组成，而且有机结合自然形成了具有优良力学性能的生物矿化层。无机物是蛋壳的主要成分，约占整个蛋壳质量的 $94\%\sim97\%$，有机物仅占蛋壳质量的 $3\%\sim6\%$。无机物中主要包括 $CaCO_3$，约占 93%，还有一些其他无机化合物，如少量 $MaCO_3$（约1%）、$CaCO_3$ 和 $MgCO_3$ 的混合物以及 $Ca_3(PO_4)_2$、$Mg_3(PO_4)_2$ 等。现已对鸡蛋壳的化学成分进行了详细的分析，如表 6-1 所示。

表 6-1　鸡蛋壳的化学成分　　　　　　　　　单位：%

成　　分	最高	最低	平均
碳酸钙	89.0	93.0	91.0
碳酸镁	2.0	0	1.0
磷酸钙及磷酸镁	5.0	0.5	2.8
有机物	5.0	3.0	4.0

此外，蛋壳内还含有多种微量元素，如 Zn、Cu、Mn、Fe、Se 等。有机物中主要是蛋白质（属非胶原态蛋白，其中约含有 4% 的硫和 15% 的氮），此外还含有多糖类及原卟啉色素等。这些基质蛋白质包含多达 18 种氨基酸，主要有甘氨酸、苏氨酸、丝氨酸、丙氨酸、缬氨酸、亮氨酸等。多糖类约有 35% 为 4-硫酸软骨素和硫酸软骨素；蛋壳中的原卟啉类似于动物血液中正铁血红素的原卟啉，是决定蛋壳颜色的主要色素物质。据资料显示，蛋壳中原卟啉含量约为 $8.6\sim66.3mg/kg$，其含量跟蛋壳颜色成正比例关系。由此可见，铁元素在蛋壳中也占有较大的比例。

第三节　蛋壳的加工利用

一、蛋壳粉的加工

（一）蛋壳粉的成分

蛋壳粉是由蛋壳经过加工制得的。由于蛋壳中含有丰富的钙质及其他动物生长发育所需的营养物质，是一种天然的绿色钙源，因此其制得的蛋壳粉具有很好的营养价值。蛋壳粉主要成分是含钙和镁的无机物，以及少量有机物质，其中含有碳酸钙 94.54％、蛋白质 1.15％、碳酸镁 0.5％～1.0％、磷酸钙和磷酸镁 0.8％～2.8％，而且相比于其他钙质，蛋壳粉更易于被消化吸收。蛋壳粉的主要成分是碳酸钙，从显微结构观察，化学合成的碳酸钙是坚实的片状，蛋壳粉中的碳酸钙则呈现不规则多孔结构，这也是在众多研究中认为蛋壳粉中碳酸钙更易于被吸收的主要原因。

① 在钙的吸收率方面，蛋壳粉比普通碳酸钙高出 50％～80％。

② 在钙的保持率方面，蛋壳粉中的碳酸钙比化学合成的碳酸钙以及乳酸钙等其他有机钙能保持更久时间，不易在空气中被分解氧化。

③ 在钙的消化率方面，对产蛋母鸡分别喂食蛋壳粉、牡蛎粉和石灰粉，实验结果表明在用蛋壳粉进行喂食的产蛋母鸡对比组中，钙的消化率最高，食用蛋壳粉的实验组母鸡体重增加 3.2％，产蛋量和鸡蛋质量也明显优于喂食其他饲料的实验组。

通过对不同畜禽的大量试验，得出结论：蛋壳粉是一种优良的更适于人类及家畜禽食用的广泛的饮食钙源。

（二）蛋壳粉的用途

蛋壳粉的用途很多，在农业上主要是用作畜禽的钙质添加剂饲料以及花木肥料。经过超微粉碎蛋壳加工而成的蛋壳粉，作为钙的补充剂添加到畜禽饲料中，可有效避免雏禽和仔畜发生软骨症，可提高家禽产蛋量，促进畜禽的生长发育。将蛋壳粉与畜禽血混合、干燥、粉碎得到的蛋壳血粉，不仅是畜禽的优良饲料，而且还是栽培果木花草的优质肥料。

蛋壳粉在食品行业中的应用也十分广泛，在面食类食物，主要是中式面条和日式切面中加入 0.5％～1％面粉用量的食用蛋壳粉，能够使面条强度得到强化，面团更筋道，机械适应性提高。宾冬梅等利用蛋壳粉加工研制出了蛋壳粉补钙面条，非常适合需要补钙的老人和儿童食用。在油炸食品面衣中加入蛋壳粉可增加产品松脆口感；在香肠等畜肉制品、鱼肉制品中加入食用蛋壳粉，弹性和黏着性都得到提高；蛋壳粉还可用于酒的脱酸剂、水硬化剂、饴糖中和剂，等等。

蛋壳粉还主要应用于医药方面。将柠檬酸、葡萄糖酸、乳酸等有机酸与蛋壳粉结合加工，可制成各类有机酸钙，老人和儿童骨骼对其易吸收，是优良的保健品；加工蛋壳粉可直接入药，制成蛋壳药粉，温水口服或装入胶囊服用皆可，具有补充营养、解毒止痛的功效；以蛋壳粉为主的药剂对治疗小儿营养不良、成人感冒、黏膜性胃炎、胃痛、胃溃疡、胃酸过多、十二指肠溃疡、小儿腹泻及急性胃肠炎等都有很好的疗效。

在日化方面，蛋壳粉也占据着举足轻重的地位。法国和世界卫生组织推荐产品中含有 1% 的蛋壳粉，不仅不会产生其他化妆品所引起的红肿、充血、瘙痒、脱屑、皮肤粗糙等问题，还能有效防止皮肤过敏，又可在一定程度上降低产品成本，提高经济效益，已经得到广泛的推广和应用。

此外，蛋壳粉还可用于轻工业方面，如作为高档瓷器的辅助材料，牙膏、涂料的有效成分，以及用于摩擦剂、去污粉等，用途非常广泛。

(三) 蛋壳粉的加工方法

蛋壳粉的加工程序依用途而定，总体来说较为简便易行。一般包括六个过程：蛋壳的收集、烘干、除杂、制粉、过筛和包装。

(1) 蛋壳的收集　蛋壳的来源主要是大量需求禽蛋的蛋制品厂，以及酒店、学校及企业食堂等。收集来的蛋壳应以完整程度高，蛋壳质量新鲜为佳，应避免收集由于长时间弃置而变质、有异味的蛋壳。将收集来的蛋壳洗净。

(2) 烘干　经过洗涤的湿蛋壳需要及时进行干燥。常见的干燥方法有两种：自然干燥法和加热烘干法。

① 自然干燥法　主要用于气温较高、空气流通程度较好的夏季，或没有烘干设备的情况。将蛋壳均匀平铺在干燥的水泥场地上，利用太阳光暴晒蒸发水分干燥。蛋壳不宜铺叠太厚，一般摊晒厚度控制在 3cm 左右。在蛋壳水分初步蒸发之前不要翻动，以免使蛋壳破碎，待初步蒸发干燥后则需经常翻动，使其得到全面晾晒。晒至质松而脆、手捏即碎为准。

② 加热烘干法　比较常见的正规烘干方法。将蛋壳置于烘房或者烘箱等加热设备中烘干，烘烤温度控制在 $80\sim100℃$，烘干时间一般约为 $2\sim5h$。

(3) 除杂　去除杂质，拾拣出蛋壳中的夹杂物，如木片、铁钉、竹板、石子等，防止其损坏粉碎机或混在蛋壳中影响蛋壳粉质量。

（4）制粉　经过干燥除杂的蛋壳需要磨制成粉，可采用不同的研磨粉碎工具进行磨制，较为常用的有电磨制粉和蛋壳击碎制粉。电磨制粉使用电动粉碎机或磨粉器，将干燥的蛋壳磨碎至粉末状。击碎法即用蛋壳击碎器将干燥的蛋壳放入臼内击碎为粉末状。

（5）过筛　由于经过粉碎磨制的蛋壳粉末粗细大小不均匀，需要用筛粉器对蛋壳粉进行过筛处理，以保证蛋壳粉粒径均匀一致。作饲料的蛋壳粉至少以 32 目筛子过筛。筛滤下的均匀细致的蛋壳粉可送入包装间，筛上过大的蛋壳粉和未研磨彻底的蛋壳需重新送入磨粉间进行粉碎研磨。

（6）包装　可采用双层牛皮纸袋、塑料袋或鱼皮包装袋包装。封装质量根据出售规格而定，可分为 5kg、25kg、50kg 等不同规格。密封袋口后置于干燥、阴凉、通风的仓库中保存，等待出厂。

总而言之，蛋白粉由于其简易的加工程序和较高的应用价值，具有广阔的研究价值和市场价值。

二、利用蛋壳制备有机钙

（一）补钙制剂简介

蛋壳中的碳酸钙含量虽然高，但是碳酸钙是无机钙，人体摄入后需要胃酸参与反应才能吸收，对于消化功能弱或有胃肠疾病的人，并不适宜使用。老年人多数消化系统老化，更适合用有机钙补充钙质。典型的有机钙有葡萄糖酸钙、乳酸钙和柠檬酸钙等，其钙含量虽然低于无机钙，但不需要胃酸参与反应进行吸收。所以，将蛋壳中大量的无机钙转化为人体更易吸收的有机钙，具有重要的研究意义和实践价值。

根据我国的营养调查结果表明：在全国不同职业和年龄的人群中，钙的摄入量普遍处于相对偏低水平，平均每人每天的摄入量仅为 400mg，仅仅能够达到营养学推荐供给量指标的 1/2 左右（约为 800mg/d），并且青少年和儿童缺钙现象更加严重。我国在近几年内对儿童和青少年的缺钙问题已经高度重视。但是无机补钙剂对胃黏膜的刺激非常大，而且被人体吸收也十分困难，大多数的钙离子未经吸收就被排出体外，故补钙的效果不是十分理想。多年来，各国科研人员一直在研究生物利用率高、副作用小的钙营养强化剂。动物的机体骨骼中虽然都含有丰富的钙基质，然而，其主要以溶解度很低的羟磷灰石的结晶体的形式而存在，因而，简单地采用物理的方法不会有效地促进钙元素在人体内的吸收利用。因此，各种补钙制剂应运而生，这些补钙制剂大体可以分为三类，即无机钙、有机钙和有机酸钙。无机钙主要来源是碳酸钙、氯化钙、磷酸钙等无机化合物，以及动物骨骼或贝壳类等中的生物钙。一般而言，无机钙制剂虽然含钙量较高，但难溶于水，且生物利用率低，生物体需要耗费大量酸才能使其解离为二价钙离子，加以吸收利用。同时某些无机钙制剂制作过程中由于制作工艺存在不可避免的缺陷，很容易引起重金属浓度超标，危害到人体健康。这里主要介绍有机酸钙及有机钙。

有机酸钙是一种具有多种功能的有机活性钙。目前，已经可以在实验室中由蛋壳钙制得不同种类的有机酸钙，其中一元有机酸钙和复合酸钙为主要制备产物。一元有机酸钙包括乳酸钙、醋酸钙、葡萄糖酸钙、丙酸钙、丙酮酸钙、柠檬酸钙、氨基酸螯合钙等；复合酸钙包括乳酸-柠檬酸钙和柠檬酸-苹果酸钙等钙制剂。以两种酸和钙为原料，按照一定比例合成制得的即为复合酸钙。复合酸钙是一种具有溶解性高、生物学吸收利用率高、钙吸收阻碍小、风味良好等多种特点的良好钙营养强化剂。

除了含丰富的钙以外，有机酸钙还含有多种矿物质，如铁、锌、钠、镁等，可作为微量元素的良好来源；有机酸钙比无机酸钙具有更高的溶解度和吸收率，更重要的是吸收过程中对肠胃无刺激。有机酸钙具有良好的吸收率，如柠檬酸钙的吸收率是无机钙的 2.6 倍；同时能降低胆固醇达到 20% 左右。有机酸钙相对于无机钙有明显的作用。如其可以刺激骨髓造血功能，使机体内红细胞和血红蛋白随之显著升高，而白细胞含量则不受影响，嗜酸细胞数则会相应下降，从而稳定机体内环境；再如有机酸钙的摄入不会造成重金属元素在体内积累，对内脏器官无副作用，钙的摄入能促进骨骼生长，使骨密度增加。但也应看到有些问题还需完善，如有机酸钙产品含钙量和利用率等方面仍存在着缺陷。

覃一峰以鸡蛋壳为原料制备出了高转化率的丙酮酸钙，并研究了提取胶原蛋白的整体工艺。李涛等重点研究了蛋壳中碳酸钙转化为有机钙的实验进展，包括醋酸钙、丙酸钙；研究了碳酸钙转化为乳酸钙；同时也研究了碳酸钙转化为柠檬酸钙、葡萄糖酸钙、丙酮酸钙、苹果酸钙及其他有机酸钙，并提出柠檬酸钙、葡萄糖酸钙、丙酮酸钙、苹果酸钙及其他混合有机酸钙，如乳酸-葡萄糖酸钙、柠檬酸-苹果酸钙等这类螯合钙的特点是含钙量相对较低，但具有高溶解性、高生物学吸收利用性、风味良好及安全无毒等特点。

有机钙主要指具有某些特定生物活性结构的氨基酸螯合钙，如甘氨酸钙、L-苏糖酸钙、谷氨酸螯合钙、氨基酸螯合钙等。氨基酸螯合钙具有不可多得的优势，如其具有很好的化学和生化稳定性，机体消化吸收率高，生物学效价很高，同时由于其含有钙及氨基酸使得在补充氨基酸的同时又能够补充钙元素，达到双重功效。目前，研究人员也在不断地研发并推出新的螯合钙，其中包括传统的有机酸钙盐、无机钙盐和新型的可溶解性有机酸钙。传统的有机酸钙盐有不同程度的毒副作用；而无机钙盐具有吸收率低的缺点，并且很容易停留在肾脏部位，也十分容易引起肾结石等疾病。与传统的有机酸钙盐和无机钙盐相比较，新型可溶性有机酸钙的特点是生物效价高、稳定性好、具有抗病作用以及吸收利用率十分高。胡振珠等人将罗非鱼酶解，获得鱼骨粉和复合氨基酸液，然后以其为钙源与复合氨基酸液进行螯合，研究发现制备出的氨基酸螯合钙率达到 57.22％，并且氨基酸螯合钙浓缩液对羟自由基清除率、超氧阴离子自由基抑制率分别为 6.60％、51.67％。杜冰等人以蛋壳为原料制备出了甘氨酸螯合钙，并优化了其工艺条件，研究发现最佳工艺下螯合率可达 89.32％。

（二）利用蛋壳制备有机钙的方法

近年来，人们通过实验发现了多种利用蛋壳为原料制备有机钙的方法，主要有高温煅烧中和法、直接中和法、发酵法、超声波法和脉冲电场法等五种方法。

1. 高温煅烧中和法

高温煅烧中和法制备有机钙是先高温煅烧使碳酸钙转化为氧化钙，加水溶解为石灰乳后与有机酸中和生成有机钙的过程。通过对比不同的温度和时间下煅烧粉末与盐酸的反应情况得出结论：在 900℃下煅烧 2h，可使蛋壳粉煅烧充分。根据制备的有机钙种类不同，以酸过量 50％、反应温度在 50～80℃、反应时间在 1h 左右为最佳。结晶纯化过程以蒸发结晶干燥为主，也可根据不同需要进行冷冻结晶。利用此方法制得的柠檬酸钙的产率不低于 80％，丙酸钙产率可达 90％以上，而柠檬酸-苹果酸钙的产率则可以达到约 95％。

2. 直接中和法

直接中和法是在蛋壳粉中直接加入有机酸中和得到有机钙的方法。同样，根据制备的有机酸种类不同，以蛋壳与有机酸添加量比为 1∶10，反应温度在 50～80℃之间，反应时间为 2.5h 为最佳。国内科研工作者通过实验得到不同有机酸钙的产率。其中李涛采用二次反应中和法，对反应后的蛋壳粉进一步中和，并将两次反应液进行蒸发干燥，得到丙酸钙的产率高达 98.26％；秦建芳利用此方法制备的丙酸钙产率也有 70.35％。直接中和法是一种高效便捷的有机酸钙制备方法。

3. 发酵法

发酵法制备有机酸钙主要利用生物发酵法先制备出有机酸，再将蛋壳粉分次投入至发酵液中，与有机酸反应生成有机酸钙，最后对发酵液进行分离、浓缩、纯化，得到成品。例如丁邦琴分离筛选出丙酸杆菌，进行扩大培养后在 40g/L 的葡萄糖溶液中进行发酵以制得丙酸。再将蛋壳高温煅烧后制得的氧化钙粉末边搅拌边加入到丙酸溶液中，反应完成后经过滤，将滤液用透析袋透析，蒸发结晶，最终制得的丙酸钙产率可达 85.57%。

4. 超声波法

超声波法是将蛋壳清洗、烘干、粉碎、过筛后，加入到有机酸的水溶液中，通过超声处理后使其充分混合反应，进行浓缩提纯，得到有机酸钙的过程。例如罗珊珊等把颗粒细度为 120 目的蛋壳粉加入到柠檬酸与苹果酸的混合溶液中，在超声功率 600W 下超声 20min，制得柠檬酸-苹果酸复合钙的产率为 92.97%。林松毅以类似方法制得的柠檬酸钙产率为 90.83%。

5. 脉冲电场法

脉冲电场法是将蛋壳清洗、烘干、粉碎、过筛后加入到有机酸水溶液中，使其混合溶液按照一定速度流经脉冲电场系统，经脉冲短时处理后过滤提取滤液进行浓缩提纯，得到有机酸钙的过程。王丽艳将蛋壳粉与苹果酸按照 1g∶50mL 混合，使混合液以 25mL/min 的速度流经脉冲电场系统，电场强度为 20kV/cm，脉冲持续时间为 24μs，使其充分反应过滤浓缩提纯后，得到苹果酸钙的产率为 91.06%。

利用蛋壳通过上述五种方法均可制得产率较高的有机酸钙。但上述一些方法也存在某些弊端。如高温煅烧法在煅烧过程中会产生二氧化氮、二氧化硫、硫化氢等有害气体，造成环境污染，并不建议采用。直接中和法虽然操作简单且无有毒有害气体生成，但耗时较长。发酵法制备有机酸钙具有成本低廉、能耗小、绿色环保的优点，但生产周期长，且对菌种的选育培养过程复杂，耗时较长。超声波法制备有机酸钙操作简单，生产周期短，产率较高，适合工业生产。脉冲法可以有效提高钙溶解度，制备效率也较高，且加工时间短，在食品工业得到广泛应用，可以很好地保护食品风味和营养价值。但利用脉冲法制备有机酸钙的工艺参数和如何提高产率还需进一步研究。

三、蛋壳中提取溶菌酶

溶菌酶是一种糖苷水解酶，又称胞壁质酶或 N-乙酰胞壁质聚糖水解酶，作用于 N-乙酰氨葡萄糖和 N-乙酰氨胞壁酸之间的 β-1,4 键，能使某些细菌细胞壁中的糖胺聚糖成分分解，因而具有溶菌能力。它的主要功用是水解细菌细胞壁，在细胞内，则对吞噬后的病原菌起破坏作用。所以它具有抗炎功效，并可以保护机体不受感染。溶菌酶不仅能分解稠厚的黏蛋白，使脓性创口渗出物液化而易于排出，并能清除坏死黏膜，加速黏膜组织的修复和再生。溶菌酶与抗生素合用具有良好的协同、增效作用，在临床上用于五官科多种黏膜疾病，如副鼻窦炎、慢性鼻炎、扁平苔藓、口腔溃疡、渗出性中耳炎。在食品工业中，溶菌酶可以用作婴儿食品的添加剂，母乳与牛奶相比含溶菌酶的量要高得多。在半硬奶酪的生产中，一般要给干酪乳添加硝酸盐，以便阻止由厌氧孢子增殖体（如酪酸梭状芽孢杆菌）的作用所引起的胀气。牛奶进行低温消毒时不会杀死这些孢子，而这些孢子在熟化过程中会使干酪变质。采用溶菌酶处理后，可以阻止这种胀气现象。在医学上溶菌酶可用来制消炎药。在日本，制成的含溶菌酶的漱口液及牙膏，可防龋齿。尤其重要的是，近年来溶菌酶已成为基因工程及细胞工程必不可少的工具酶。随着生物工程的发展，提取溶菌酶具有重要的战略意义。

溶菌酶广泛存在于自然界的动物、植物和微生物中，人们主要采用鸡蛋蛋白来制取此酶，人的白细胞、血清、胎盘以及番木瓜、凤梨和无花果的鲜汁中都含有丰富的溶菌酶。目前，溶菌酶的生产主要采用弱酸性离子交换树脂（724 型）于鸡蛋清中吸附提取，经洗脱、硫酸铵沉淀、透析、等电点去除杂蛋白及冷冻干燥等工序生产，或从蛋清中直接结晶生产。如果能从鸡蛋壳中有效提取溶菌酶，同时制备钙补充剂，将能有效利用剩余资源，具有重大意义。

由于蛋壳中溶菌酶含量甚低，常规方法很难获得大量溶菌酶，所以常见的从蛋壳中提取溶菌酶的方法主要有：用聚丙烯酸为富集剂提取溶菌酶，同时获得动物用钙补充剂；以及采用离子交换树脂直接从鸡蛋壳中提取溶菌酶。

（一）以聚丙烯酸为富集剂提取溶菌酶

（1）提取　将 100g 已冲洗干净并敲碎的新鲜鸡蛋壳置于 500mL 烧杯中，加入约 150mL 0.5％的 NaCl 溶液，再逐滴加入 10％的稀盐酸，并不断搅拌，使 pH 值为 6。将烧杯放在调温电炉上加热至 40℃，保温搅拌 1.5～2h。用涤纶纱布过滤，滤液收集备用，滤渣按上面方法提取 2 次，以尽可能提尽鸡蛋壳中的有机物。

（2）除杂　将滤液边搅拌边滴加 5％草酸溶液使 pH 值为 5，然后用水浴加热至 75℃，搅拌 5min，快速冷却至室温，静置 2～3h，除去钙、磷等无机沉淀物，收集上清液。

（3）聚丙烯酸富集　将上清液边搅拌边滴加 2％的 NaOH 溶液，使 pH 值为 6，然后加入上清液量一半的 5％聚丙烯酸溶液，搅拌均匀后，静置 0.5h。当溶菌酶被富集于聚丙烯酸而凝聚沉降烧杯底部时，倒去上层清液，收集凝聚物。

（4）除去聚丙烯酸　将凝聚物边搅拌边加入 4％NaOH 溶液，并将 pH 值调至9.5，使凝聚物溶解。再加入 50％氯化钙溶液，加至使溶菌酶解离，静置 10～20min。然后边搅拌边加入 20％稀盐酸，使 pH 值为 6，过滤上层清液用于回收聚丙烯酸。

（5）产品提纯　将上述收集的滤液在搅拌下用 5％NaOH 将 pH 值调至 8.5，然后沉淀 5～6h（如有白色沉淀，要过滤除去），取出清液，再加入等量 5％NaCl

溶液，静置过夜，抽滤。用5％NaCl重结晶一次，再抽滤，放入60℃真空干燥箱烘干，即得0.1125g溶菌酶成品。

（6）动物钙补充剂制备　如果需要，可将浸提后的碎鸡蛋壳用清水冲洗后，置于100℃以下干燥后粉碎，即可得家禽优良的钙质饲料添加剂。

用聚丙烯酸富集法制取溶菌酶，成本低，方法简便，既可充分利用鸡蛋壳，变废为宝，增加社会财富，又可使环境保护工作跳出单纯治理的圈子，做到治理与利用相结合。

（二）离子交换树脂提取溶菌酶

（1）材料　鸡蛋壳，离子交换树脂（根据情况自制），溶菌酶样品为Sino-American-Biotee产品（比活＞25000U/mg）。其他试剂均为市售分析纯级别。

（2）准备树脂柱　将离子交换树脂按一般阳离子树脂处理方法处理，之后装在规格为200mm×30mm的玻璃柱内进行转型再生后备用。

（3）方法　将鸡蛋壳晾干，粉碎成末，加入等量的去离子水，用10％盐酸调节pH为5，用水浴加热至40℃，保温搅拌2h，趁热过滤。滤渣用上法再提取两次，合并滤液。滤液通过预先处理的离子交换树脂柱，流速控制在200～250mL/min左右。然后用去离子水洗涤树脂柱，再用树脂2倍体积的pH6.5的0.15mol/L磷酸缓冲溶液洗涤，最后用10％硫酸铵将溶菌酶洗脱下来。在洗脱液中加入硫酸至近饱和时，溶菌酶即沉淀。将沉淀物置于透析膜中，再放在溶液中透析纯化，冷冻干燥，即可制得溶菌酶成品。

总之，用上述方法从禽蛋厂的废料蛋壳中提取溶菌酶简单易行，是废物利用的好方法。如果将全国的废弃蛋壳加以利用，是一批不小的资源，同时也扩大了溶菌酶的来源。

四、蛋壳膜的制备方法

中国是世界第一禽蛋生产和消费大国，按蛋壳占鲜蛋质量的11％，蛋壳膜占蛋壳质量的5％计算，我国每年产生蛋壳约为350万吨，产生的蛋壳膜约为18万吨。这些丢弃的蛋壳膜是资源上的极度浪费。目前国内外对蛋壳的资源化研究和开发利用甚多，而对蛋壳膜的研究及利用则刚刚起步，正愈来愈引起人们的重视。但是由于其相应的产品开发和产业发展方向很多，因此准确把握蛋壳膜的研究与应用开发现状，了解蛋壳膜相关产业发展中可能存在的问题，对于以后我国在蛋类制品的进一步深加工以及循环经济的发展方面显得尤为重要。下面主要围绕蛋壳膜的组成、应用及制备展开讨论。

（一）蛋壳膜的结构和组成

蛋壳膜是位于蛋壳与蛋清之间的纤维状薄膜，占蛋壳总重的 4%～5% 左右，由蛋壳内膜和蛋壳外膜组成。蛋壳膜厚度约为 $70\mu m$，其中蛋壳外膜厚度为 $50\mu m$ 左右，蛋壳内膜厚度为 $15\mu m$ 左右。通过扫描电镜（SEM）观察可得：蛋壳膜外表面呈现出相互交织的纤维网状结构，纤维直径为微米级；而内表面则表现得较外表面致密，呈现出凹凸形貌。

蛋壳膜中 90% 的组分为蛋白质，主要以糖蛋白的形式存在，类似于细胞膜蛋白质的组成，此外还含有胶原蛋白（主要为 I 型、V 型、X 型）、角蛋白、OC-17（ovocleidin-17）、骨桥蛋白、卵清蛋白和溶菌酶等。蛋壳膜的氨基酸组成中胱氨酸、脯氨酸较多，也含有胶原蛋白特有的羟脯氨酸、赖氨酸和弹性蛋白特有的锁链素。蛋壳膜中还含有约 3% 的脂类及 2% 的糖类。此外，蛋壳膜中还含有少量的无机物，主要有钙、镁、锶，而几乎不含铅、铝、镉、汞、碘。

（二）蛋壳膜的相关应用

由于其丰富的物质成分组成和独特的结构特征，目前蛋壳膜已经被应用在医药、轻工业、环境工程和生物传感器等多个领域。通过对蛋壳膜的开发利用，经济效益将大大提高。

蛋壳膜，俗称"凤凰衣"，目前其在医药领域的多方面应用体现了它具有加速上皮形成、消炎及促进肌肤生长的作用。临床在治疗褥疮、皮肤烫伤及外伤性鼓膜穿孔方面有良好的效果。日本科学家成功地将蛋壳膜加工成直径仅为 $5\mu m$ 的极细粉末，并添加到纺织纤维里，制成了一种别的新型纤维。用该蛋壳膜纤维制成的绷带具有促进伤口愈合的功效，可使康复时间大大缩短。轻工业领域，日本丘比公司与出光精细技术公司合作，利用蛋壳内膜加工技术和天然成分微粉化与特殊聚合配比技术，制得了蛋壳内膜粉新材料。这种材料如果直接应用于接触肌肤的衣服上，不仅可令皮肤触感光滑，而且还可使皮肤的弹性和张力提高。

（三）蛋壳膜的制备

蛋壳膜上具有多种有益于生物体生长发育的营养物质成分，如何有效地提取并投入实际应用中是急需深入研究的课题。

（1）可溶性蛋壳膜蛋白（SEP）的提取和应用　原始蛋壳膜为纤维状网络结构，不溶于水，而蛋白质一般在溶解状态下才会表现出良好的功能特性，从而被更好地加以利用。目前有关蛋壳膜中 SEP 的提取方法已报道的主要有以下几种：

① 氢氧化钠-乙醇溶解法。蛋壳膜完全溶解后中止水解反应，再用 HCl 中和至 pH7.2～7.4，超滤脱盐浓缩后即得到 10%～15% 的蛋膜素溶液。

② 甲酸氧化/胃蛋白酶消化法。切除蛋壳膜中的二硫键并使其溶解，利用此法最终可得到可溶性壳膜蛋白，但产率较低，只有 16%～39%。

③ 对蛋壳膜进行二次提取，先用 3-巯基丙酸/乙酸处理，后用胃蛋白酶酶解，利用这种新方法使得提取率高达 90%。前面两种方法得到的产物产率很低，而且由于其溶解性能局限了它在生物材料上的应用。第三种方法产率较高，基本达到了利用整个蛋壳膜的目的，产物易溶于酸性和碱性水溶液及六氟异丙醇等有机溶剂，因此可以进一步加工成膜或制成其他所需的形状，是生物医学材料应用于组织修复的重要依据。

在近些年来，静电纺丝技术在纳米纤维高分子支架上有很大发展，并引起世界各国学者的关注。SEP 可以与 PVA、PPC、PLA 进行共混纺丝，得到可促进细胞生长的支架。Kim 等利用 SEP 和 PCL 成功进行了同轴电纺制得可应用于组织工程的医用材料，该类产品有较高的比表面积，在药物载体及美容敷料等方面有很好的应用前景。

通过对 SEP 的提取和应用进行分析可以发现：SEP 的提取率很高，可达 90%，产物的利用率较高，产品开发应用有一定基础，产业开发前景良好。而且 SEP 是一种混合蛋白，可以作为食品、饲料等的添加剂开发，充分发挥它的蛋白含量高的特性。除了对蛋壳膜可溶总蛋白的研究利用外，对于蛋壳膜中所含有的各单一高附加值成分如胶原、唾液酸及抗菌蛋白等的提取和应用也是目前的热点。

（2）角蛋白的提取和应用　角蛋白大分子含有大量半胱氨酸，从而在主链间能形成二硫键等空间横向联键，使天然角蛋白难以溶解。因此若要制得分子量较高、溶解性较好的角蛋白，只能通过选择性地打开二硫键、破坏氢键等方法来实现。以蛋壳膜为原料提取角蛋白的方法主要有碱法、酸法和酶法。研究发现，酶法提取角蛋白与其他方法相比，反应条件温和，对环境无污染，具有良好的发展前景。根据纯化程度的不同，角蛋白可应用于食品、饲料和药物等方面，具体包括以下领域：

① 动物饲料　角蛋白作为动物饲料可以促进动物生长。

② 化妆品领域　角蛋白与人体皮肤天然相容，具有良好的皮肤保健、保护和治疗功效。

③ 生物材料领域　角蛋白可用作伤口缝合线和治疗皮肤疾病的药物。

（3）溶菌酶的提取和利用　蛋壳膜中含有溶菌酶，研究者将蛋壳膜在酸性溶液中溶解后，加入聚丙烯酸使形成溶菌酶-聚丙烯酸凝聚物，然后将这种凝聚物解离，得到结晶的溶菌酶，再用甲壳质亲和色谱和 DEAE 纤维素色谱精制纯化，可以得到可用于食品工业的溶菌酶。这种方法每千克蛋壳膜可获得再结晶产品近 1g。

溶菌酶的用途很多，食品工业中由于溶菌酶本身是一种天然蛋白质，无毒性，可以作为防腐、保鲜食品添加剂；还可作为一种细胞工程、发酵工程中的工具酶应用于临床医学及生物技术中。

（4）硫酸软骨素的提取和利用　以蛋壳膜为原料，稀碱条件下溶解，然后采用胰蛋白酶、胃蛋白酶分解法去除杂蛋白，经酒精沉淀并干燥后可以得到硫酸软骨素。硫酸软骨素是壳膜软骨等组织的一类重要的酸性糖胺聚糖。硫酸软骨素对角膜胶原纤维具有保护作用，能促进基质中纤维的增长，从而促进角膜创伤的愈合及改善眼部干燥症状。还可应用于关节炎作为治疗关节疾病的药品，常与葡萄糖胺配合使用，具有止痛、促进软骨再生的功效，对改善老年退行性关节炎、风湿性关节炎有一定的效果，是目前常用的一种关节保护保健品。

除此之外，还有许多物质已经实现从蛋壳膜中提取出来，并广泛应用。例如胶原蛋白、唾液酸、透明质酸、新型抗菌蛋白等。尽管蛋壳膜的研究开发还面临一些问题，真正实现产业化也不是短期内可以实现的目标，但是通过目前的研究应用，可以发现由于蛋壳膜具有多种优良特性，与其相关的许多产品都有广泛的应用前景，如化妆品、生物医药和组织工程支架等。只要运用合适的方法将其加以很好的开发利用，使形成一定的产业集团，实现蛋壳膜的市场化操作，就可以真正地做到变废为宝，达到资源最大化利用的目的。

五、利用蛋壳膜制备涎酸

涎酸或唾液酸（sialic acids）是神经氨酸乙酰化体的总称，是一类酸性氨基糖，是一族神经氨酸（neu-raminic acid）的衍生物，广泛存在于动物细胞表面糖蛋白和糖脂的糖链末端。唾液酸在自然界分布很广，已经发现唾液酸存在于许多生物体内。随着生物进化程度的增加，唾液酸在生物体内的含量及其衍生物类型亦增加，进化程度较低的生物，如原生动物、星虫、环节动物、扁形动物、钮形动物、栉水母动物、节肢动物等均极少有或没有唾液酸的存在。在脊椎动物中普遍存在唾液酸，如鱼类、两栖类、爬行类、鸟类等动物。哺乳动物体内普遍存在唾液酸，其中在脑脊液和黏液中最多。

纯唾液酸是无色的，易溶于水，在水溶液中不发生变旋作用。纯的 N-乙酰神经氨酸和 N-羟乙酰神经氨酸在水溶液中很稳定，4℃时贮藏数月不发生变化。如果溶液中含有非常微量的有机酸，其稳定性就受到很大的影响。二乙酰神经氨酸和三乙酰神经氨酸不稳定，在常温下易变成 N-乙酰神经氨酸。

废弃蛋壳是重要的唾液酸源，蛋壳膜中唾液酸的含量不高，约为 0.02%，但由于壳膜资源总量丰富，利用蛋壳膜来提取唾液酸的经济效益很高。

目前以酸解法制备唾液酸的得率较高。具体水解条件是：pH 为 2，温度为 85℃，料液比为 1:120，时间为 1.5h。得到唾液酸的含量为 46.12μg/mL 左右。唾液酸是一类神经氨酸的衍生物，具有很多生物活性功能。唾液酸能够维持人体黏蛋白润滑，有利于神经系统发育，尤其对于婴幼儿大脑的发育具有重要作用。此外，唾液酸还具有抗菌消炎、抗病毒以及抗肿瘤的作用。

作为一种安全食品，鸡蛋中含有较高的蛋白质及丰富的脂质，是很好的维生素及矿物质的供给源，同时鸡蛋又兼具易于吸收、价格低廉等特点，因此，它被人们誉为维持生命的营养食品。近些年来，全世界有许多国家在鸡蛋的深加工方面特别是对于鸡蛋中蛋黄与蛋清功能成分的提取方面有了突破性的进展。我国是禽蛋生产大国，总产量居世界第一位，但鸡蛋的利用较单一，加工业还处于起步阶段。虽然我国的蛋品工业也有了长足的发展，但是与国外的发展状况相比，差距比较大。主要表现在科学研究偏少，科技含量不高，蛋品深加工产品少等。从世界蛋品产业结构来看，发达国家的蛋品加工量可以占到鲜蛋总量的 25%，而我国的蛋品加工量只占到鲜蛋总量的 0.7%～1.0%，与发达国家相去甚远。为了开拓蛋品资源加工新途径，提高蛋品的附加值，促进蛋品消费，综合开发鸡蛋中的功能因子将是一个很好的研究方向。另外，近年来唾液酸在医学领域的各种功能逐渐突出，关于唾液酸的研究也越来越多，而鸡蛋中含有大量唾液酸，可成为理想的供给源。由蛋壳膜制备含唾液酸的水解液对进一步精制得到成品唾液酸意义重大。

第四节　异常蛋及变质蛋的综合利用

一、异常蛋的分类

所谓异常蛋，是指禽类所产之蛋的外部形态和内部构造与正常蛋不同者的总称。种禽所产的异常蛋不能作种蛋，非种禽所产的异常蛋有的也不能食用，因而异常蛋会给养禽业带来一定的损失。异常蛋可分为外观异常蛋和蛋内异常蛋两大类。

（一）外观异常蛋

（1）大小异常蛋

① 过大蛋　也称巨型蛋，一般重量比普通蛋重 30%～70%，但也有超正常 10 多倍的特大异常蛋。如湖南省于忠华的鸡产下了一枚重 700g 的特大异常蛋（正常鸡蛋重 54～65g）；山东省曲金寿养的鹅曾多次产下 375g（正常鹅蛋 120～160g）的过大蛋。这种过大蛋多含双黄或 3～5 个（少见）蛋黄。这种现象的出现多见于始产鸡，乃系青年母鸡的生殖机能旺盛，促卵泡激素和排卵诱导素超量分泌所致；或由于输卵管机能减弱致使先排的卵黄在输卵管内停留，和后排的卵黄相遇而成双黄蛋；2 个以上的卵黄系因受惊突然飞动，或碰撞致腹压增大而压破"卵泡缝裂"致多个卵黄移出，从而形成多黄过大蛋。

除双黄和多黄所致的过大蛋外，还有蛋清数量过多所致者。这是因为生殖机能旺盛所致蛋白分泌过多或在蛋白分泌部停留时间过长。过大蛋还有蛋包蛋（蛋中蛋、蛋套蛋），其形成主要为受惊吓所致。受惊吓时，由于输卵管的逆蠕动，使下行至子宫部的已成型蛋向其上部逆向推动，然后再下行，再次外包蛋白和蛋壳所致，甚至再重复一次而形成三重蛋包蛋。《文萃报》2001 年 5 月 29 日转载，广西桂林 1 只 8 月龄、体重 1kg 的母鸡产下 200g 重的蛋中蛋。据主人谈该鸡从当年 2 月起就产这种蛋，已产下 4 枚。

② 过小蛋　蛋过小，如同鸽子蛋、鹌鹑蛋、麻雀蛋甚至更小。打开后里边无蛋黄，故而又称无黄蛋或"铁蛋"，蛋内只有蛋清或少量蛋清包裹着的凝血块、输卵管脱落的上皮组织及其他异物。前者乃系偶尔出现较浓蛋清所致的；后者则因卵泡膜、输卵管出血及其上皮脱落等异物在输卵管内时，起到了类似蛋黄的作用，再和正常蛋形成过程一样被蛋白和蛋壳包裹。过小蛋多见于盛产期和停产前，特别是后者。还有当鸡患有前殖吸虫病时，常有过小蛋产出。

③ 大小悬殊蛋　由同一只鸡所产之蛋有的大，有的小，差别悬殊。这主要见于产蛋下降综合征、营养不良等。

（2）形状异常蛋　此类异常蛋的形状多样，有细长形、短粗形、椭圆形、球形、锥形、枣核形（凸腰形）、哑铃形（凹腰形）及其他形状等。其表面多有凹陷、裂隙、皱纹或粗糙不平等。这种异形蛋的形成，大多数由于输卵管的疾病及其收缩异常、扭曲引起塑形机能紊乱所致。当患有镁缺乏、前殖吸虫病、产蛋下降综合征、传染性支气管炎等疾病或突然受惊后，都可能产这类蛋。

（3）表面异常蛋

① 表面带血蛋　多见于初产鸡，特别是产第一枚蛋时。这在农村几乎是家喻

户晓的事。这种蛋系蛋经过初产禽阴道部、泄殖腔时致使其黏膜出血，也见于产过大蛋和一些发热性疾病所致阴道部和泄殖腔干燥时。

② 表面裂纹蛋　即在蛋的表面有斑点、斑纹和裂纹。这种蛋常因子宫分泌钙质机能紊乱，使钙质在蛋壳上沉积不均匀所致。多见于产蛋持续期长、高温或患有新城疫、霍乱、支气管炎、输卵管炎等疾病，也与品种的遗传因素有关。有的蛋壳钙质沉积厚而不均匀，也称砂皮蛋。

（4）蛋壳硬度异常蛋

① 过硬蛋　主要是指蛋壳的厚度和硬度都超过正常者，亦称响蛋、钢皮蛋，因两蛋碰撞时发出的特别响声而得名。多见于饲料里钙或维生素 D（VD）含量过高，且产蛋率不高的鸡群。

② 软蛋　即只有蛋壳膜而无蛋壳的软壳蛋。其外观呈灰白色，触压富有弹性而柔软，且易于变形。多见于钙、磷、VD 缺乏及钙磷比例失调，某些传染病、寄生虫病等所致的蛋壳腺分泌障碍，应激等因素引起的输卵管分泌和收缩机能亢进。软蛋在蛋壳尚未沉积钙质前就提前排出，即所谓的"流产"。如产蛋鸡在受惊、转群或运输等应激后，常可产出不少软蛋。

③ 薄壳易破蛋　即蛋壳比正常蛋壳薄，稍碰即破，且破蛋率增高。多见于白壳鸡蛋、产蛋高峰期所产之蛋，也与饲料因素有关。褐壳蛋色素变浅而呈白壳时，也多为薄壳蛋。有的则因钙、磷及微量元素等比例不当所致。

（二）蛋内异常蛋

（1）蛋内异物

① 血斑蛋　此类蛋是指在卵黄上或系带附近有紫红色斑点或斑纹的蛋。有时也见于蛋白中。这种蛋在产蛋后期淘汰前较为常见，初产期也见到。由于卵巢在排卵时血管破裂，或输卵管发炎、出血及 VK、VA 缺乏所致的出血等，从而使血点、血块附在卵黄上一起进入输卵管而形成血斑蛋。血斑的大小，可从芝麻粒大到豌豆大，颜色多为红褐色。

② 肉斑蛋　在蛋白或蛋黄上见到有褐色到灰白色的内含物称其为肉斑蛋。其大小、形状与血斑蛋差不多，也是在产蛋后期多见。一般认为当卵黄进入输卵管时，卵巢或输卵管黏膜脱落，或其内某些异常增生的组织被蛋白包住而形成；亦有一些研究者认为肉斑是退化的血斑。血斑蛋和肉斑蛋，在食用时要将其"斑"弃除。

③ 寄生虫蛋　蛋内有绦虫、吸虫、交合线虫等寄生虫者为寄生虫蛋。但最常见的为前殖吸虫，且在蛋清中数日而不死，将蛋清倾入碗中，可见虫体伸缩活动。

它可由输卵管内的寄生虫在蛋形成时被包入蛋内；有时肠道内寄生虫移行到泄殖腔，再上行进入到输卵管，随后与蛋黄一起下行被包进蛋内；也有寄生虫从体腔经漏斗进入输卵管的。

（2）气味异常蛋

① 腥味蛋　见于饲料里鱼粉、蚕蛹、菜籽饼等比例过高的鸡群。菜籽饼里有白芥子苷，它在肠道水解时释放芥子碱，进而转化为三甲胺（TMA），易挥发，具有鱼腥臭味。当褐壳蛋中含 1mg/g 以上时蛋就有鱼腥味。正常情况下，白壳蛋鸡肝、肾中三甲胺氧化酶可分解 TMA，故不产生腥味蛋。

② 氨味蛋　见于尿素中毒、饲料里掺尿素和鱼粉喂量高的鸡场，禽舍里氨味过大亦可污染禽蛋。

③ 其他气味蛋　多与饲料、添加剂、药物及禽舍被其他异物污染的气味有关。

（3）蛋清蛋黄异常蛋

① 水蛋　亦称蛋清稀薄蛋，有的无蛋黄。产水蛋之禽输卵管通常都有慢性炎症。由于炎症，在其产蛋时对蛋白分泌部造成经常不断的刺激，致使其分泌多量稀薄蛋白质而形成这种蛋。可见于白痢杆菌病、传染性支气管炎、鸡产蛋下降综合征等；也见于营养不良，如维生素 B_2 缺乏症。

② 蛋清粘壳蛋　新鲜鸡蛋打开后，部分蛋清粘于蛋壳上不易倾出。主要见于传染性支气管炎。

③ 蛋黄色泽异常　有红色、绿色、褐色、粉红色、黄绿色、黑绿色、橄榄绿色等，主要是饲料里棉籽饼比例过大所致的。因棉籽饼内含有一种有毒物质环丙烯类脂肪酸，它能改变卵黄膜的通透性和卵黄及蛋白的 pH 值，可导致鸡蛋蛋白变红，蛋黄变红变褐。

④ 双黄及多黄蛋　异常蛋的分类还有许多，其成因有的比较简单，但多数比较复杂；有的清楚，有的还不清楚。对已知的成因，可采取相应的防治措施；对未知者要继续研究探讨，从而将异常蛋的产出率控制在最低比例，这对养禽业特别是种禽场尤为重要。

二、利用变质蛋制味精

禽蛋的腐败变质泛指禽蛋在微生物为主的各种因素下，降低或失去食用品质的一切变化。其中微生物是使禽蛋腐败变质的主要原因。禽蛋含有丰富的有机物、无机物和维生素，当微生物侵入蛋内后，在适当的环境因素下迅速生长和繁殖，把禽蛋中复杂的有机物分解为简单的有机物和无机物，使禽蛋发生腐败变质。通常新生下的蛋是不含微生物的。蛋被微生物污染的途径有二：一种是产前污染，即禽的生殖器官不健康，在蛋壳形成之前被病原菌或寄生菌污染；另一种是产后污染，即当蛋产出后，因某种原因，蛋壳上沾染的细菌由气孔侵入蛋内。

由于鸡蛋的易碎性，蛋制品加工厂每天不可避免地会有大量的变质蛋及不合格蛋产品，将腐败蛋或损坏蛋轻易扔掉或作肥料用无疑非常浪费，如何利用它们是蛋的综合利用所应研究的内容。

味精是日常生活中十分常见的一种调味料，其主要成分为谷氨酸钠。可以作原料进行提纯发酵制成谷氨酸钠结晶的物质有很多，常见的主要以粮食为主，也有以鱼类、虾类为原料进行发酵提纯的。我国自 1965 年以来已全部采用糖质或淀粉原料生产谷氨酸，然后经等电点结晶沉淀、离子交换或锌盐法精制等方法提取谷氨酸，再经脱色、脱铁、蒸发、结晶等工序制成谷氨酸钠结晶。味精（即谷氨酸钠）的发展大致有三个阶段：

第一阶段：1866 年德国人 H. Ritthasen（里德豪森）博士从面筋中分离到氨基酸，他们称谷氨酸，根据原料定名为麸酸或谷氨酸（因为面筋是从小麦里提取出来的）。1908 年日本东京大学池田菊苗试验，从海带中分离到 L-谷氨酸结晶体，这个结晶体和从蛋白质水解得到的 L-谷氨酸是同样的物质，而且都具有鲜味。

第二阶段：以面筋或大豆粕为原料通过用酸水解的方法生产味精，在 1965 年以前是用这种方法生产的。这个方法消耗大，成本高，劳动强度大，对设备要求高，需耐酸设备。

第三阶段：随着科学的进步及生物技术的发展，使味精生产发生了革命性的变化。自 1965 年以后我国味精厂都采用以粮食为原料（玉米淀粉、大米、小麦淀粉、甘薯淀粉）通过微生物发酵、提取、精制而得到符合国家标准的谷氨酸钠。味精为市场上增加了一种安全又富有营养的调味品，用了它以后可使菜肴更加鲜美可口。

将变质蛋作为原料提取谷氨酸钠，可以变废为宝，为生产提供廉价的原料来源。谷氨酸钠是一种普遍的氨基酸，人体可以自产谷氨酸。它主要以络合物状态存在于富含蛋白质的食物中，如蘑菇、海带、坚果、番茄、豆类、肉类及大多数蛋、奶制品。由于变质蛋富含蛋白质，而且从变质蛋中提纯发酵出的蛋白质同样可以水解成为氨基酸，被人体和动物所吸收利用，丝毫不受变质影响，因此，从变质蛋中提取谷氨酸来合成谷氨酸钠，不仅可以变废为宝，为生产生活提供大量廉价原料，同时又可以起到保护环境的作用，可谓一举多得。

三、利用变质蛋及蛋制品加工酱油

变质的禽蛋及蛋制品，同样也可以用来加工酱油。酱油别名豆油、酱汁、清酱、豆豉、豉油，是从豆酱、豆豉衍生并一步生产出来的。酱油酿造技术的发明，是我国劳动人民对人类饮食文化和世界酿造工业的一大贡献。人们在长期生产实践中积累了丰富的经验，创造了酱油酿造的独特工艺，适应了微生物和生化变化的客观条件，使得产品质量优良。酿造过程中，由于多种微生物的协同作用，产生了一系列的生化反应，把原料中的不溶性高分子物质，分解成低分子化合物，提高了产品的生物有效性。并因这些分解物的相互组合、多级转化和微生物的自溶作用，生成种类繁多的呈味、生香和营养物质。由于这些物质的相辅相成，就构成了酱油这一风味独特的调味食品。

变质蛋及蛋制品之所以能够用来加工酱油，这和酱油的发酵加工原理是分不开的，其关键步骤主要为蛋白质的水解。酿造酱油中的蛋白质原料，经蛋白酶的分解作用，降解成胨、多肽、氨基酸。部分氨基酸本身具有味道，可以直接成为酱油的调味成分，如谷氨酸和天冬氨酸具有鲜味，甘氨酸、丙氨酸、色氨酸具有甜味，酪氨酸具有苦味。变质蛋及蛋制品用于酱油发酵，其蛋白质的水解过程如下：

（1）蛋白质原料经过蒸煮，二极结构破坏，达到蛋白质的一次变性。

（2）变性蛋白质在内肽酶（中性、碱性蛋白酶）的作用下，生成低分子的胨和多肽，使水溶性氮增加。

（3）分子的肽在端肽酶（氨基肽酶、羧基肽酶）的作用下，生成游离的氨基酸。

（4）变质蛋及蛋制品蛋白质变性过程中，游离出谷氨酰胺和少量的谷氨酸（粗蛋白质中除含有蛋白质外，还含有氨基酸、核酸、酰胺等物质）。

（5）谷氨酰胺在谷氨酰胺酶的作用下生成谷氨酸。

不仅如此，变质蛋及蛋制品中生成的米曲霉及乳酸菌等微生物，是酱油制曲过程中的关键性物质，直接影响了酱油发酵对蛋白质的分解利用率以及酱油的呈香、增香。一定程度上而言，变质蛋及蛋制品在作为酱油生产的原料方面还具有许多优势：①蛋白质含量高，碳水化合物适量，有利于制曲和发酵；②资源丰富，价格低廉；③容易收集，便于运输和保管；④因地制宜，就地取材，争取综合利用。但进行废物循环利用的同时也应注意变质蛋及蛋制品的变质程度，若蛋品已深度腐坏变质，应及时废弃处理，因其中有毒有害物质及微生物已经严重超标，无法再用于食品工业的深加工与循环利用，切勿因贪图经济利益而生产出腐坏、变质的"毒酱油"。

第七章

水产品副产物的综合利用

第一节 水产品副产物综合利用的意义及现状

一、水产品副产物综合利用的意义

近年来，随着对水产生物研究的深入和研究开发技术的提高，从水产生物中寻找新的活性物质已成为海洋药物和食品功能因子研究的重要目标之一。我国海洋生物资源丰富，更为重要的是，我国是一个水产品加工大国，因此水产品副产物的利用问题非常重要，如何合理开发利用这些宝贵资源，应该引起各方面的高度重视。

水产品副产物的综合利用将直接影响水产业、食品工业等相关产业的健康发展。为此，国家在政策方面给予了大力支持，科研院所在加强科技攻关的同时，不断开展与企业的合作，力争尽快将水产品副产物转化为高附加值的产品。水产品加工综合利用是渔业生产的延续，它随着水产捕捞和水产养殖的发展而发展，并逐步成为我国渔业内部的三大支柱产业之一。水产品加工综合利用的发展对促进捕捞和水产养殖的发展具有重要意义。水产品加工综合利用的发展，不仅提高了资源利用的附加值，而且还安置了渔区大量的剩余劳动力，并且带动了加工机械、包装材料和调味品等相关行业的发展，具有明显的经济效益和社会效益。水产品加工副产物中除含有大量的蛋白质、脂肪外，还含有丰富的矿物质和其他生物活性成分。如果不充分利用这些加工副产物，不仅会造成资源浪费，而且会带来环境污染。如何深度开发利用水产品加工副产物，对于水产品加工综合利用和保护环境有重要意义，而且也能支持和促进水产捕捞和养殖生产的发展。水产品加工副产物高值化综合开发利用，不仅可提高资源利用的附加值，降低企业的生产成本，提升我国水产品加工业的国际竞争力，而且还能带动相关行业的发展。充分利用水产品加工副产物资源，将加工副产物转化为高附加值产品，实现"变废为宝""零排放"，是21世纪科技兴渔的重点和目前渔业生产发展中急需解决的关键技术问题之一。

二、水产品副产物综合利用的现状

在水产品加工中，会产生大量的下脚料（包括鱼头、鱼皮、鱼鳍、鱼尾、鱼骨及其残留鱼肉），其重量约占原料鱼的40%～50%。目前对于国内鱼类加工下脚料的利用途径主要有以下几类：①将所有的下脚料加工成饲料鱼粉喂养畜禽；②鱼头、鱼骨加工成鱼骨糊、鱼骨粉、鱼香酥；③从鱼内脏中提取鱼油，提炼EPA、DHA制品；④从鱼鳞中提取鱼鳞胶；⑤取下脚料中的鱼皮制成皮革产品；⑥鱼肚（鱼鳔经清洗、浸洗、干燥而成）的加工。

近年来，营养学家对下脚料中的化学成分进行了分析和研究，发现其中不但富含微量元素、蛋白质，而且还含有大量的脂肪酸等。如鱼头中卵磷脂的含量非常丰富，能够增强记忆力，提高思维与分析能力，是人脑中神经递质乙酰胆碱的主要来源。另外还富含DHA（属于多不饱和脂肪酸），因其能强有效地促进脑细胞尤其是脑神经传导和神经突触生长发育，不仅能激活大脑细胞兴奋性，而且可大大增强人脑的记忆力、推断力和判断力，常被称为人类的脑黄金。因此如果这些资源不能加以利用，将造成极大的浪费。人类的生活水平在不断提高，人类社会的食品科技和水产品加工技术在不断提高，人们对资源利用的要求在不断提高，对加工附加值的要求也越来越高。但是人口在不断增长，资源日益短缺，因此充分利用现有资源，开发低值高营养的产品迫在眉睫。食药、化工、生物等众多领域齐心合力一起共用资源，将这些资源进行综合有效的利用，可开辟出我国鱼类资源利用的新途径。

（一）内脏的利用

水产品内脏中含有多种物质，如各种氨基酸、脂肪酸、蛋白质。需要注意的是，为了保证内脏等副产物有效成分的活性，必须保证水产品的鲜度，应做到在船上分级和单冻。如果原料处理不当，鲜度不佳，则很难进行深层利用。内脏约占水产品体重的15%，其消化液中含有多种氨基酸，如鱿鱼消化液含有能促进草虾摄饵的物质，故可以经初级加工成鱿溶浆等作为鱼类饲料。

鱼类内脏含有20%～30%的粗脂肪，对其脂肪酸组成进行气相色谱分析表明：

畜禽与水产品副产物的综合加工利用

内脏油的脂肪酸组成，不饱和脂肪酸占 86%，ω-系列脂肪酸占 37%，其中 EPA 占 12%，DHA 占 24%。由此可见，鱼类内脏是提取鱼油的良好原料。且鱼油在 10℃ 左右的室温不凝结是它的最大优点，在医药和饲料工业中有较广泛的利用前景。由于 EPA 和 DHA 已被证实具有增加血液高密度脂蛋白的效果，有助于降低胆固醇，防止心血管疾病，鱼油的健康价值已被大众肯定。如果将鱼油进一步精制，则可用作食用油或作为制造功能性食品的原料。

另外，鱼内脏还含有约 19% 的蛋白质，采用自身酶发酵法，还可作为制造酱油的原料。

（二）鱼精蛋白的提取纯化

鱼精蛋白是一种常与 DNA 结合，存在于鱼类成熟精巢组织中的碱性蛋白。它能有效抑制多种食品腐败菌的生长和繁殖；还有降血压、助呼吸、促消化、抗菌消毒、抑制肿瘤生长等多种作用，摄入体内后不具抗原性和突变性，可被消化分解为氨基酸而具有营养性。

从 20 世纪 80 年代起，美国、英国、日本等国就开始利用鱼精蛋白的抗菌性制成防腐剂，应用于食品保存。鱼精蛋白可从鲑鱼、乌鱼、鲤鱼等鱼种中分离提纯。由于鱿鱼产量相当丰富，研究从鱿鱼中提取鱼精蛋白，可为鱼精巢组织的综合利用开拓一条新的途径。

（三）提取鱼油

鱼头和鱼皮是鱼类加工过程中的主要副产物，其中含有丰富的油脂和蛋白质资源。一般鱼头和鱼皮中均含有丰富的油脂，分析结果表明，鱼油的多不饱和脂肪酸含量丰富，尤其是二十碳五烯酸（EPA）和二十二碳六烯酸（DHA）。EPA 和 DHA 在改善记忆、睡眠和减少心脑血管疾病发生风险方面发挥着显著的作用。因此，使得鱼油制品成为近年来保健品中的新宠。不同来源的鱼头，其中营养组分含量有较大的差异，但是含量最高的一般是粗蛋白质，其次是粗脂肪。鱼油的脂肪酸组分中以不饱和脂肪酸为主，被誉为"脑黄金"的 EPA 和 DHA 总含量高达 20.22%，可以直接作为鱼油保健产品开发，也可以作为功能性脂肪酸制剂添加于各种食品中。表 7-1 和表 7-2 是一些鱼头中的营养组分和鱼油脂肪酸的组成。

表 7-1　鱼头中的营养组分　　　　　　　　　　　　单位:%

不同种类的鱼头	水分	粗蛋白质	粗脂肪	总糖	灰分	非蛋白氮
海鳗头	73.1	19.7	2.1	0.85	1.3	0.356
白卜鲔鱼头	75.7	14.2	8.09	2.36	—	—

表 7-2　鱼油脂肪酸组成　　　　　　　　　　　　　　　　单位:%

不同种类的鱼头	$C_{16:0}$	$C_{18:0}$	$C_{18:1}$	$C_{18:2}$	$C_{18:3}$	$C_{20:4}$	$C_{20:5}$	$C_{22:5}$	$C_{22:6}$	EPA+DHA
鲢鱼头	14.47	3.58	17.5	3.26	7.6	2.72	12.7	3.57	7.52	20.22
白卜鲔鱼头	24.36	13.2	20.36	0.65	—	3.49	2.2	1.86	11.7	13.83

(四) 提取胶原蛋白 (明胶)

胶原蛋白是一种细胞外蛋白质，它是由 3 条肽链拧成螺旋形的纤维状蛋白质。胶原蛋白是人体内含量最丰富的蛋白质，占全身总蛋白质的 30% 以上。胶原蛋白富含人体需要的甘氨酸、脯氨酸、羟脯氨酸等氨基酸。胶原蛋白是细胞外基质中最重要的组成部分。明胶是采用动物皮、骨熬制所得的胶原蛋白的水解物，具有显著的增稠和胶凝作用，且无色、无味、透明，作为一种食品添加剂广泛应用于食品工业。鱼头、鱼骨、鱼鳞和鱼皮中含有丰富的胶原蛋白，是提取明胶的丰富资源。一般食品和工业用明胶来自猪、牛等动物的皮，但是随着各种动物传染病的蔓延，人们对其明胶产品的安全性产生担忧。相比之下，鱼类明胶的安全性更高。鱼鳞中也含有丰富的胶原蛋白，此外，鱼鳞具有抗癌、抗衰老、降低血清总胆固醇和甘油三酯的功能，可以替代来源稀少的龟胶，有效率在 95% 以上。

(五) 其他

(1) 提取壳聚糖　甲壳素是自然界中储量仅次于纤维素的资源，其衍生物壳聚糖在农业、食品、医药等行业已得到广泛的应用。

(2) 研制活性钙产品　以柠檬酸和苹果酸按 3:2 的浓度比混合，在 121℃ 的高温下提取罗非鱼骨粉 1h，取上清液调 pH 至中性，然后进行浓缩烘干，钙提取率为 92.1%，产品在热水中溶解度达 88%。动物代谢实验显示，CMC 活性钙在血钙、骨钙和存留率方面均优于碳酸钙，比碳酸钙更易被机体吸收利用。

(3) 提取硫酸软骨素　硫酸软骨素是一种重要的酸性糖胺聚糖，广泛存在于哺乳动物的软骨、喉骨、鼻骨和气管中。作为保健食品或保健药品长期应用于防治冠心病、心绞痛、心肌梗死等疾病，无明显的毒副作用。另外，作为食品添加剂，硫酸软骨素可用于食品的乳化、保湿和祛除异味。水产加工废弃物，如鱼头中就含有较丰富的硫酸软骨素。

(4) 直接加工成鱼风味食品和调味品　采用油炸、整形、调味等处理制作成风味鱼鳍、鱼排等小吃食品。采用蛋白酶水解方法提取鱼头蛋白营养液，也可以采用发酵的方式制作鱼头酱油等调味品。将鱼头、鱼骨/刺等副产品粉碎、研磨，经超微粉碎后，可制备鱼骨粉产品，可以直接作为补钙制剂食用，也可以作为添加剂应用于食品加工中。

第二节　利用鱼下脚料制造鱼粉饲料与宠物食品

水产品加工厂的下脚料有的还没有充分利用，废弃后对环境造成污染。其实鱼的头、尾、骨、鳍、鳞、皮和内脏等都可以进一步的开发利用，如生产鱼粉饲料、制造宠物食品等，是家畜和家禽等的优质饲料。

一、鱼粉的制造

（一）原料与设备

鱼下脚料；蒸煮柜、铝盘、压榨机、烘干机、轧碎机、磨粉机、电磁离析器、15目筛。

（二）加工工艺

1. 工艺流程

鱼下脚料→蒸煮→压榨→轧碎→干燥→粉碎→筛粉→除杂→鱼粉饲料

2. 工艺要点

（1）蒸煮　将鱼粉的下脚料装入铝盘，装入量应根据盘的大小而定，然后装入小车，推进蒸煮柜内。柜内的压力保持在0.2MPa，蒸煮20min后，关闭进气阀15min，这时柜内原料已经蒸熟，蛋白质已经凝固，可促进油、水与蛋白质的分离，便于压榨。

（2）压榨　将蒸熟的原料趁热装入压榨机的榨笼中，逐渐加压。压榨时间为1h，压干油水为止，将压榨饼从笼中取出，准备轧碎和烘干。

（3）轧碎、干燥　压榨后的压榨饼含水4%～5%，必须烘干才能贮藏。烘干前先用轧碎机轧碎，装入盘中，送入逆流通道式烘干机中，在80～85℃下鼓风烘干4～5h，烘到物料含水9%以下为止。

（4）粉碎、筛粉、除杂　干燥后的鱼粉，经过碾磨或粉碎成粉状，并通过15目筛，去除金属等杂物，即得鱼粉饲料成品。

（5）成品　鱼粉饲料成品为黄褐色，气味正常，含蛋白质60%以上、水分9%以下、脂肪9%以下、盐分1%以下、灰分2%、总氮10%以上、泥沙1%以下。鱼粉的包装应采用塑料袋密封包装，以防止贮藏期间油脂氧化、吸潮结块等情况的发生，引起鱼粉的变质。包装时每包20kg。存放于干燥冷凉和通风的仓库中，及时销售。

（三）鱼粉饲料质量标准与检验方法

1. 质量标准

我国鱼粉饲料质量标准参考 SC/T 1024—2002《草鱼配合饲料》，见表7-3。

表7-3　我国鱼粉饲料质量标准

项目指标	一级品	二级品	三级品
颜色	黄棕色	黄褐色	黄褐色
气味、颗粒细度	具有鱼粉正常气味，无异味及焦灼味， 至少98%能通过筛孔宽度为2.8mm的标准筛		
粗蛋白质/%	＞55	＞50	＞45
脂肪/%	＜10	＜12	＜14
水分/%	＜12	＜12	＜12
盐分/%	＜4	＜4	＜5
沙分/%	＜4	＜4	＜5

注：我国鱼粉饲料不许有非蛋白含氮物，不得有寄生虫及发霉现象，不得有沙门氏菌属或志贺氏菌属细菌，细菌总数少于200万个/g（据GB 13078—2017）。

2. 鱼粉的品质评定方法

生产中鱼粉是价格较高的原料，品质较难把握。掺假现象也较为常见，主要有：植物性物质，如稻壳粉、麦麸、草粉、米糠、木屑，还有棉籽粕和菜籽粕等；动物性物质，如水解羽毛粉、皮革粉、肠衣粉、血粉、肉骨粉等。另外，还有尿素、尿素-甲醛聚合物、"蛋白精"、铵盐等含氮化合物以及沙石、石粉、黄泥等。大多数是价格较低、营养品质较差的物质。在生产中必须通过各种正确的方法进行品质鉴定，常用的方法有感官鉴定法、物理鉴定法、化学鉴定法、氨基酸组成分析法等。

（1）鱼粉的感官鉴定方法　优质鱼粉多为棕黄色或黄褐色，粉状或颗粒状，细度均匀，呈肉松状，表面干燥无油腻，用手捻，质地柔软，手握有疏松感，不结块，不发黏，不成团。优质鱼粉可见细长的肌肉束、鱼骨、鱼肉块以及少量的骨刺、鱼鳞、鱼眼等成分，具有较浓的烤鱼味，略显腥味，但无异味。

掺假鱼粉颜色灰褐或灰黄，一般粉很细，颗粒均匀度差，手捻有粗糙感，纤维状物质多，无烤鱼香味或味道淡，鱼腥味浓。根据掺假的成分不同其感官性状也不尽相同。如掺入尿素类则氨味浓，掺肉粉、肉骨粉或油渣则表面油腻性重。

感官鉴定只是快速、粗略的检查，需要一定的经验。

（2）鱼粉的物理鉴定方法

① 质量密度的测定　纯鱼粉的密度一般为 450～660g/L，如果鱼粉含有杂质或掺杂物，密度就会改变。

② 显微镜检测　纯鱼粉包括鱼肉、鱼骨、鱼鳞和鱼内脏的混合物。其镜检特征为：

鱼肉：颗粒较大，表面粗糙，具有纤维结构，呈黄色或黄褐色，有透明感，似有弹性。

鱼骨：包括鱼刺、鱼骨头，为半透明或不透明的碎块，大小形状各异，呈白色至白黄色；一些鱼尾骨屑呈琥珀色，表面光滑；鱼刺细长而尖，似脊椎状，仔细观察可看到鱼刺碎块中有一大端头或小端头的鱼刺特征；鱼头呈片状，半透明，正面有纹理，鱼头骨坚硬无弹性。

鱼鳞：平坦或卷曲的藻形片状物，近似透明，有一些同心圆纹线。

鱼眼：表面碎裂，呈乳色的圆球形颗粒，半透明，光泽暗淡，较硬。

（3）鱼粉的化学鉴定方法

① 测定常规营养成分含量　常测的指标包括粗蛋白质、真蛋白质、盐分等，参照国标，即可初步判断质量。一般的优质鱼粉真蛋白质含量占粗蛋白质含量的93％～98％。

② 呈色反应法　取样品 1g 和少许黄豆粉放入试管中，加蒸馏水 5mL，振荡后置 60～70℃水浴中 3～5min，取出后滴加 0.1％甲酚红指示剂。若出现深紫红色，说明样品中掺有尿素，无尿素鱼粉呈黄色或棕黄色。

③ 烟雾测试法　取样品少许，火焰燃烧，以石蕊试纸测试产生的烟雾。若试纸呈红色，系酸性反应，为动物性物质；试纸呈蓝色，系碱性反应，说明鱼粉中掺有植物性物质。

④ 测定氨基酸　通过测定鱼粉的氨基酸，可知鱼粉内各种氨基酸的含量及相应比例，从而得知鱼粉蛋白质平衡情况。必需氨基酸含量高且互相平衡，则为合格的优质鱼粉。

⑤ 灰分检查法　取样品 10g 放入坩埚内，置电炉上燃烧并彻底灰化。优质鱼粉的灰分含量不超过 18％；掺有黄土、沙子的鱼粉，其灰分含量则远高于 18％。

二、宠物食品的制造

随着中国经济的发展，近几年来，中国城乡居民养的猫、狗数量剧增，宠物医院、宠物商店、宠物美容院等与宠物相关的行业也得到迅速发展，宠物食品行业也成为了中国消费品中增长最快的行业之一。其实，在中国宠物食品还没有被大多数的人接受，城市居民养的猫和狗中饲喂经加工的宠物食品者不足5%。虽然现在中国宠物食品市场规模还很小，但增长潜力巨大。根据规律，一个国家的人均GDP在3000~8000美元，宠物行业就会快速发展。我国很多城市市区人均GDP已经超过了3000美元。北京、上海、广州、重庆、武汉是我国的5大宠物城市，上海约有70万只宠物犬，每年养犬费用高达6亿元，每个家庭每个月宠物消费平均为300元；北京有50多万只宠物犬，而且仍以每年8%的速度增长，北京人一年花在宠物身上的钱达5亿元。宠物消费和宠物服务已经成为一个新的经济增长点。随着人口老龄化、人们工作压力的增大而使丁克族和单身贵族增多、80后新贵崛起，人们对宠物食品营养方面的知识进一步了解，对方便的宠物食品逐步接受。加上城市化进程和生活节奏的加快，老百姓的生活由温饱型向小康型转变，上海、北京等大型城市部分居民越来越追求享受型的生活方式。中国宠物食品产业必将因此而面临空前的商机和发展空间。

我国在这方面的研究才刚起步，主要利用开发人类食品的技术和借鉴国外宠物食品的加工技术开发宠物食品。但以低值鱼或鱼加工副产物为原料研制宠物食品，尚未见报道。利用鱼的副产物、大豆粉、玉米粉、食盐，采用双螺杆挤压膨化机，可制造出优质的宠物食品。

（一）加工工艺

1. 工艺流程

鱼下脚料→干燥→粉碎→配料→挤压膨化→后喷涂→干燥→包装→杀菌→成品

2. 工艺要点

以低值鱼加工副产物、玉米、大豆为原料主料，配以牛肉香精、复合维生素、复合微量元素，采用低温微膨化加工工艺，通过测定宠物食品的蛋白质、脂肪、水分、维生素、微量元素等的含量，从而确定宠物食品的配方，使产品营养指标达到美国饲料监察联盟机构（AAF-CO）提出的成年宠物食品营养需要指标。

膨化工艺是宠物食品加工工艺的关键所在。研究表明，进料速度、螺杆转速、温度、压力是影响宠物饲料质量的重要因素。通过测定糊化度，结合感官评价，确定了宠物食品最佳生产工艺条件：Ⅰ区温度176℃，Ⅱ区温度135℃，Ⅲ区温度76℃；压力-1.23MPa；螺杆转速50r/min。通过该工艺加工的宠物食品外观良好，口感酥脆，存放后产品不回生。宠物饲料产品采用真空包装后，采用4kGy剂量进行辐照杀菌，可使产品的含菌量仅为100个/g，低于出口宠物饲料标准（300个/g），产品的保质期达6个月。

（二）宠物食品的质量标准与检测方法

1. 质量标准

我国宠物食品的感官指标见表 7-4，理化指标见表 7-5，微生物指标见表 7-6。

表 7-4　宠物食品的感官指标

项目	类别	
	颗粒皮类宠物饲料	全皮类宠物饲料
色泽	色泽鲜艳有光泽,呈色均匀,无灰尘色或死色	表面光洁,透明度较好,无污渍、脂肪斑及杂质
气味	气味正常,无霉味及其他异味	气味正常,无霉味及其他异味
形状	形状规则,无明显弯曲,断面切口平整	形状规则,符合设计要求
一般杂质	≤0.1%	≤0.1%
有害杂质	不得检出	不得检出

表 7-5　宠物食品的理化指标

项目	类别	
	颗粒皮类宠物饲料	全皮类宠物饲料
水分含量/%	<12	≤15
粗蛋白质含量/%	>66	>70
粗灰分含量/%	<4.0	<1.5
粗脂肪含量/%	≤3.0	≤3.0
总砷含量/(mg/kg)	≤10.0	≤10.0
铝含量/(mg/kg)	≤30.0	≤30.0

表 7-6　宠物食品的微生物指标

项目	类别	
	颗粒皮类宠物饲料	全皮类宠物饲料
大肠杆菌/(个/g)	<300	<300
沙门氏菌/(个/g)	不得检出	不得检出

2. 检测方法

宠物食品质量的测定指标主要是粗蛋白质、粗脂肪、水分以及食品中菌落总数和大肠菌群。

（1）粗蛋白质测定　按 GB/T 5009.5—2016《食品安全国家标准 食品中蛋白质的测定》方法操作。

（2）粗脂肪测定　按 GB/T 5009.6—2016《食品安全国家标准 食品中脂肪的测定》方法操作。

（3）水分含量测定　按 GB/T 5009.3—2016《食品安全国家标准 食品中水分的测定》方法操作。

（4）菌落总数的测定　按 GB/T 4789.2—2016《食品安全国家标准 食品微生物学检验 菌落总数测定》方法操作。

（5）大肠菌群的测定　按 GB/T 4789.3—2016《食品安全国家标准 食品微生物学检验 大肠菌群计数》方法操作。其中，乳糖胆盐发酵按 GB/T 4789.28—2013 中 4.9 规定操作；伊红美蓝琼脂平板按 GB/T 4789.28—2013 中规定操作。

第三节　鱼油的提取与精制

对鱼油不饱和脂肪酸营养价值及生理功能的研究已有较长的历史。研究结果表明，多元不饱和脂肪酸尤其是二十碳五烯酸（EPA）、二十二碳六烯酸（DHA）不仅是构成高等动物细胞的重要成分，且具有降低胆固醇、预防动脉硬化、预防阿尔茨海默病、改善大脑学习机能和预防视力下降等生理功能；但鱼油的保健功能不仅限于此，鱼油中多不饱和脂肪酸含量丰富，具有预防心血管疾病、抗炎症和抗过敏等生理功能。因此，鱼油有着很高的营养和医疗保健作用，目前被广泛应用到保健品、饲料、药品中，具有很好的开发利用前景。

鱼肝油的提取方法一般有稀碱水解法、萃取法、蒸煮法和低温采油法等。目前国内外大型鱼肝油厂大都采用稀碱水解法。粗鱼油含有游离脂肪酸和很重的鱼腥味，有的还残留有蛋白质和黏液。粗鱼油中的大部分杂质是有害的，且会在随后的加工过程中出现油色变黑、产生泡沫或者沉淀等现象，严重影响鱼油的品质。为了满足某些高级用油和进一步加工的需要，需要对油脂进行精炼，目的就是除去对油脂有害的非甘油酯成分。通常情况下，鱼油化学精炼包括脱胶、脱酸、脱色和脱臭。

一、鱼油的提取

（一）加工工艺

1. 工艺流程

鱼肝→检查→水洗→切碎→水解→过筛→油水溶液→分离

固体脂肪←冷滤←粗油←离心分离←洗涤←油浆料

2. 工艺要点

（1）检查、水洗和切碎　鱼肝在切碎前，先检出已腐败变质的鱼肝。对鱼肝冻品，需先解冻，对盐藏的鱼肝先用水冲洗。然后把肝放在切肝台上，加适量的生理盐水（为鱼肝量的1～2倍），放入切肝机中，把肝切碎，力求均匀。鱼肝的新鲜度及处理的温度对鱼肝油的品质影响较大。

（2）水解　将肝放入水解锅中，加入定量的水及碱液调pH达9.0左右，搅拌加热至40℃左右时，进行水解。

① 加碱量　碱的用量要求适中。过多、过浓会使油脂皂化，不但增加了消耗，而且会形成乳浊液，增加分离的困难；过少则水解不完全，影响油脂的得率和成品的质量。因此在确定碱的用量时，需要视鱼肝的种类、新鲜度、含油及含盐量等因素来综合考虑。总的要求：新鲜鱼肝水解时保持在pH9.0左右；而盐藏鱼肝保持在pH10.0左右；碱液应分两次加入，防止多量的碱与油脂皂化，及避免pH超过范围允许值；碱的浓度根据不同鱼肝种类而定。

② 加水量　一般新鲜的鲨鱼肝、鳐鱼肝与水的比例为1∶1，大黄鱼肝、鳗鱼肝与水的比例是3∶2。

③ 水解温度和时间　在水解过程中，加热可促进蛋白质分解加速，而且在热的状态下，油的黏稠度低，肝中所含的脂肪酶和臭味液可在加热时被破坏和去除。

温度不宜太高，高了会促进大量的油脂皂化，维生素被破坏，一般以50℃为宜，加热到40℃时开始加碱，加碱完毕后，继续升温到80～90℃。

水解时间因肝品种而异，一般含油量高的新鲜鱼肝，水解时间可以短些（1h左右），以免变硬。

（3）鱼肝油的分离和洗涤

① 分离　肝经过水解分离，再用离心机分离，相对密度大的肝渣在最外层，附在离心机的内壁上。油最轻的在最内层，从内层壁管上面的出油孔排出机外。而油水溶液介于两者之间，从中层管上面的出水孔排出机外。

② 盐析　经过第一次分离而获得的鱼肝油中，含有较多的水分、蛋白质和肥皂等杂质，基本上呈乳状液体，需要用一定浓度的盐水来进行盐析。在不断的搅拌下，将盐水加入鱼肝油中，滤后加热到80℃，便可再一次进行分离。

③ 水洗　第二次分离出来的油中还有一部分碱，必须用热水洗油数次，直至洗涤水呈中性。一般采用7000～8000r/min的离心机分离，新鲜鱼肝的肝油分离3～4次即可。

经过分离、盐析、水洗的粗制鱼肝油，在室温下应澄清、透明，并有色泽，酸价小于2mg KOH/g鱼肝油，无酸败反应，水分应在0.1%以下。

④ 肝渣处理　肝渣一般是直接作饲料或废料，对肝渣中残存相当数量的维生素，可适当用油萃取回收。

⑤ 鱼肝油的低温处理　分离所得的鱼肝油，含有 30%～40% 固体脂质（硬脂酸甘油酯），其凝固点较高，因此必须在规定的温度下进行低温处理，使其中凝固点较高的甘油酯先行析出。经过压滤所得的鱼油，即使贮藏于冬季，仍是清澈透明状态。固体脂肪可用作工业用油，用于制革、制皂等方面。

（二）鱼肝油的质量标准与检验方法

1. 质量标准

参考《中国药典》（2015 年版）二部：每 1g 鱼肝油中含维生素 A 应为标示量的 90.0%～120.0%；维生素 D 应为标示量的 85.0% 以上。

鱼肝油为黄色至橙红色的澄清液体；微有特异的鱼腥臭，但无腐败油臭。

2. 检测方法

（1）酸值　取乙醇与乙醚各 15mL，置锥形瓶中，加酚酞指示液 5 滴，滴加 NaOH 滴定液（0.1mol/L）至微显红色，再加本品 2.0g，加热回流 10min，放冷，用 NaOH 滴定液（0.1mol/L）滴定，酸值不大于 2.8。

（2）鉴别

① 取本品适量，加氯仿稀释成每 1mL 中含维生素 A 10～20U 的溶液，取出 1mL，加三氯化锑的氯仿溶液 2mL，即显蓝色至蓝紫色，放置后，色渐消退。

② 高效液相色谱法测定。用十八烷基硅烷键合硅胶为填充剂，甲醇-乙腈（3:97）为流动相，检测波长为 254nm。取等量维生素 D_2、维生素 D_3 混合液各约相当于 5～10U 注入液相色谱仪，调节流动相配比，分离度应大于 1.0。取维生素 D 测定法中的供试品溶液 B 或收集定量分析柱系统中的维生素 D 流出液，用无氧氮气吹干，加少许流动相溶解后注入上述色谱柱系统，观察供试品峰，应具有与相应的维生素 D_2 或维生素 D_3 对照品峰相同的保留时间。

二、鱼油的精制

经过压榨、萃取或溶出法从原料中提取的粗油脂，往往含有不同程度的杂质，如含有蛋白质、黏液、游离脂肪酸以及具有较深颜色和一些挥发性物质，不利于长期保存，需进一步精制。

（一）鱼油的脱胶

鱼油脱胶的目的是除去粗油中的胶体杂质，主要是一些蛋白质、磷脂和黏液性的物质。对鱼油采用何种方法脱胶，主要看鱼油中磷脂含量的高低。磷脂含量高的油脂主要采用水化法脱胶；磷脂含量低的油脂主要以酸炼法脱胶。鱼油中的磷脂含量不高，利用酸使蛋白质变性，使黏液产生树脂化作用，从而从油中沉淀出来，除去蛋白质和黏液，且利用酸脱胶的同时能有效地除去油中的重金属，从而减缓鱼油在贮藏中的氧化变质。酸脱胶法可用的酸主要有硫酸、柠檬酸和磷酸等。在脱胶过程中要控制好酸的浓度，一般随着酸浓度的增加，鱼油的回收率变化不大，鱼油的酸值和过氧化值明显降低，碘值增加，鱼油的颜色逐渐变深。

（二）鱼油的脱酸

脱酸的目的是除去鱼油中的游离脂肪酸。鱼油脱酸的方法有酯化脱酸法、蒸馏脱酸法、溶剂脱酸法和中和脱酸法等，使用最多的是中和脱酸法（碱炼）。脱酸过程中主要控制好碱液的浓度和用量，以及碱炼的温度等因素。注意搅拌时的状态（是否有泡沫）、皂脚的大小、分离的难易程度等。

（三）鱼油的脱色

鱼油的颜色主要来源于原料中的色素物质，如叶绿素、胡萝卜素等；另外，在加工过程中，鱼油中不饱和脂肪酸的氧化也会产生有色物质。鱼油的脱色主要是除去这些色素类物质，通常采用吸附法，吸附剂主要有活性白土和活性炭。

（四）鱼油的脱臭

油脂的臭味来源于两个方面：一是加工和贮藏中由外界混入的污物及原料蛋白质等的分解产物；二是油脂本身氧化酸败后产生的许多臭味物质，如羟基化合物、醛类、酮类、氧化物等。

鱼油脱臭方法常用的有蒸汽脱臭法和真空脱臭法。

① 蒸汽脱臭法　先将鱼油加热到110℃，然后通入加热的蒸汽，当温度达到150℃时，停止加热，由蒸汽维持油的温度，在真空下进行脱臭，一般3～4h。脱臭结束后，停止蒸汽通入，静置一段时间，以除去残留蒸汽，然后将油放凉。

② 真空脱臭法　是在减压和水蒸气蒸馏结合的基础上进行脱臭的，是国内外应用最广泛的方法。

（五）鱼油产品的质量标准与检验方法

1. 质量标准

鱼油的感官指标见表7-7，理化指标见表7-8。

表 7-7 鱼油感官指标

项目	精制鱼油	粗鱼油
外观	浅黄色或橙红色	浅黄色或红棕色,稍有浑浊或分层
气味	具有鱼油特有的微腥味,无酸败味	具有鱼油的腥味,稍有鱼油酸败味

表 7-8 鱼油理化指标

项目	精制鱼油		粗鱼油	
	一级	二级	一级	二级
水分及挥发物/%	≤0.1	≤0.2	≤0.3	≤0.5
酸价/(mg/g)	≤1	≤2	≤8	≤15
过氧化值/(mmol/kg)	≤5	≤6	≤6	≤10
不皂化物/%	≤1.0	≤3.0	—	—
碘值/(g/kg)	≥1200			
杂质/%	≤0.1	≤0.1	≤0.3	≤0.5

2. 检测方法

(1) 气味 取鱼油试样 50mL 注入 100mL 烧瓶中,加温至 50℃,用玻璃杯边搅拌边检查气味。

(2) 外观 将抽取的鱼油充分搅动,混合均匀,取适量于直径 25mm 的试管中,在光线明亮处检查其外观。

(3) 水分及挥发物 按 GB/T 5528—2008《动植物油脂 水分及挥发物含量测定》的规定执行。

(4) 酸价 按 GB/T 5530—2005《动植物油脂 酸价和酸度的测定》的规定执行。

(5) 过氧化值 按 GB/T 5538—2005《动植物油脂 过氧化值的测定》的规定执行。

(6) 不皂化物 按 GB/T 5535.1—2008、GB/T 5535.2—2008 的规定执行。

(7) 碘值 按 GB/T 5532—2008《动植物油脂 碘值的测定》的规定执行。

(8) 杂质 按 GB/T 15688—2008《动植物油脂 不溶性杂质含量的测定》的规定执行。

第四节 利用鱼鳞、鱼皮制备明胶

从海洋水产动物中提取胶原蛋白具有重要的开发研究价值,其产品污染少,安全性好,品质优良。可作为水产胶原的原料来源丰富,鱼皮、鳞、鳔、甲都是重要的原料。胶原蛋白是一种重要的功能性蛋白质，它与细胞增生、分化、运动、免疫、关节润滑、伤口愈合等密切相关。由于胶原蛋白的特殊功能，其提取物已被广泛应用于医药、食品、日用化工、生物合成等工业领域，如制造药用胶囊、外科手术材料、食用明胶、照相明胶、化妆品等。

目前生产胶原蛋白制品的原料基本上是猪、牛等陆生动物的皮和骨。由于陆生动物的生存环境恶化导致疯牛病等流行病的发生，使得从陆生动物的皮、骨中提取胶原蛋白的危险性增大，从而使其制品的使用受到限制。因此，从水生动物中提取安全、卫生、无害的胶原蛋白成为这几年各国研究的一项热门课题。近年来，随着养殖规模的日益扩大和养殖技术的不断完善，养殖鱼类的产量提高很快，而鱼皮、鱼鳞中所含有的丰富胶原蛋白却未被利用。中国是世界上最大的淡水鱼养殖国，据估计，每年废弃的淡水鱼鱼鳞约达 5 万吨。由于鱼鳞资源丰富，日本等国家将鱼鳞胶原蛋白的生产基地建在中国。目前，中国有几十家鱼鳞收购公司，它们仅将鱼鳞晒干作为一种资源出口。

目前明胶的生产工艺有碱性处理法、酸性处理法和酶处理法三种。其中最常见的是碱处理法工艺，其主要优点是：明胶的有机杂质含量比较低，羟脯氨酸含量比较高，质量比较好。但碱处理法的周期比较长。

一、制备明胶的加工工艺

1. 工艺流程

原料→分类→清洗→切块→脱脂→浸酸→提取→脱酸→漂洗→浸灰

明胶制品←干燥←切片←凝固←浓缩←过滤←熬胶←再漂←中和←换灰

水产动物明胶的生产应根据不同原料的性质来确定合适的工艺条件。例如硬脂原料（鳞、骨）需要进行酸处理，而大多数软脂原料（鱼皮、鳔）一般可省去这一过程。又如在通常情况下，马面鱼皮、鲨鱼皮的酸碱处理顺序可任意安排，但硬脂原料则必须先进行酸处理，再进行碱处理，因为在碱处理之前必须通过酸处理将原料脱钙软化。

2. 工艺要点

（1）浸酸　将新鲜的原料鱼鳞充分洗涤除去附着的污物或血污，将处理后的鱼皮放入适量的水中，使之完全浸没，再用 HCl 调节 pH。开始 2～3h 内 pH 不稳定，需经常测定 pH 并及时补充酸液。待 pH 稳定后，则可隔几小时测一次，并及时补充消耗的酸液。浸酸一天后，如发现溶液浑浊，必须换酸一次。至于溶液的pH 与浸酸时间，应根据室温而定。一般冬季保持 pH3.5～4.0，浸酸 2～3d；夏季保持 pH 为 4.5～5.0，浸酸 1～2d。

通过浸酸，可将鱼皮中所含的钙和磷的矿物质转化为可溶性盐类和游离的磷酸。充分洗涤以除去生成的盐类和残酸，然后可进行下一步浸灰。浸酸是鱼皮处理中的重要步骤。鱼皮中的胶原在酸溶液中，其分子内和分子间的离子交联和氢键交联被打开，从而充水膨胀，有利于熬胶过程中转化为明胶，进而提高提取率。原料经过酸处理后，体积膨胀、外形饱满、色泽光白、组织疏松，使提取出的明胶提取率较高，质量较好。

（2）浸灰　通过浸灰可以提高胶原的胶解度，同时能够溶解和除去部分有机物。浸灰后将漂洗后的鱼皮再投入清水中，使之完全浸没，然后加入石灰乳使溶液中含氧化钙量为 1%～2%，继续浸泡，每隔 7～8h 翻动一次。一天后进行第一次换灰，随后每隔 2～3d 或 3～4d 换灰一次。浸灰时间冬季 8～10d，夏季 3～5d。在浸灰过程中，如发现 pH 不到 12.0 或是溶液浑浊变黄，就必须及时提前换灰。

在以上的浸灰和浸酸过程中，温度不能超过 25℃，否则会影响产品的质量、色泽和收率。

（3）中和　经过浸灰处理的原料还必须加入稀盐酸中和，并在 pH3.4～4.0 的条件下维持 3～4h。然后将原料用水漂洗至洗涤液成中性并且洗涤液不浑浊（5～6h）。

（4）熬胶　将原料置于熬胶锅中，加入少量热水调节 pH 至 5.0 左右，随即在 110℃ 的温度下进行热压熬胶。熬胶 20min 后，放出胶液（pH 大约为 7.0），再加入少量的热水浸没剩下的渣，在相同条件下进行第二次熬胶，合并两次胶液，离心后进行真空浓缩。

（5）凝固、切片、干燥　待胶液浓度达 20% 左右时放料，加入干胶量 0.5% 左右的双氧水，在约 10℃ 的温度下使之冷却凝固。然后切成 0.5cm 的薄片，用干燥网托住胶片置于干燥车中，先用 10℃ 的冷风干燥半小时，再以 25～30℃ 的热风干燥至成品。

在以上过程中，也可先浸灰后浸酸，这样脱酸比较容易。但应注意，掌握浸酸终点，及时处理，否则会造成明胶分解而损失较大。

二、明胶的质量标准与检验方法

明胶的色泽和透明度是重要的质量指标。质量好的明胶，是透明或半透明微带光泽的粉粒或薄片，溶于热水后成为一种澄清透明、带有黏性、无异味的液体。通过热水熬胶的方法所提出的明胶经冷冻干燥后得到半透明、浅白色、无臭、无异味的明胶，符合上述标准。

1. 质量标准

食品级明胶的理化指标及微生物指标。

2. 检测方法

（1）感官检验 将样品置于白色瓷盘中观察其色泽。产品应为淡黄色至黄色细粒，应干燥、洁净、无夹杂物。

（2）微生物检验

① 菌落总数 按 GB/T 4789.2—2016《食品安全国家标准 食品微生物学检验 菌落总数测定》的规定执行。

② 大肠菌群和大肠杆菌 按 GB/T 4789.3—2016《食品安全国家标准 食品微生物学检验 大肠菌群计数》的规定执行。

③ 沙门氏菌 按 GB/T 4789.4—2016《食品安全国家标准 食品微生物学检验 沙门氏菌检验》的规定执行。

④ 金黄色葡萄球菌 按 GB/T 4789.10—2016《食品安全国家标准 食品微生物学检验 金黄色葡萄球菌检验》的规定执行。

（3）理化检验

① 水分测定 按 GB 6783—2013《食品安全国家标准 食品添加剂 明胶》的规定执行。

② 凝冻强度测定 按 GB 6783—2013《食品安全国家标准 食品添加剂 明胶》的规定执行。

③ 灰分测定 按 GB/T 5009.4—2016《食品安全国家标准 食品中灰分的测定》的规定执行。

④ 铬测定 按 GB/T 5009.123—2014《食品安全国家标准 食品中铬的测定》的规定执行。

⑤ 农残、兽残测定 根据合约或进口国的要求进行。如无指定方法，可按国家标准或检验检疫行业标准进行。

第五节　利用虾、蟹壳加工甲壳素及壳聚糖

甲壳素（甲壳质）是天然多糖中唯一的碱性多糖，是除蛋白质外数量最大的天然有机化合物，是地球上仅次于植物纤维的第二大生物资源，年生物合成量达1000亿吨，是人类取之不尽、用之不竭的巨大再生资源宝库。甲壳素的化学结构与植物中广泛存在的纤维素非常相似，故又称动物素。1991年被欧美学术界称之

为第六大生命要素。甲壳素脱去乙酰基即转变为壳聚糖。壳聚糖以其优良的物理化学特性大大提高和拓宽了甲壳素的应用价值和范围，已被广泛应用于生物工程、医药、环保、食品、日用化工、国防、农业等诸多高科技领域。

壳聚糖又叫脱乙酰甲壳质、可溶性甲壳质和聚氨基葡萄糖等，系甲壳质用浓碱处理后脱去乙酰基而得到的产物。通常甲壳质的脱乙酰度超过 70% 时就叫壳聚糖，而甲壳质广泛存在于甲壳纲动物、软体动物、昆虫、真菌、高等植物细胞壁以及海藻等中。

甲壳素又名甲壳质、壳多糖、几丁质等，是 N-乙酰基-D-葡糖胺通过 β-1,4-糖苷键联结的直链状多糖线型聚合物，分子量为 $1 \times 10^5 \sim 2 \times 10^6$。

甲壳质和壳聚糖主要是从虾、蟹壳中提取的，在虾、蟹壳中的甲壳质与蛋白质量共价结合，以蛋白聚糖形式存在，同时伴生着碳酸钙。所以，虽然制备甲壳质的方法很多，但是方法相近，主要提取方法是脱钙和脱蛋白。而由甲壳质制备壳聚糖的主要方法一般有碱脱乙酰法等。

研究表明，虾、蟹壳含有（以自然干物计算）10%～12% 的水分、25%～45% 的无机盐和 43%～65% 的有机物。在有机物中，甲壳质占 75%～85%，蛋白质占 12%～22%，色素占 0.1%～0.25%，其余为少量油脂等。

（一）甲壳素与壳聚糖的性质

1. 物理性质

甲壳素为白色无定形固体，几乎不溶于水、稀酸、碱、乙醇及其他有机溶剂，可溶于浓盐酸、硫酸、磷酸以及无水甲酸，吸水能力大于 50%。采用不同原料和不同方法制备的甲壳素，溶解度、分子量、乙酰基值和比旋光度等均有差别。

壳聚糖为阳离子聚合物，可溶解于矿酸、有机酸及弱酸稀溶液。因制备工艺条件和需求的不同，脱乙酰度在 60%～100% 范围内不等。脱乙酰度和平均分子量是壳聚糖的两项主要性能指标。另外一项重要的质量指标是黏度，不同黏度的产品有不同的用途，目前国内外根据产品黏度不同分为三大类：①高黏度壳聚糖，1% 壳聚糖溶于 1% 醋酸水溶液中，黏度大于 1000mPa·s；②中黏度壳聚糖，1% 壳聚糖溶于 1% 醋酸水溶液中，黏度为 100～500mPa·s；③低黏度壳聚糖，2% 壳聚糖溶于 2% 醋酸水溶液中，黏度为 25～50mPa·s。

2. 化学性质

甲壳素结构中存在乙酰氨基和羟基，分子间的氢键作用比纤维素更强。因此，难溶于一般溶剂，进行化学反应比纤维素更难。而壳聚糖含有游离氨基，能与稀酸结合生成铵盐而溶于稀酸。由于分子中 C-2 位上的氨基反应活性大于羟基，易发生化学反应，使壳聚糖在较温和的条件下可进行多种化学修饰，形成不同结构和不同性能的衍生物。通过酰化、羧基化、氰化、醚化、烷基化、酯化、酰亚胺化、叠氮化、成盐、螯合、水解、氧化、卤化、接枝与交联等反应，可制备壳聚糖衍生物。

（二）加工工艺

1. 工艺流程

虾蟹壳→净壳→浸酸→碱煮→氧化脱色→还原剂漂白→干燥→脱乙酰基→清洗→干燥→壳聚糖

2. 工艺要点

（1）原料的处理　原料力求新鲜，必须把原料中的肉质、污物用水洗净，捣碎，进入下一步工序。如短期内不加工，可将洗净的原料晒干或烘干贮藏备用。

（2）浸酸　浸酸旨在除去原料中的 $CaCO_3$ 和 $Ca(NO_3)_2$，因为这些成分在虾蟹壳中含量相当高。浸酸可用工业 HCl 或废 HCl，浓度视原料种类不同而异。一般虾壳用 5%，河蟹壳用 10%，海蟹壳用 10%～15%。浸渍过程中应经常搅拌。如发现原料并未浸渍软，已无气泡发生，说明酸量不足，应补充加入一些浓酸，或浸入新的酸液。当原料全部软化，不再有气泡发生，浸酸过程即可完毕。浸酸一般需 2～3h。浸酸后的原料取出，用水洗至中性。

（3）碱煮　目的是除去蛋白质及油脂，并破坏部分色素。碱液质量分数为 8%～10%，边搅拌边煮沸 2h 左右，蛋白质逐渐被碱液溶解，而与甲壳素脱离，油脂皂化后溶于碱液。部分色素被破坏，颜色变浅。原料经煮沸以后，取出用水洗去碱液。为缩短洗涤时间和节约用水，可加 HCl 以中和残余的碱，再用水洗。

（4）氧化脱色　虾蟹壳中的主要色素为虾红素，在虾、蟹死后和煮后变为红色，需用氧化脱色。通常先将洗净的软壳压榨去水，加 1% 高锰酸钾酸性溶液浸渍 1～2h，取出用水冲洗。

（5）还原剂漂白、干燥　经高锰酸钾处理后的原料，需用还原剂才能完全去掉高锰酸钾所沾染的紫色。一般采用草酸、硫代硫酸钠、重亚硫酸钠等，质量分数为 1%～1.5%。在还原过程中应不断将原料翻动，使褪色均匀完全。将漂白后的原料取出，用水洗净，干燥后得半成品，不溶解甲壳素。

（6）脱乙酰基　甲壳素在浓碱的作用下脱乙酰基成为可溶性的甲壳素。一般采用 0.4g/mL NaOH 于 60～80℃ 保温 20～24h，如用同样 NaOH 溶液，在 135～140℃ 条件下需 1～2h，就可脱净乙酰基。但从制品色泽看，低温处理的成品色泽好。如经 100℃、3h 处理的产品为黄褐色，经 60℃、22h 处理的为微黄色，经 30℃、120h 处理的则为洁白色。

检查乙酰基脱去的方法：取甲壳素样品，洗去碱液，浸入 1.5%～3% 的酸液中，溶解就说明已脱去乙酰基。

（7）清洗、干燥　将脱去乙酰基的甲壳素取出，水洗，干燥后即得壳聚糖。若要制成颗粒，则将其溶于2%～5%的醋酸中过滤。滤液中加稀碱使之成为碱性，黏稠的甲壳素即成颗粒沉淀，用水充分洗涤，干燥后即为成品。

（三）甲壳素和壳聚糖的应用

1.在生物工程领域的应用

甲壳素及其衍生物在酶及微生物的固定化方面的应用日益受到人们的重视。在日本，以甲壳素及其衍生物作为固定化酶载体及扫描电镜观察包埋剂已进入实际应用阶段。甲壳素对蛋白质的大部分羟基和氨基具有较好的亲和性，并有较高的固定化效率。它还具有生物相容、安全无毒、价廉易得等特点，是一种极具潜力的固定化酶载体。通过吸附作用，甲壳素能牢固地固定淀粉酶和溶菌酶而不用任何交联剂，可保留高达90%游离酶的活性，比用一般固定酶技术时保留的活性（30%～80%）都高。

壳聚糖化学性质稳定，耐热性好，特别是分子中存在氨基，既易与酶共价结合，又可络合金属离子（Cu^{2+}、Cd^{2+}、Ni^{2+}等），使酶免受金属离子的抑制和干扰。壳聚糖还可作为酶蛋白吸附剂、固定化菌体法酶载体和产酶促进剂。利用壳聚糖珠、磁性壳聚糖珠和低脂肪酰基或交联壳聚糖衍生物的吸附差异性，可有效地实现多种酶和抑制剂的吸附、分离和提纯，如溶菌酶、淀粉糖化酶、纤维素酶、胰蛋白酶、胰凝乳酶、酸性磷酸酶、碱性磷酸酶、葡萄糖苷酶等。壳聚糖作为固定化菌体法酶载体，辅以"交联架桥"微固定组成的络合物，可实现发酵珠的循环使用。利用其配位螯合功能，可作为有害金属离子的螯合剂，能增加酶的产量。还可形成具有表面活性的产酶促进剂。

2.在化工环保领域的应用

在甲壳素和壳聚糖众多优异特性中，螯合、吸附性能是最令人瞩目的特性之一，尤其是壳聚糖，能通过分子中的氨基和羟基与许多金属离子形成稳定的螯合物，可以吸附金属离子、染料、蛋白质等，用于金属富集、回收、分离、污水处理等领域。壳聚糖对于多种金属离子，如Cu^{2+}、Ag^+、Au^+、Zn^{2+}、Pb^{2+}等有很强的吸附作用，能有效地从工业废水中吸附各种金属离子，实现在处理废水的同时回收贵重金属。作为絮凝剂，壳聚糖对于活性污泥有很强的絮凝作用，而且毒性低，能被生物降解。还能有效地处理食品工业废水，沉淀废水中的悬浮物。因此，壳聚糖广泛应用于废水处理、食品厂蛋白质回收、中药药液的提纯精制（除去蛋白质、核酸、鞣酸、果胶等大分子物质及吸附酚、卤素等中小分子）、除去酱油沉淀物、氨基酸光学异构体的分离、小麦胚芽凝集素的分离。在化学工业上可作为水分离膜、复合型染料添加剂、玻璃纤维整理剂、皮革整理剂、化学试剂等。壳聚糖及其衍生物也可做成颗粒剂或多孔微球，吸附重金属离子，用于含金属离子的废水处理。

3. 在生物医学领域的应用

甲壳素和壳聚糖具有良好的生物官能性、生物相容性和血液相容性，对细胞组织不产生毒性影响，无溶血效应，无热原性物质，其极佳的安全性在医学领域的应用具有重要意义。壳聚糖在医学临床应用中作为免疫吸附剂和脱毒剂，清除血液中的内源性或外源性致病物质，对胆固醇、内毒素和重金属离子有选择吸附功能，通过对这些致病因子的吸附和脱除，清除病原物或毒性物质，净化血液，治疗疾病，增强免疫力。肿瘤细胞表面带负电荷，带正电荷的壳聚糖能吸附到肿瘤细胞的表面并使电荷中和，抑制肿瘤细胞的生长和转移。壳聚糖能有效地增强巨噬细胞的吞噬功能和水解酶的活性，刺激巨噬细胞产生淋巴因子，启动免疫系统，同时不增加抗体的产生。甲壳素及其降解产物都带有一定的正电荷，能从血液中分离出血小板因子，促进血小板聚集，有促进组织修复及止血的作用。

4. 在食品工业领域的应用

甲壳素和壳聚糖作为絮凝剂已应用于饮料、食品加工等液体的处理上。在酸性介质中，壳聚糖作为阳聚电解质与果汁中的蛋白质等阴电解质絮凝，形成絮凝物而沉淀，从而达到果汁澄清的目的。将其用于各种流体如饮料、果汁（包括苹果汁、山楂汁、葡萄汁和其他甜果汁）的处理，以及作为酿酒澄清剂、原料糖汁纯化剂、饮用水高效复合絮凝剂等，效果极佳。

壳聚糖及其衍生物在人体内降解后生成无害的氨基葡萄糖，可以放心使用，作为保水剂、乳化剂、增黏剂在食品工业中广泛使用。壳聚糖还有抗菌、杀菌作用，可抑制细菌、霉菌的生长，常添加于腌制食品中或用于海产（虾）、水果（荔枝、猕猴桃）的保鲜。壳聚糖已被FDA（美国食品药物管理局）批准为食品添加剂。

5. 在化妆品工业的应用

壳聚糖具有良好的保湿性、吸水性、成膜性和防尘性，所以已被很好地用在化妆品工业上。壳聚糖及其衍生物在酸性条件下可成为带电荷的高分子聚电解质而直接作为发型定型剂。用质量分数1%的羧甲基壳聚糖溶液作为头发的定型液，可保持发型在正常温度和湿度下长达14d，且发质富有弹性，自然发感柔顺。以壳聚糖与高分子物质复合制备的面膜和皮肤的贴合度较强，亲和性增加。此外，壳聚糖及其衍生物还可作为生产洗发精、护发素、保湿润湿剂、香皂等产品的原材料。

6. 壳聚糖改性后的应用

由于壳聚糖分子中有—NH$_2$和—OH活性基团，故可对其进行化学改性，以使其能够溶于有机溶剂，达到扩大其应用范围的目的。如目前已发现壳聚糖-硫酸软骨素共混膜性质，发现壳聚糖和硫酸软骨素的相容性好，共混膜两种分子之间存在氢键等较强的相互作用力。硫酸软骨素的引入有利于壳聚糖的规整排列，使形成表面形态结构均匀单一的共混膜，提高共混膜的透光率、结晶度、力学特性等。而且硫酸软骨素可以提高膜对角膜内皮细胞的相容性，可作为角膜内皮细胞长期培养的膜载体。另外，壳聚糖经酶水解后可形成具有重要生理活性和功能性质的甲壳低聚糖，这已成为甲壳素科学领域中的一个研究热点。

（四）壳聚糖的质量标准与检验方法

1. 质量标准

壳聚糖产品的质量标准见表 7-9。

表 7-9　壳聚糖产品质量标准

项目	指标	项目	指标
氨基值/%	40～60	含水量/%	<10
不溶物/%	<2	黏度/mPa·s	>200
灰分/%	<1	外观	透明至半透明白色或微黄色片状物

2. 检测方法

（1）水分的测定　按 GB/T 5009.3—2016《食品安全国家标准 食品中水分的测定》的规定执行。

（2）灰分的测定　按 GB/T 5009.4—2016《食品安全国家标准 食品中灰分的测定》的规定执行。

（3）黏度的测定　按《中国药典》（2015 年版）四部通则 0633 黏度测定法的规定执行。

（4）pH 的测定　按《中国药典》（2015 年版）四部通则 0631 pH 值测定法的规定执行。

（5）总砷的测定　按 GB/T 5009.11—2014《食品安全国家标准 食品中总砷及无机砷测定》的规定执行。

（6）菌落总数的检验　按 GB 4789.2—2016《食品安全国家标准 食品微生物学检验 菌落总数测定》的规定执行。

参考文献

[1]   赵霞，马丽珍.骨的综合利用.食品科技，2003（4）：87-90.

[2]   孙蓓，王龙刚.畜禽骨的综合利用现状及发展前景.中国调味品，2011，36（4）：1-4.

[3]   郇兴建.利用猪骨制备天然肉味香精的研究.南京：南京农业大学，2012.

[4]   耿铭睨.畜骨深加工的研究现状及发展趋势.吉林农业月刊，2015（22）.

[5]   卢晓黎，雷鸣，等.营养骨奶的工艺技术研究.四川大学学报，2001（1）：41-44.

[6]   刘丽莉.牛骨降解菌的筛选及其发酵制备胶原多肽螯合钙的研究：［学位论文］.武汉：华中农业大学，2010.

[7]   白恩侠，张卫柱.动物骨生产小肽的工艺研究.经济动物学报，2003，7（1）：56-57.

[8]   Kongsri S，Janpradit K，Buapa K. Nanocrystalline Hydroxyapatite from Fish Scale Waste：Prepareion，Characterization and Application for Selenium Adsorption in Aqueous Solution. Chemical Engineering Journal，2013，s 215-216（2）：522-532.

[9]   Duan R，Zhang J，Du X. Properties of Collagen from Skin，Scale and Bone of Carp（Cyprinus carpio）. Food Chemical，2009，112：702-706.

[10]   Cheng F Y，Wan T C，Liu Y T，Chen C M，Lin L C，Sakata R. Determination of Angiotensin-I Converting Enzyme Inhibitory Peptides in Chicken Leg Bones Protein Hydrolysate with Alcalase. Animal Science Journal，2009，80（1）：91-97.

[11]   欧阳杰，王建中，韦立强.畜禽骨深加工产品在肉制品中的应用.中国畜牧兽医文摘，2006（2）：40-42.

[12]   Jung W K，Park P J，Byun H G，Moon S H，Kim S K. Preparation of Hoki（Johnius Belengerii）Bone Oligophosphopeptide with A High Affinity to Calcium by Carnivorous Intestine Crude Proteinase. Food Chemical，2005，91：333-340.

[13]   Jung W K，Karawita R，Heo S J，Lee B J，Kim S K，Jeon Y J. Recovery of A Novel Ca-Binding Peptide from Alaska Pollack（Theragra Chalcogramma）Backbone by Pepsinolytic Hydrolysis. Process Biochem，2006，41：2097-2100.

[14]   Tishinov K，Christov P，Neshev G. Investigation of the Possibility for Enzymatic Utilization of Chicken Bones. Biotechnology and Biotechnological Equipment，2010，24（4）：2108-2111.

[15]   刘华，赵利，范艳，等.鱼骨的利用研究进展.农产品加工·学刊：中，2014（11）：42-44.

[16]   宗红，诸葛斌，秦斌钰，等.功能性猪骨泥发酵工艺研究.中国调味品，2014（2）：31-35.

[17]   王淑珍.鲜骨泥汤圆（元宵）的研制与营养分析.食品工业，2000，（5）：12-13.

[18]   周光宏.畜产品加工学.北京：中国农业出版社，2002.

[19]   蒋爱民.肉制品工艺学.西安：陕西科学技术出版社，1996.

[20]   董玉京.动物性副产品的加工新技术.北京：海洋出版社，1993.

[21]   瞿执谦.鸡骨泥系列食品的开发.肉类工业，1998，（2）：28-30.

[22]   周丽清，张宇昊，周梦柔等.猪皮明胶提取过程中的超高压预处理工艺优化.农业工程学报，2012，10

(19)：262-265.

[23] 张书文，于春慧.超氧化物歧化酶提取新工艺.科技创业月刊，2001 (10)：46-47.

[24] 邱玉华，杨艳芳，何颖，等.等电点沉淀－超滤提取猪血 SOD.科技资讯，2008 (14)：229.

[25] 陶学明.梭子蟹下脚料综合加工技术的研究［学位论文］.合肥：合肥工业大学，2009.

[26] 马燮，陈海波，黄少烈，等.超临界二氧化碳萃取蛋黄油的工艺研究.四川理工学院学报：自然科学版，2001, 14 (1)：14-16.

[27] 王友同，吴文俊，张庆建.不同部位猪四肢骨提取骨宁的质量比较.中国生化药物杂志，1982 (4).

[28] 李展振，张海存，黄升峰，等.经皮球囊扩张椎体成形术治疗骨质疏松性椎体压缩性骨折并椎体侧弯旋转畸形.浙江省骨科学学术年会.2014.

[29] 刘正伟，高学军，吕丹娜，等.低分子质量牛骨多肽制备及对大鼠破骨细胞的影响.药物生物技术，2007, 14 (1)：51-55.

[30] 任维栋，李耀辉.猪骨胶原蛋白酶解物中血管紧张素转换酶抑制剂的提纯.中国生物化学与分子生物学报，1996 (6)：693-697.

[31] 耿秀芳，李桂芝，王守训，等.猪骨胶原蛋白降压成分的提取与生物活性的研究.西安交通大学学报（医学版），2001, 22 (5)：418-421.

[32] 唐传核，彭志英.胶原的开发及利用.肉类研究，2000 (3)：41-43.

[33] 李国英，张忠楷，雷苏，等.胶原、明胶和水解胶原蛋白的性能差异.四川大学学报（工程科学版），2005, 37 (4)：54-58.

[34] 宋俊梅，曲静然.促进骨钙生物可利用性的研究.食品科技，2002 (2)：60-62.

Michel Lindere. Protdn Recovery from Veal Bones by Enzymatic Hydrolysis. Food Sci, 1995, 60：949-952.

[35] 王朝旭，赵丹，王小雪.酶法水解骨蛋白最佳条件的研究.食品科学，2001, 22 (2)：48-49.

[36] 杨丽萍，张新明，白云清，等.利用动物皮、骨生产胶原多肽.山东食品发酵，2005 (2)：20-21.

[37] 付刚.猪骨胶原多肽的制备及其抗氧化性研究［学位论文］.成都：四川农业大学，2006.

[38] 马俪珍，赵霞.羊骨酶解多肽营养饮料贮藏性能研究.肉类工业，2007 (6)：26-28.

[39] 游敬刚，赵勤，柏红梅，等.骨味素酶解工艺的优化研究.食品与发酵科技，2010, 46 (1)：65-68.

[40] 王云峰，白殿海，吴学敏，等.富钙骨泥膨化营养米果的制作.食品科技，2002 (5)：20.

[41] 李云龙.骨精口服液和骨粉胶囊的生产.明胶科学与技术，2001, 21 (2)：83.

[42] 顾立众，翟玮玮.骨肉泥丁鲜辣酱的研制.江苏调味副食品，2003, 24 (1)：16-17.

[43] 陈功轩，张喜焕，叶芸.热水法提取草鱼内脏油脂研究.黑龙江科技信息，2009 (33)：31.

[44] 鲍丹，陶宁萍，刘茗柯.宝石鱼油的提取、精制及其脂肪酸组成的分析.食品科学，2006, 27 (7)：169-173.

[45] 洪鹏志，刘书成，章超桦，等.酶解法提取鱼油的工艺参数优化.广东海洋大学学报，2006, 26 (3)：56-60.

[46] 王文亮，王守经，邓鹏，等.利用溶剂法对黄粉虫油脂提取工艺的初探.食品工业科技，2008 (10)：162-164.

[47] 黄红卫，邱燕翔.超细粉碎酶解鲜骨粉功能性调味料的研究.食品科技，2005 (9)：91-93.

[48] 胡振珠，杨贤庆，马海霞，等.罗非鱼骨粉制备氨基酸螯合钙及其抗氧化性研究.食品科学，2010, 31 (20)：141-145.

[49] 彭如枝.驴皮与阿胶.明胶科学与技术，1995, 15 (2)：64-66.

[50] 钟艳霞，张洪林，刘志宏.毛皮加工清洁生产的白皮鞣制技术.环境工程，2009, 27 (2)：28-30.

[51] 周华龙，程海明，汤华钊，等.皮革鞣制机理特点及进展探讨.皮革科学与工程，2002，12（2）：14-17.

[52] 康晖，王中华.生物技术加工畜禽骨血转化为功能保健食品.食品科学，2005，26：208-210.

[53] Lee S H，Song, K B. Isolation of A Calcium-Binding Peptide from Enzymatic Hydrolysates of Porcine Blood Plasma Protein. J. Korean Soc. Appl. Biol. Chem，2009，52：290-294.

[54] 黄群，马美湖，杨抚林.畜禽血的开发利用.肉类工业，2003（10）：19-24.

[55] 孔凡春.畜禽屠宰后血液的利用现状及前景.肉类工业，2011（5）：46-49.

[56] 马稚昱.畜禽血粉膨化加工工艺研究［学位论文］.哈尔滨：东北农业大学，2003.

[57] Huang H，Li B，Liu Z，Wu H，Mu X，Zeng M. Purification of A Novel Oligophosphopeptide with High Calcium Binding Activity from Carp Egg Hydrolysate. Food Science & Technology Research，2014，20（4）：799-807.

[58] 张丽萍，等.禽畜副产物综合利用技术.北京：中国轻工业出版社，2009.

[59] 余群力，等.家畜副产物综合利用.北京：中国轻工业出版社，2014.

[60] 战东胜，张维农，齐玉堂，等.加工过程中油脂色泽影响因素初探.中国油脂，2012，37（7）：8-12.

[61] 陈阳楼，陈志炎.浅谈动物油脂的质量控制措施.肉类工业，2014，11：45-47.

[62] 严建刚，方昳.试述动物油脂产品生产要求.饲料广角，2013，15：38-39.

[63] 张森，李博，钱平.食品中油脂提取及过氧化值检测方法的优化.食品工业科技，2011（12）：497-500.

[64] 朱巍，刘成国.猪油油脂产品开发利用研究进展.肉类研究，2016（2）：40-44.

[65] 华聘聘.人造奶油、起酥油品质劣化原因的探讨.中国油脂，2003，4：30-32.

[66] 马美湖.我国禽蛋产业发展现状及需解决的重大科技问题.华中农业大学学报：社会科学版，2010（5）：12-18.

[67] 农业部.中国畜牧业统计年鉴.北京：中国农业出版社，1991-2008.

[68] 李彦坡，马美湖.蛋壳及蛋壳膜的研究利用.粮食与食品工业，2008（5）：27-31.

[69] Lin Song Yi，Wang Li Yan，Jones Gregory，Trang Hung，Yin Yong Guang，Liu Jing Bo. Optimized Extraction of Calcium Malate from Eggshell Treated by PEF and An Absorption Assessment in Vitro. [J] International Journal of Biological Macromolecules，2012.

[70] 皮钰珍，王淑琴，等.鸡蛋壳膜资源的开发与应用前景.食品科技，2006，31（4）：128-130.

[71] 李逢振，马美湖，等.鸡蛋壳直接中和取乳酸钙的工艺.农业工程学报，2010，26（2）：370-374.

[72] 李涛，马美湖，蔡朝霞.蛋壳中碳酸钙转化为有机酸钙的研究.四川食品与发酵，2008，44（5）：8-12.

[73] 宾冬梅，马美湖，等.禽蛋蛋壳的特性.畜牧兽医杂志，2006，25（6）：36-43.

[74] 曾习，马美湖.蛋壳中碳酸钙转化为柠檬酸钙的研究.中国农业科学，2010，43（5）：1031-1040.

[75] 覃一峰.鸡蛋壳为原料制备丙酮酸钙并提取胶原蛋白整体工艺研究［学位论文］.南宁：广西大学.

[76] 彭亦谷.鸡蛋壳制备谷氨酸螯合钙的工艺及生物利用度研究［学位论文］.乌鲁木齐：新疆农业大学.

[77] Suguro N，Horiike S，Masuda Y，et al. Bioavailability and Commercial Use of Eggshell Calcium，Mem-Brane Proteins and Volk Lecithin Products. Egg Nut Rifion and Biotechnology，2000，50（12）：219-232.

[78] Nys Y，Gautron J，Mckee M D. Biochemical and Functional Characterisation of Eggshell Matrix Proteins in Hens. world Poultry Science Journal，2001，57（4）：40-413.

[79] Osvaldo E Rubilar，Michael G Healy，Adrienne Healy. Bioprocessing of Avian Eggshells and Eggshell Membranes Using Lactic Acid Bacteria. Journal of Chemical Technology and Biotechnology，2006，81：

900-911.

[80] Min Kyong K O, Hong Kyon N O. Studies on Characteristics of Ostrich Egg Shell and Optical Ashing Conditions for Preparation of Calcium Lactate. Journal-Korean Society of Food Science and Nutrition, 2002, 31 (2): 236-240.

[81] 刘德婧, 马美湖. 蛋壳源有机钙的研究发展现状. 食品工业科技, 2015 (9): 372-376.

[82] 杜丽成, 杨葵华. 从蛋壳中提取溶菌酶的工艺研究. 四川食品与发酵, 2005, 41 (125): 22-26.

[83] 郑建仙. 从蛋清蛋壳中提取溶菌酶的关键技术. 中国食品报, 2008 (6): 25-28.

[84] 李成, 马美湖, 蔡朝霞, 等. 蛋壳源活性碳酸钙的研究进展. 家禽科学, 2013 (6): 44-52.

[85] 李翠, 张小莺. 鸡蛋的生物活性成分及其综合利用. 中国家禽, 2015, 37 (14): 62-64.

[86] Joseph H, Mac N. Method and Apparatus for Separating A Protein Membrane and Shell Material in Waste Egg Shells: US, 7007806. 2002.

[87] 杜冰, 蔡巽楷, 谢伊澄, 等. 蛋壳粉制备氨基酸螯合钙工艺优化. 食品工业科技, 2011 (4): 287-289.

[88] 秦建芳, 弓巧娟, 姚陈忠, 等. 以鸡蛋壳制备丙酸钙. 食品与发酵工业, 2013, 39 (1): 96-98.

[89] 丁邦琴, 邱鑫, 周烽. 利用鸡蛋壳为原料发酵法生产丙酸钙的研究. 中国农学通报, 2011, 27 (26): 156-159.

[90] 罗姗姗, 林松毅, 赵颂宁, 等. 超声波法制备蛋壳柠檬酸-苹果酸复合钙的优化研究. 中国蛋品科技大会. 2010.

[91] 林松毅, 魏巍, 赵颂宁, 等. 超声波法制备蛋壳柠檬酸钙的工艺研究. 食品科学, 2009, 30 (22): 126-131.

[92] 王丽艳. 利用高压脉冲电场技术制备蛋壳有机酸钙及其补钙功能特性的研究 [学位论文]. 长春: 吉林大学, 2012.